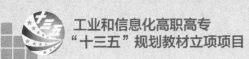

工业和信息化高职高专
"十三五"规划教材立项项目

安淑兰／主编

李新／副主编

高等职业教育『十三五』土建类技能型人才培养规划教材

基础工程施工

U0378644

人民邮电出版社

北　京

图书在版编目（CIP）数据

基础工程施工 / 安淑兰主编. -- 北京：人民邮电
出版社，2015.9（2021.9重印）
高等职业教育"十三五"土建类技能型人才培养规划
教材
ISBN 978-7-115-39513-9

Ⅰ. ①基… Ⅱ. ①安… Ⅲ. ①基础施工－高等职业教
育－教材 Ⅳ. ①TU753

中国版本图书馆CIP数据核字(2015)第161571号

内 容 提 要

本书系统地讲解了基础工程施工与验收的相关知识，着重介绍了工程地质与勘察、基坑工程施工、基础工程施工、桩基础施工、地基处理 5 个施工项目的施工方法和工艺，并且安排了实训内容。为了让读者对专业技能有全面认识，本书中引用了大量的工程实例和插图。同时为了让读者能够及时地检查自己的学习效果，把握自己的学习进度，每单元后面都附有丰富的习题。

本书既可以作为高职院校土木工程专业的教材，也可以作为有关工程技术人员及自学人员的学习参考书。

◆ 主　编　安淑兰
　　副主编　李　新
　　责任编辑　刘盛平
　　执行编辑　刘　佳
　　责任印制　杨林杰

◆ 人民邮电出版社出版发行　　北京市丰台区成寿寺路 11 号
　　邮编　100164　电子邮件　315@ptpress.com.cn
　　网址　http://www.ptpress.com.cn
　　北京虎彩文化传播有限公司印刷

◆ 开本：787×1092　1/16
　　印张：16.75　　　　　　　　　2015 年 9 月第 1 版
　　字数：428 千字　　　　　　　2021 年 9 月北京第 4 次印刷

定价：39.80 元
读者服务热线：(010)81055256　印装质量热线：(010)81055316
反盗版热线：(010)81055315
广告经营许可证：京东市监广登字 20170147 号

前　言

"基础工程施工"是建筑工程技术专业的核心课程，它主要培养学生独立分析和解决地基基础施工和验收中问题的能力，对高职院校建筑工程技术专业学生的专业技能培养起到关键性的作用。

本书根据职业教育和建筑工程技术专业的培养目标要求，参照最新的建筑标准和施工规范，在对岗位职业能力广泛调研的基础上确定岗位任务，分析工作过程，结合阶段性建筑产品特点，按照岗位职业能力要求确定课程内容编写而成。本书阐述了地基基础工程常用施工方法、适用范围、施工工艺流程、施工要点、施工质量验收等基本内容。本书在编写过程中引用大量的工程实例和插图，便于学生对专业技能有感性认识和体会。本书主要目的是培养施工一线的应用型人才，可作为高职院校土木工程专业的教科书，也可作为有关工程技术人员及自学人员的学习参考书。

本书由天津城市建设管理职业技术学院安淑兰任主编，李新任副主编。编写人员如下：李新（绪论，单元1，单元3的3.1.1、3.2.1、3.3.1、3.4.1，单元4的4.1、4.2）；安淑兰（单元2，单元3的3.1.2、3.2.2、3.3.2、3.4.2、3.5，单元4的4.3、4.4）；天津市新宇建筑工程公司任春亮（3.6）；天津建筑工程学校赵庆华（单元5）。全书由安淑兰统稿、整理。

本书在编写过程中，得到天津市建工集团第三建筑工程公司总工程师张志新的大力帮助，在此表示感谢。

由于编者业务水平有限，书中不妥之处在所难免，恳请读者批评指正。

编　　者
2015年5月

目 录

单元4

桩基础施工　189

绪 论

0.1　地基与基础概述

0.1.1　地基与基础的概念及分类

1. 地基与基础的概念

地基：承受建筑物荷载，应力与应变不能忽略的土层（有一定深度和范围，可分为持力层和下卧层）。

基础：埋入土层一定深度，并将荷载传给地基的建筑物下部结构。

持力层：直接支撑建筑物基础的土层。

下卧层：持力层下部的土层，如图0-1所示。

2. 地基的分类

① 按地质情况，地基可分为土基和岩基。

② 按设计施工情况，地基可分为天然地基和人工地基。

天然地基：不需处理而直接利用的地基。

人工地基：经过人工处理而达到设计要求的地基。

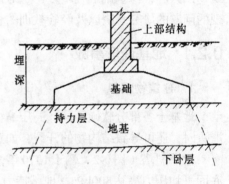

图0-1　地基与基础示意图

0.1.2　土力学

土是地球表面的大块岩体经自然界风化、搬运、沉积的地质作用形成的松散堆积物或沉淀物，它具有碎散性、压缩性、固体颗粒间的相对移动性及透水性等特点。

地基基础设计的主要理论依据为土力学。土力学是利用力学知识和土工试验技术来研究土的强度、变形及其规律等的一门学科。它研究土的本构关系以及土与结构物相互作用的规律。其中，土的本构关系即土的应力—应变—强度—时间四变量之间的内在联系。

0.1.3　地基设计中必须满足的技术条件

1. 地基的变形条件

地基要能控制基础沉降，使之不超过地基的变形容许值，保证建筑物不因地基变形而损坏或者影响其正常使用。

2. 地基的强度条件

要求作用于地基的荷载不超过地基的承载力，保证地基在防止整体破坏方面有足够的安全储备。

3. 地基的稳定条件

对经常受水平荷载作用的高层建筑和高耸建筑以及建造在斜坡上的建筑物和构筑物，应验算其稳定性。

0.1.4 基础设计中必须满足的技术条件

基础应当具有足够的强度、刚度和耐久性。

0.2 地基与基础的重要性

地基与基础是建筑物的重要组成部分，又属于地下隐蔽工程，一旦发生事故难以补救，有时会造成重大经济损失甚至人员伤亡。此外，基础工程的费用可占建筑物总造价的10% ~ 30%。实践证明，建筑工程实践中出现的很多事故均与地基或基础有关。随着高层建筑物的兴起，深基础工程增多，这对地基与基础的设计和施工提出了更高的要求。对工程中出现的问题的研究解决以及经验教训的积累就形成了本门课程。

0.2.1 地基变形事故

1. 建筑物倾斜

地基土各部分软硬不同、高压缩性土层厚薄不均等原因均可导致高耸结构发生倾斜，倾斜严重时，还可导致结构物的开裂，如意大利比萨斜塔和我国苏州的虎丘塔。

比萨斜塔（图0-2）建于1370年，石砌建筑，塔身为圆筒形，全塔共8层，高55m。基础底面平均压力高达500kPa，地基持力层为粉砂，下面为粉土和饱和黏土层。目前塔向南倾斜，南北两端沉降差1.80m，塔顶偏离竖直中心线已达5.27m，倾斜5.5°。

苏州虎丘塔（图0-3）位于苏州市西北虎丘公园山顶，建成于961年，砖塔平面呈八角形，全塔共7层，高47.5m。塔身向东北方向严重倾斜，塔顶偏离竖直中心线达2.31m，同时底层塔身出现不少裂缝。地基覆盖层厚度相差悬殊是虎丘塔倾斜的主要原因。

图0-2 比萨斜塔

图0-3 苏州虎丘塔

2. 建筑物局部倾斜

砖墙承重的条形基础，由于地基的不均匀沉降发生局部倾斜，常导致砖墙墙体开裂，影响到房屋的安全和正常使用。

3. 建筑地基严重下沉

地基严重下沉多因存在高压缩性软弱土而形成，可导致散水倒坡，室内地坪低于室外地坪，水、暖、电等内外网连接管道断裂等问题，不同程度地影响建筑物的使用。墨西哥市艺术宫（图0-4）于1904年落成，地基土为超高压缩性土，天然孔隙比7 ~ 12，天然含水量150% ~ 600%，为世界罕见的软弱土，层厚25m。该艺术宫下沉达4m，旁边的道路下沉2m。

图0-4 墨西哥市艺术宫

0.2.2 建筑物基础开裂

当一幢建筑物的基础位于软硬突变的地基上时，在软硬突变处基础往往发生开裂。作为建筑物的根基，这比墙体的开裂更为严重，处理起来也更为困难。在池塘、故河道、防空洞等不良场地上修建建筑物，需特别注意。

0.2.3 建筑物地基滑动

当建筑物施加到地基上的荷载超过地基极限承载力时，地基就发生强度破坏，整幢建筑物就会沿着地基中某一薄弱面发生滑动而倾倒，这往往是灾难性的事故，典型案例为加拿大特朗斯康谷仓。

特朗斯康谷仓（图0-5）建于1913年，高31m，宽23m。地基破坏后，西侧下陷8.8m，东侧抬高1.5m，倾斜27°。后用388个50t千斤顶纠正，但位置较原先下降4m。

图0-5 特朗斯康谷仓

0.2.4 建筑物地基溶蚀

当地下水流速较大时，如果土体粗粒孔隙中充填的细粒土被冲走，则产生潜蚀，长期潜蚀会形成地下土洞并导致地表塌陷。在石灰岩溶洞发育地区或矿产开采采空区，在地下水渗流作用下，溶洞或采空区顶部土体不断塌落或潜蚀，最终也可导致地表塌陷。

例如，徐州市故黄河河道区域，沉积有较厚的粉砂和粉土，其底部即为古生代奥陶系灰岩，中间缺失老黏土隔水层，灰岩中存在大量溶洞与裂隙。而过量开采地下水引起的水位下降导致覆盖层粉砂和粉土中形成潜蚀与空洞并不断扩大，最终形成多处地面塌陷事故，导致塌陷区房屋倒塌，邻近区域房屋开裂。

0.2.5 建筑物基槽变位滑动

人工边坡如深基基槽，由于边坡设计施工不当，将导致基槽变位滑动，对工程施工造成影响，严重的导致邻近建筑物开裂或倒塌。例如，2005年7月，广州珠海区某建筑工地基坑南端约100m挡土墙坍塌（图0-6），造成5人被困，工地边上的平房倒塌，邻近两幢建筑物出现不同程度的倾斜，部分墙体开裂。

0.2.6 土坡滑动

在山麓或山坡上建房时，由于切削坡脚或使土坡增加荷载，导致山坡失稳滑动，房屋倒塌。例如，1972年7月，香港发生一起大滑坡，位于山坡上的一幢高层住宅——宝城大厦被冲毁（图0-7），同时砸毁邻近一幢住宅楼一角约5层住宅，大量人员伤亡。

0.2.7 建筑物地基震害

1. 地基液化

饱和状态的疏松粉砂、细砂或粉土，在强烈地震作用下产生液化，地基土呈液态，从而失去承载力，导致建筑物的倾斜、开裂等事故。例如，唐山地震时，天津海河故道及新近沉积土地区有近3 000个喷水冒砂口成群出现（图0-8），一般冒砂量$0.1 \sim 1m^3$，最多可达$5m^3$。有时地面运动停止后，喷水现象可持续30min。

2. 地基震沉

当建筑物地基为软弱黏性土时，在强烈地震作用下，由于土质强度降低，基础底部软土侧向挤出，会产生严重的震沉。例如，在1976年7月唐山地震时，唐山矿冶学院图书馆书库震沉一层楼，室外地面与二层楼地板相近（图0-9）。

0.2.8 冻胀事故

寒冷地区地基可能产生冻胀，导致墙体开裂。

图0-6 广州某建筑工地挡土墙坍塌

图0-7 香港宝城大厦倒塌

图0-8 海河河道砂土

图0-9 唐山矿冶学院图书馆书库震况

0.3　本课程的特点和学习要求

0.3.1　本课程的特点

地基与基础是一门知识面广、综合性强的课程，有着较强的实践性和理论性。

0.3.2　学习要求

地基与基础的学习包括理论学习、试验和经验总结。

理论学习：掌握理论公式的意义和应用条件，明确理论的假定条件，掌握理论的适用范围。

试验：了解土的物理性质和力学性质，重点掌握基本的土工试验技术，尽可能多动手操作，从实践中获取知识，积累经验。

经验总结：经验在工程应用中是必不可少的，工程技术人员要不断从实践中总结经验，以便能切合实际地解决工程问题。

作为实验性学科，应注意理论的假设和应用范围，注意理论联系实际。

学习本课程后，应掌握如下内容：常见土的土性及识别；土的力学指标的含义及分析；土的常规力学指标的试验方法；常见基础设计方法及构造要求；常见地基问题的处理方法；地质勘察报告的阅读和使用。

0.4　本学科发展概况

地基与基础既是一项古老的工程技术，又是一门年轻的应用科学。世界文明古国的远古先民，在史前的建筑活动中，就已创造了自己的地基基础工艺，我国西安半坡新村新石器时代遗址的考古发掘，都发现有土台和石础。举世闻名的长城、大运河蜿蜒万里，如处理不好有关岩土问题，就不能穿越各种地质条件的广阔地区，成为亘古奇观。作为本学科理论基础的土力学，始于18世纪兴起了工业革命的欧洲。1773年，法国的库伦（Coulomb）根据试验创立了著名的砂土抗剪强度公式，提出了计算挡土墙土压力理论。1857年，英国的朗肯（Rankine）又从另一途径提出了挡土墙土压力理论。1885年，法国的布辛奈斯克（Boussinesq）求得了弹性半空间在竖向集中力作用下的应力和变形的理论解答。1922年，瑞典人费伦纽斯（Fellenius）为解决铁路塌方提出土坡稳定分析法。这些古典的理论和方法至今仍在广泛使用。

1925年，美国的太沙基（Terzaghi）发表了《土力学》专著，接着，于1929年又发表了《工程地质学》。从此，土力学与基础工程成为一门独立的学科而取得不断的进展。

20世纪60年代后期，由于计算机的出现、计算方法的改进与测度技术的发展以及本构模型的建立等，迎来了土力学发展的新时期。现代土力学主要表现为一个模型（即本构模型）、三个理论（即非饱和土的固结理论、液化破坏理论和逐渐破坏理论）、四个分支（即理论土力学、计算土力学、实验土力学和应用土力学）。其中，理论土力学是龙头，计算土力学是筋脉，实验土力学是基础，应用土力学是动力。近年来，我国在工程地质勘察，室内及现场土工试验，地基处理新设备、新材料、新工艺的研究和应用方面取得了很大的进展。在大量理论研究与实践经验的基础上，有关基础工程的各种设计与施工规范或规程等也相应问世或日臻完善。当然，由于土性的复杂，目前的土力学地基基础理论尚需不断完善。

思考与练习

1. 简述土的概念和土的特点。
2. 地基、基础设计必须满足的技术条件有哪些？
3. 什么是地基？什么是基础？它们各自的作用是什么？

单元 1

工程地质与勘察

引言： 土木工程设计、施工与咨询的技术人员，应对岩土工程勘察的任务、内容和方法有所掌握，以便向勘察单位正确提出勘察任务的技术要求；能够熟练阅读理解、全面分析和正确应用工程勘察资料；结合工程实践经验，使建筑地基基础识图与构造、施工组织设计和咨询方案建立在科学的基础之上。

学习目标： 本单元旨在培养学生识读地质勘探报告和指导土方施工的基本能力，通过课程讲解使学生掌握地质勘探报告中常见专业术语表达及其物理意义，土的性质指标对工程土的影响等知识。

1.1 土 的 特 性

土是岩石在风化作用下形成的大小悬殊的颗粒，经过不同方式的搬运，在各种自然环境中生成的沉积物。它是由作为土骨架的固态矿物颗粒、孔隙中的水及其溶解物质以及气体组成。因此，土是由颗粒（固相）、水（液相）和气体（气相）所组成的三相体系。不同土的颗粒大小和矿物成分差异很大，三相间的数量比例也各不相同。土的结构与构造也有多种类型。

土的物理性质，如轻重、松密、干湿、软硬等在一定程度上决定了土的力学性质，它是土的最基本的工程特性。土的物理性质则是由三相组成物质的性质、相对含量以及土的结构构造等因素决定。在处理地基基础问题时，不但要知道土的物理性质及其变化规律，了解土的工程特性，而且还应当熟悉表示土的物理性质的各种指标的测定方法，能够按土的有关特征和指标对地基土进行工程分类，初步判定土的工程性质。

1.1.1 土的组成

1. 土中固体颗粒

（1）土粒的矿物组成

土中颗粒的形状、大小、矿物成分及组成情况是决定土的物理性质的主要因素。

岩石按其成因可分为岩浆岩、变质岩和沉积岩三大类。

岩浆岩：地面以下存在高温高压的复杂硅酸盐熔融体即为岩浆，岩浆喷发出地面冷凝形成岩浆岩。

变质岩：岩浆岩经高温高压变质形成的另一种岩石。

沉积岩：岩石碎屑重新压实形成的新岩石。

土中的矿物质按其成因可分为原生矿物和次生矿物两大类。

原生矿物：母岩经物理风化（包括昼夜温差、风化、雨水侵蚀）而成。主要包括石英（砂粒）、云母、长石等，其成分与母岩相同。

次生矿物：母岩经化学风化而成。主要包括高岭石、伊里石、蒙脱石等，其成分与母岩不同，为一种新矿物颗粒，主要是黏土矿物。

（2）土的固体颗粒

粒组：土的粒径由粗到细逐渐变化时，土的性质相应地发生变化。因此可将大小相近、性质相似的颗粒划归为一组，称为粒组。

界限粒径：划分粒组的分界尺寸。常用（mm）200、20、2、0.075、0.005把土粒分为六大粒组：漂石（块石）颗粒（>200mm）、卵石（碎石）颗粒（20～200mm）、圆砾（角砾）颗粒（2～20mm）、砂粒（0.075～2mm）、粉粒（0.005～0.075mm）及黏粒（<0.005mm），其特征见表1-1。

表1-1　　　　　　　　　　　　　　土粒粒组划分及其特征

粒组名称		粒径范围/mm	一般特征
漂石或块石颗粒 卵石或碎石颗粒		＞200 200～20	透水性很大，无黏性，无毛细水
圆砾或角砾颗粒	粗中细	20～10 10～5 5～2	透水性大，无黏性，毛细水上升高度不超过粒径大小
砂粒	粗中细极细	2～0.5 0.5～0.25 0.25～0.1 0.1～0.075	易透水，当混入云母等杂质时透水性减小，而压缩性增加，无黏性，遇水不膨胀，干燥时松散，毛细水上升高度不大，随粒径变小而增大
粉粒	粗细	0.075～0.01 0.01～0.005	透水性小；湿时稍有黏性，遇水膨胀小，干时稍有收缩；毛细水上升高度较大较快，极易出现冻胀现象
黏粒		＜0.005	透水性很小；湿时有黏性、可塑性，遇水膨胀大，干时收缩显著；毛细水上升高度大，但速度较慢

注：① 漂石、卵石和圆砾颗粒均呈一定的磨圆形状（圆形或亚圆形）；块石、碎石和角砾颗粒都带有棱角。

② 黏粒或称黏土粒，粉粒或称粉土粒。

③ 黏粒的粒径上限也有采用0.002mm的。

（3）土的颗粒级配

土中各个粒组的相对含量（各粒组占土粒总重的百分比），称为土的颗粒级配。这是决定无黏性土工程性质的主要因素，是确定土的名称和选用建筑材料的重要依据。

土的颗粒级配是通过土的颗粒分析试验测定的。对于粒径大于0.075mm的土采用筛分法，粒径小于0.075mm的土采用比重计法。

筛分法（图1-1）就是将风干、分散的代表性土样放进一套按孔径大小排列的标准筛（例如孔径为20mm、2mm、0.5mm、0.25mm、0.1mm、0.075mm，另外还有顶盖和底盘各一个）顶部，经振摇后，分别称出留在各筛子及底盘上的土量，即可求得各粒组的相对含量的百分数。

图1-1 筛分法

（4）级配良好与否的判别

① 定性判别。常用的颗粒级配的表示方法是累计曲线法。根据颗粒分析试验成果，通常用半对数纸绘制。横坐标（按对数比例尺）表示粒径，纵坐标表示小于某粒径的土粒占土总重的百分比，如图1-2所示。由曲线的陡缓大致可以判断土的均匀程度。如曲线较陡，则表示粒径大小相差不多，土粒均匀，即级配不良；如曲线平缓，则表示粒径大小相差悬殊，土粒不均匀，即级配良好。

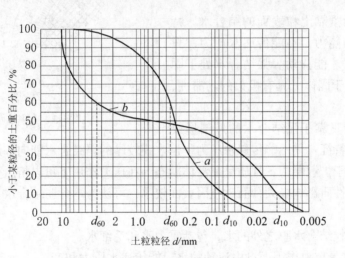

图1-2 颗粒级配曲线

② 定量判别。

不均匀系数

$$C_{\mathrm{u}} = \frac{d_{60}}{d_{10}} \tag{1-1}$$

曲率系数

$$C_{\mathrm{c}} = \frac{d_{30}^{\,2}}{d_{10}d_{60}} \tag{1-2}$$

式中，d_{60}、d_{30}、d_{10}——分别表示级配曲线上纵坐标为60%、30%、10%时对应粒径。

不均匀系数反映不同粒组的分布情况，C_{u}越大，表示颗粒大小分布范围越广，越不均匀，土的级配越良好。但如果缺失中间粒径，土粒大小不连续，则形成不连续级配，此时需同时考虑曲率系数。故曲率系数C_c是描述累计曲线整体形状的指标。一般工程中将$C_u < 5$的土称为匀粒土，属级配不良；$C_u > 10$的土称为级配良好土。考虑累计曲线整体形状，则一般认为，砾类土或砂类土同时满足$C_u > 5$及$C_c = 1 \sim 3$两个条件时，称为级配良好。

颗粒级配可以在一定程度上反映土的某些性质。级配良好的土，较粗颗粒间的孔隙被较细的颗粒所填充，易被压实，因而土的密实度较好，相应地基土的强度和稳定性也较好，透水性和压缩性也较小，适于做地基填方的土料。

2. 土中水

土中水是指存在于土孔隙中的水。土中细粒越多，水对土的性质影响越大。按照水与土相互作用程度的强弱，可将土中水分为结晶水、结合水和自由水三大类，如图1-3所示。

（1）结晶水

存在于矿物结晶中的水，只有在高温（>105℃）下，才能从矿物中吸出，故可把它视作矿物本身的一部分。

（2）结合水

结合水是在电场引力下吸附于土粒表面的水。土粒表面带负电荷，吸附电场范围内的水分子及水分子中的阳离子，越靠近土粒表面吸附作用越强，结合水从内向外可分为固定层和扩散层。

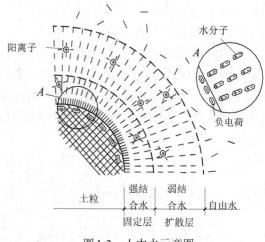

强结合水是指紧靠土粒表面的结合水。特征：没有溶解盐的能力，不能传递水压力，只有吸热变成蒸汽时才能移动。强结合水处于固定层中，性质接近于固体，具有极大的黏滞性、弹性和抗剪强度。

图1-3 土中水示意图

弱结合水是指紧靠于强结合水的外围形成的一层结合水膜。特征：仍不能传递水压力，但水膜较厚的弱结合水能向邻近较薄的水膜缓慢移动。弱结合水处于扩散层中，性质呈黏滞体状态，在压力作用下可以挤压变形。弱结合水对黏性土的物理力学性质影响极大，而砂土因表面较小，可认为不含弱结合水。

（3）自由水

自由水是指土粒结合水膜之外的水，包括重力水和毛细水。

① 重力水：只受重力作用而自由流动的水，能传递水压力和产生浮力作用，一般存在于地下水位以下的透水土层中。

② 毛细水：土孔隙中受到表面张力作用而存在的自由水，一般存在于地下水位以上的透水土层中。由于表面张力作用，毛细水在土粒之间形成环状弯液面，弯液面与土粒接触处的表面张力反作用于土粒，形成毛细压力，使土粒挤紧，如图1-4所示。土粒间的孔隙是连通的，形成无数不规则的毛细管，在表面张力作用下，地下水沿着毛细管上升，因此工程中要注意地基土的湿润和冻胀，同时应注意建筑物的防潮。

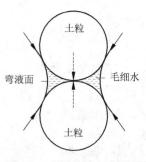

图1-4 毛细水压力示意图

3．土中气体

土中气体是指充填在土的孔隙中的气体，包括与大气连通的和不连通的两类。

与大气连通的气体对土的工程性质没有多大的影响，当土受到外力作用时，这种气体很快从孔隙中挤出；但是密闭的气体对土的工程性质有很大的影响，密闭气体的成分可能是空气、水汽或天然气等。在压力作用下，这种气体可被压缩或溶解于水中，而当压力减小时，气泡会恢复原状或重新游离出来。封闭气体的存在，增大了土的弹性和压缩性，降低了土的透水性。

1.1.2 土的结构与构造

1．土的结构

土的结构是指土颗粒的大小、形状、表面特征、相互排列与连接关系综合特征。一般分为单粒结构、蜂窝结构和絮状结构三种基本类型，如图1-5所示。

（1）单粒结构

单粒结构是无黏性土的结构特征，是由粗大土粒在水或空气中下沉而形成的。其特点是土粒间没有连接存在，或连接非常微弱，可以忽略不计。疏松状态的单粒结构在荷载作用下，特别在振动荷载作用下会趋向密实，土粒移向更稳定的位置，同时产生较大的变形，这种土不宜作为天然地基；密实状态的单粒结构，其土粒排列紧密，强度较大，压缩性小，是较为良好的天然地基。单粒结构的紧密程度取决于矿物成分、颗粒形状、颗粒级配。片状矿物颗粒组成的砂土最为疏松；浑圆的颗粒组成的土比带棱角的容易趋向密实；土粒的级配越不均匀，结构越紧密。

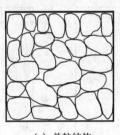 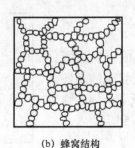 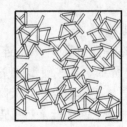

| (a) 单粒结构 | (b) 蜂窝结构 | (c) 絮状结构 |

图1-5 土的结构

（2）蜂窝结构

蜂窝状结构是以粉粒为主的土的结构特征。粒径为0.075 ~ 0.005mm的土粒在水中沉积时，基本上是单个颗粒下沉，当碰上已沉积的土粒时，由于土粒间的引力大于其重力，因此颗粒就停留在最初的接触点上不再下沉，形成大孔隙的蜂窝状结构。

（3）絮状结构

絮状结构是黏土颗粒特有的结构特征。悬浮在水中的黏粒（＜0.005mm）被带到电解质浓度较大的环境中（如海水），黏粒间的排斥力因电荷中和而破坏，土粒互相聚合，形成絮状物下沉，沉积为大孔隙的絮状结构。

具有蜂窝结构和絮状结构的土，存在大量的细微孔隙，渗透性小，压缩性大，强度低，土粒间连接较弱，受扰动时土粒接触点可能脱离，导致结构强度损失，强度迅速下降；而后随着时间增长，强度还会逐渐恢复。其土粒之间的连接强度往往由于长期的压密作用和胶结作用而得到加强。

2. 土的构造

土的构造是指同一土层中土颗粒之间的相互关系特征。通常分为层状构造、分散构造和裂隙构造。

（1）层状构造

层状构造是土粒在沉积过程中，由于不同阶段沉积的物质成分、粒径大小或颜色不同，沿竖向呈现层状特征，如图1-6所示。层状构造反映不同年代不同搬运条件形成的土层，是细粒土的一个重要特征。

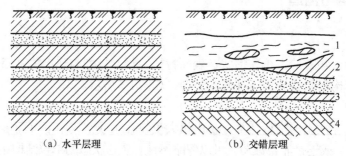

（a）水平层理 （b）交错层理

图1-6 层状构造

1—淤泥夹黏土透镜体；2—黏土尖灭；3—砂土夹黏土层；4—基岩

（2）分散构造

分散构造是土层中的土粒分布均匀，性质相近，常见于厚度较大的粗粒土。通常其工程性质较好。

（3）裂隙构造

裂隙构造是土体被许多不连续的小裂隙所分割，如图1-7所示。某些硬塑或坚硬状态的黏性土具有此种构造。裂隙的存在大大降低了土体的强度和稳定性，增大了透水性，对工程不利。

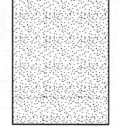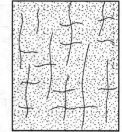

图1-7 裂隙构造

1.1.3 土的物理性质指标

表示土的三相组成比例关系的指标，称为土的物理性质指标。土的物理性质直接反映土的松密、软硬等物理状态，也间接反映土的工程性质。土的松密和软硬程度主要取决于土的三相各自在数量上所占的比例。

土的三相物质是混杂在一起的，为了便于计算和说明，工程中常将三相分别集中起来，称为土的三相图，如图1-8所示。图的左边标出各相的质量，图的右边标出各相的体积。图中符号意义如下。

m_s——土粒质量；

m_w——土中水质量；

m——土的总质量；

V_s——土粒体积；

V_w——土中水体积；

V_a——土中气体积；

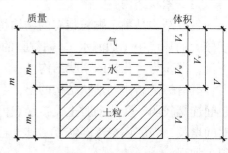

图1-8 土的三相图

V_v——土中孔隙体积；

V——土的总体积。

1. 基本指标

（1）天然密度ρ

① 物理意义：单位体积天然土的质量，称为质量密度，简称密度ρ（g/cm³ 或 t/m³）；单位体积天然土的重力，称为重力密度，简称重度γ（kN/m³）。

② 表达式：

$$\rho = \frac{m}{V} \tag{1-3}$$

$$\gamma = \rho g = mg/V \tag{1-4}$$

③ 取值：工程中 $g = 10\text{m/s}^2$，土的重度一般在 16 ～ 22kN/m³。工程中用重度，试验室中用密度，钢混重度为 25 kN/m³，素混重度为 22 ～ 24kN/m³，机制砖重度为 19kN/m³，水泥砂浆重度为 20kN/m³，混合砂浆重度为 17kN/m³，填充墙重度为 6 ～ 8kN/m³。

④ 测定方法：环刀法和灌水法。环刀法适用于黏性土、粉土与砂土；灌水法适用于卵石、砾石与原状砂。

（2）土粒相对密度d_s

① 物理意义：单位土粒的密度ρ_s与同体积4℃水的密度ρ_w之比。

② 表达式：

$$d_s = \frac{\rho_s}{\rho_w} = \frac{m_s}{V_s \rho_w} \tag{1-5}$$

式中，ρ_w——水的密度，一般取 1t/m³。

③ 取值：在有经验的地区可按经验值选用。一般砂土为 2.65 ～ 2.69，粉土为 2.70 ～ 2.71，黏性土为 2.72 ～ 2.75，颗粒越小，d_s越大。

说明：d_s无量纲，d_s值大小取决于土粒矿物成分和有机质含量。

④ 测定方法：用比重瓶和经验法。

（3）土的含水量ω

① 物理意义：土中水的质量与土颗粒质量之比，以百分数表示，表示土的湿度。

② 表达式：

$$\omega = \frac{m_w}{m_s} \times 100\% \tag{1-6}$$

③ 取值：土的含水量与土的种类、埋藏条件及其所处的自然地理环境等有关，一般砂土为 0% ～ 40%，黏性土为 20% ～ 60%。一般来说，同一类土含水量越大，则其强度就越低，黏性土的黏粒比较多，那么含水就多。

④ 测定方法：烘干法。适用于黏性土、粉土和砂土的常规试验。

2. 换算指标

（1）干密度ρ_d和干重度γ_d

① 物理意义：单位土体积内颗粒的质量为土的干密度，单位土体积土颗粒受到的重力为土的干重度。

② 表达式：

$$\rho_{\mathrm{d}} = \frac{m_{\mathrm{s}}}{V} \text{（ g/cm}^3 \text{ 或 t/m}^3 \text{)}$$ （1-7）

$$\gamma_{\mathrm{d}} = \rho_{\mathrm{d}} g \text{（ kN/m}^3 \text{)}$$ （1-8）

$$\gamma_{\mathrm{d}} = \frac{\gamma}{1+\omega}$$ （1-9）

③ 取值：土的干密度一般为 1.3 ~ 2.0 g/cm³。

④ 工程应用：干密度和干重度是填方工程土体压实质量控制的标准。土的干密度越大，土体压的越密实，土的工程质量就越好。

（2）土的饱和密度 ρ_{sat} 和饱和重度 γ_{sat}

① 物理意义：单位体积内饱和土质量为土的饱和密度，单位体积内饱和土所受到的重力为土的饱和重度。

② 表达式：

$$\rho_{\mathrm{sat}} = \frac{m_{\mathrm{s}} + \rho_{\mathrm{w}} V_{\mathrm{V}}}{V} \text{（ g/cm}^3 \text{ 或 t/m}^3 \text{)}$$ （1-10）

$$\gamma_{\mathrm{sat}} = \rho_{\mathrm{sat}} g \text{（ kN/m}^3 \text{)}$$ （1-11）

③ 取值：土的饱和密度一般为 1.8 ~ 2.3 g/cm³。

（3）土的有效密度 ρ' 和有效重度 γ'

① 物理意义：处于水面以下的土，其土粒受浮力作用时，单位体积内土粒的质量为土的有效密度；处于水面以下的土，其土粒受浮力作用时，单位体积内土粒所受到的重力扣除浮力后的重度为土的有效重度。

② 表达式：

$$\rho' = \frac{m_{\mathrm{s}} - V_{\mathrm{s}} \rho_{\mathrm{w}}}{V} \text{（ g/cm}^3 \text{ 或 t/m}^3 \text{)}$$ （1-12）

$$\gamma' = \rho' g = \frac{m_{\mathrm{s}} g - V_{\mathrm{s}} \rho_{\mathrm{w}} g}{V} = \gamma_{\mathrm{sat}} - \gamma_{\mathrm{w}} \text{（ kN/m}^3 \text{)}$$ （1-13）

式中，γ_{w}——水的重度，一般为 10 kN/m³。

阿基米德原理：浮力等于排开水所受重力。

③ 取值：土的有效密度一般为 0.8 ~ 1.3 g/cm³。

讨论：同种类土 γ_{sat}、γ_{d}、γ'、γ 四个指标的大小排序。

结论：同种类土 $\gamma_{\mathrm{sat}} > \gamma > \gamma_{\mathrm{d}} > \gamma'$。

（4）土的孔隙比 e

① 物理意义：土体中的孔隙体积与土粒体积之比。

② 表达式：

$$e = \frac{V_{\mathrm{v}}}{V_{\mathrm{s}}}$$ （1-14）

③ 取值：一般砂土的孔隙比为 0.5 ~ 1.0，黏性土的孔隙比为 0.5 ~ 1.2。

④ 工程应用：用来评价天然土层的密实程度。当砂土 $e < 0.6$ 时，呈密实状态，为良好地基；当黏性土 $e > 1.0$ 时，为软弱地基。

（5）土的孔隙率 n

① 物理意义：土体中的孔隙体积与总体积之比，用百分数表示。

② 表达式：

$$n = \frac{V_v}{V} \times 100\%$$ （1-15）

③ 取值：孔隙率反映土中孔隙大小的程度，一般为30% ~ 50%。

（6）饱和度 S_r

① 物理意义：土中水的体积与孔隙体积之比，用百分数表示。

② 表达式：

$$S_r = \frac{V_w}{V_v} \times 100\%$$ （1-16）

③ 取值：$0 < S_r \leqslant 1$。

④ 工程应用：砂土与粉土以饱和度作为湿度划分的标准。当 $S_r \leqslant 50\%$ 时，土为稍湿的；当 $50\% < S_r \leqslant 80\%$ 时，土为很湿的；当 $S_r > 80\%$ 时，土为饱和的，当 $S_r = 1$ 时，土处于完全饱和状态。

3. 三相比例指标的换算关系

利用试验指标替换三相图中的各符号，所有三相比例指标之间可以建立相互换算的关系。具体换算时，可假设 $V_s = 1$（$V = 1$），解出各相物质的质量和体积，利用定义式即可导出所求的物理性质指标。土的三相比例指标换算公式见表1-2。

表1-2 　　　　　　　　　　　土的三相比例指标换算公式

名称	符号	表达式	常用换算公式	单位	常见值
土粒相对密度	d_s	$d_s = \dfrac{m_s}{V_s \rho_w}$	$d_s = \dfrac{S_r e}{\omega}$		砂土：2.65 ~ 2.69 粉土：2.70 ~ 2.71 黏性土：2.72 ~ 2.75
含水量	ω	$\omega = \dfrac{m_w}{m_s} \times 100\%$	$\omega = \left(\dfrac{\gamma}{\gamma_d} - 1\right) \times 100\%$		砂土：0% ~ 40% 黏性土：20% ~ 60%
密度 重度	ρ γ	$\rho = \dfrac{m}{V}$ $\gamma = \rho g$	$\rho = \dfrac{d_s(1+\omega)}{1+e} \rho_w$ $\gamma = \dfrac{d_s(1+\omega)}{1+e} \gamma_w$	g/cm³ kN/m³	1.6 ~ 2.2 16 ~ 22
干密度 干重度	ρ_d γ_d	$\rho_d = \dfrac{m_s}{V}$ $\gamma_d = \rho_d g$	$\rho_d = \dfrac{\rho}{1+\omega}$ $\gamma_d = \dfrac{\gamma}{1+\omega}$	g/cm³ kN/m³	1.3 ~ 2.0 13 ~ 20
饱和密度 饱和重度	ρ_{sat} γ_{sat}	$\rho_{sat} = \dfrac{m_s + V_v \rho_w}{V}$ $\gamma_{sat} = \rho_{sat} g$	$\rho_{sat} = \dfrac{d_s + e}{1+e} \rho_w$ $\gamma_{sat} = \dfrac{d_s + e}{1+e} \gamma_w$	g/cm³ kN/m³	1.8 ~ 2.3 18 ~ 23
有效密度 有效重度	ρ' γ'	$\rho' = \dfrac{m_s - V_s \rho_w}{V}$ $\gamma' = \rho' g$	$\rho' = \rho_{sat} - \rho_w$ $\gamma' = \gamma_{sat} - \gamma_w$	g/cm³ kN/m³	0.8 ~ 1.3 8 ~ 13
孔隙比	e	$e = \dfrac{V_v}{V_s}$	$e = \dfrac{d_s(1+\omega)\rho_w}{\rho} - 1$		砂土：0.5 ~ 1.0 黏性土：0.5 ~ 1.2
孔隙率	n	$n = \dfrac{V_v}{V} \times 100\%$	$n = \dfrac{e}{1+e} \times 100\%$		30% ~ 50%
饱和度	S_r	$S_r = \dfrac{V_w}{V_v} \times 100\%$	$S_r = \dfrac{\omega d_s}{e} \times 100\%$		0% ~ 100%

【例1-1】某工程地基勘查中，一个钻孔原状土试样试验结果为：土的密度 $\rho = 1.95\text{g/cm}^3$，含水量 $\omega = 26.1\%$，土粒相对密度 $d_s = 2.72$。求其余6个物理性质指标。

解：（1）孔隙比 $e = \dfrac{d_s(1+\omega)\rho_w}{\rho} - 1 = \dfrac{2.72 \times (1+0.261) \times 1}{1.95} - 1 = 0.759$

（2）孔隙率 $n = \dfrac{e}{1+e} \times 100\% = \dfrac{0.759}{1+0.759} \times 100\% = 43.1\%$

（3）饱和度 $S_r = \dfrac{\omega d_s}{e} \times 100\% = \dfrac{0.261 \times 2.72}{0.759} \times 100\% = 94\%$

（4）干密度 $\rho_d = \dfrac{\rho}{1+\omega} = \dfrac{1.95}{1+0.261} = 1.55$（$\text{g/cm}^3$）

（5）饱和密度 $\rho_{sat} = \dfrac{(d_s+e)\rho_w}{1+e} = \dfrac{(2.72+0.759) \times 1}{1+0.759} = 1.98$（$\text{g/cm}^3$）

（6）有效密度 $\rho' = \rho_{sat} - \rho_w = 1.98 - 1 = 0.98$（$\text{g/cm}^3$）

【例1-2】某一施工现场需要填土，基坑的体积为 $2\,000\text{m}^3$，土方来源于附近土丘，土丘的土粒相对密度为2.70，含水量为15%，孔隙比为0.6，要求填土的含水量为17%，干重度为 17.6kN/m^3，问：

（1）取土现场土丘的重度、干重度、饱和度分别是多少？

（2）填土的孔隙比是多少？应从取土现场开采多少方土？

（3）碾压时应洒多少水？

解：（1）根据表1-2得土丘的干重度、重度和饱和度分别为

$$\gamma_d = \frac{\gamma_w d_s}{1+e} = \frac{1.0 \times 10 \times 2.70}{1+0.6} = 16.875(\text{kN/m}^3)$$

$$\gamma = \gamma_d(1+\omega) = 16.875 \times (1+0.15) = 19.406(\text{kN/m}^3)$$

$$S_r = \frac{\omega d_s}{e} \times 100\% = \frac{0.15 \times 2.70}{0.6} \times 100\% = 67.5\%$$

（2）根据题意，设土丘孔隙比 $e_1 = 0.6$，填土的孔隙比为 e_2，填土体积 $V_2 = 2\,000\text{m}^3$，需开采的土丘体积为 V_1，则

$$e_2 = \frac{d_s \gamma_w}{\gamma_d} - 1 = \frac{2.7 \times 10}{17.6} - 1 = 0.5341$$

$$\frac{1+e_1}{1+e_2} = \frac{V_1}{V_2}$$

$$V_1 = \frac{1+e_1}{1+e_2}V_2 = \frac{1+0.6}{1+0.5341} \times 2000 = 2085.9(\text{m}^3)$$

（3）设开采土丘体积为 V_1 的土的总重量为 $W_1\text{kN}$，则由天然重度公式得

$$W_1 = \gamma_1 V_1 = 19.406 \times 2085.9 = 40479(\text{kN})$$

又

$$\omega = \frac{W_w}{W_s} \times 100\% = 0.15$$

$$W_w + W_s = W_1 = 40479\text{kN}$$

则

$$W_w = 5\,280\ \text{kN}$$

$$W_s = 35\,199\text{kN}$$

设碾压时应洒水重量为 $x\text{kN}$，碾压前后土粒重量保持不变，由题意填土的含水量为17%，则有

$$\omega = \frac{W_w + x}{W_s} \times 100\% = 0.17$$

$$\frac{5280 + x}{35199} \times 100\% = 0.17$$

$$x = 703.83 \text{ kN}$$

1.1.4 土的物理状态指标

1.1.4.1 黏性土的物理状态指标

稠度是指土的软硬状态或土对受外力作用所引起变形或破坏的抵抗能力。黏性土最主要的性质是土粒与水相互作用产生的稠度，它反映土粒之间连接强度随含水量高低而变化的性质。

随着含水量的改变，黏性土将经历不同的物理状态。当含水量很大时，土是一种黏滞流动的液体即泥浆，称为流动状态；随着含水量逐渐减少，黏滞流动的特点渐渐消失而显示出塑性，称为可塑状态；当含水量继续减少时，则发现土的可塑性逐渐消失，从可塑状态变为半固体状态。如果同时测定含水量减少过程中的体积变化，则可发现土的体积随着含水量的减少而减小，但当含水量很小的时候，土的体积却不再随含水量的减少而减小了，这种状态称为固体状态。

1. 黏性土的界限含水量

同一种黏性土随其含水量的不同，而分别处于固态、半固态、可塑状态及流动状态。由一种状态转变到另一种状态的分界含水量，叫界限含水量。流动状态与可塑状态间的分界含水量称为液限 ω_L；可塑状态与半固体状态间的分界含水量称为塑限 ω_p；半固体状态与固体状态间的分界含水量称为缩限 ω_s，如图1-9所示。界限含水量均以百分数表示，它对黏性土的分类及工程性质的评价有重要意义。

图1-9　黏性土的物理状态与含水量的关系

2. 试验方法

（1）塑限测定方法

塑限 ω_p 是用搓条法测定的。将土样过0.5mm的筛，取略高于塑限含水量的试样8～10g，先用手搓成椭圆形，然后放在干燥清洁的毛玻璃板上用手掌滚搓。手掌的压力要均匀地施加在土条上，不得使土条在毛玻璃板上无力滚动。当土条搓至3mm直径时，表面开始出现裂纹并断裂成数段，此时土条的含水量就是塑限。若土条搓至3mm直径时，仍未出现裂纹和断裂，则表示此时试样的含水量高于塑限；若土条直径大于3mm时，已出现裂纹和断裂，则表示试样的含水量低于塑限。遇此两种情况，均应重取试样进行试验。

（2）液限测定方法

液限 ω_L 是用锥式液限仪（图1-10）测定的。其工作过程是：将调成均匀的浓糊状试样装满盛土杯内（盛土杯置于底座上），刮平杯口表面，用质量为76g的圆锥式液限仪测定。提住锥体上端手柄，使锥尖正好接触试样表面中部，松手，使锥体在其自重作用下沉入土中。若圆锥体经5s恰好沉入17mm深度，这时杯内土样的含水量就是液限 ω_L 值。如果沉入土中的深度超过或低于17mm，则表示试样的含水量高于或低于液限，均应重新试验至满足要求。

美国、日本等国家使用碟式液限仪（图1-11）来测定黏性土的液限。其工作过程是：将调成浓糊状的试样装在碟内，刮平表面，用切槽器在土中成V形槽，槽底宽度为2mm，然后将碟子抬高10mm，使碟下落，连续下落25次后，如土槽合拢长度为13mm，这时试样的含水量就是液限。

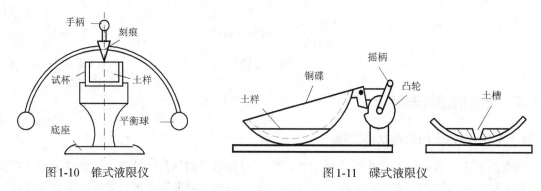

图1-10　锥式液限仪　　　　　　　　　　　　图1-11　碟式液限仪

（3）液限、塑限联合测定法

该方法是根据圆锥仪的圆锥入土深度与其相应的含水量在双对数坐标上具有线性关系的特性来进行的。利用圆锥质量为76g的液、塑限联合测定仪（图1-12）测得3个土试样在不同含水量时的圆锥入土深度，并绘制其关系直线图（图1-13），在图上查得圆锥下沉深度为17mm所对应的含水量即为液限，查得圆锥下沉深度为2mm所对应的含水量为塑限，取值以百分数表示，准确至0.1%。

图1-12　光电式液、塑限联合测定仪

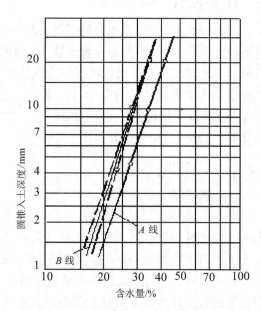

图1-13　圆锥入土深度与含水量的关系

3. 塑性指数

可塑性是黏性土区别于砂土的重要特征。可塑性的大小用土处在塑性状态的含水量变化范围来衡量，从液限到塑限含水量的变化范围越大，土的可塑性越好。这个范围称为塑性指数，即液限与塑限的差值I_p。

$$I_p = \omega_L - \omega_p \qquad (1-17)$$

塑性指数越大，则土处在可塑状态的含水量范围越大，土的可塑性越好。也就是说，塑性指数的大小与土可能吸附的结合水的多少有关，一般土中黏粒含量越高或矿物成分吸水能力越强，则塑性指数越大。

《建筑地基基础设计规范》（GB 50007—2011）用I_p作为黏性土与粉土的定名标准：$10 < I_p \leqslant 17$为粉质黏土，$I_p > 17$为黏土。

4. 液性指数

液性指数I_L是指黏性土的天然含水量与塑限的差值和塑性指数之比。它是表示天然含水量与界限含水量相对关系的指标，反映黏性土天然状态的软硬程度，其表达式为

$$I_L = \frac{\omega - \omega_p}{I_p} = \frac{\omega - \omega_p}{\omega_L - \omega_p} \qquad (1\text{-}18)$$

可塑状态的土的液性指数在0到1之间，液性指数越大，表示土越软；液性指数大于1的土处于流动状态；液性指数小于0的土则处于固体状态或半固体状态。建筑工程中将液性指数I_L用作确定黏性土承载力的重要指标。《建筑地基基础设计规范》（GB 50007—2011）按液性指数的大小将黏性土划分为5种软硬状态，见表1-3。

表1-3   黏性土软硬状态的划分

液性指数	$I_L \leqslant 0$	$0 < I_L \leqslant 0.25$	$0.25 < I_L \leqslant 0.75$	$0.75 < I_L \leqslant 1.0$	$I_L > 1.0$
状态	坚硬	硬塑	可塑	软塑	流塑

5. 黏性土灵敏度

天然状态的黏性土通常都具有一定的结构性，当受到外来因素的扰动时，其结构破坏，强度降低，压缩性增大。土体的这种受扰动而降低强度的性质，通常用灵敏度S_t来衡量。

$$S_t = \frac{q_u}{q'_u} \qquad (1\text{-}19)$$

式中，q_u——原状土的无侧限抗压强度，kPa；

      q'_u——重塑土（含水量与密度不变）的无侧限抗压强度，kPa。

根据灵敏度的大小，可将黏性土分为低灵敏（$1 < S_t \leqslant 2$）、中灵敏（$2 < S_t \leqslant 4$）和高灵敏（$S_t > 4$）三类。土体灵敏度越高，其结构性越强，受扰动后强度降低越多，所以在施工时应特别注意保护基槽，尽量减少对土体的扰动。

1.1.4.2 无黏性土的物理状态指标

无黏性土为单粒结构，与水的关系不大，所以工程中评价软硬、松密时用到的指标就是密实度。关于无黏性土的密实度，可以分为砂土和碎石土两类。

1. 砂土的密实度

（1）孔隙比判别

孔隙比越小，表明土越密实。$e < 0.6$：密实，是良好的天然地基。

孔隙比越大，表明土越疏松。$e > 1.0$：松散，不宜作天然地基。

砂土的密实程度不完全取决于孔隙比，而在很大程度上还取决于土的级配情况。粒径级配不同的砂土即使具有相同的孔隙比，但由于颗粒大小不同，颗粒排列不同，所处的密实状态也会不同。

（2）相对密实度判别

为了考虑颗粒级配的影响，引入砂土相对密实度的概念。即用天然孔隙比e与该砂土的最

单元 1

19

松状态孔隙比e_{max}和最密实状态孔隙比e_{min}进行对比，比较e靠近e_{max}或靠近e_{min}，以此来判别砂土的密实度。相对密实度D_r的表达式为

$$D_r = \frac{e_{max} - e}{e_{max} - e_{min}} \tag{1-20}$$

从式（1-20）可以看出，当砂土的天然孔隙比接近于最小孔隙比时，相对密实度D_r接近于1，表明砂土接近于最密实的状态；而当天然孔隙比接近于最大孔隙比时，则表明砂土处于最松散的状态，其相对密实度接近于0。

根据D_r值将砂土密实度划分为三种状态：$0.67 < D_r \leqslant 1$，密实；$0.33 < D_r \leqslant 0.67$，中密；$0 < D_r \leqslant 0.33$，松散。

由于砂土的原状土样很难取得，天然孔隙比难以准确测定，故相对密实度的精度也就无法保证。目前，它主要用于填方质量的控制。

（3）标准贯入试验判别

《建筑地基基础设计规范》（GB 50007—2011）采用未经修正的标准贯入试验锤击数N来划分砂土的密实度，见表1-4。N是用质量63.5kg的重锤自由下落76cm，使贯入器竖直击入土中30cm所需的锤击数，它综合反映了土的贯入阻力的大小，即密实度的大小。

表1-4　　　　　　　　　　　　砂土密实度划分

密实度	密实	中密	稍密	松散
锤击数	$N > 30$	$30 \geqslant N > 15$	$15 \geqslant N > 10$	$N \leqslant 10$

2. 碎石土的密实度

（1）重型圆锥动力触探锤击数$N_{63.5}$

碎石土既不易获得原状土样，也难以将贯入器击入土中。对于平均粒径小于等于50mm且最大粒径不超过100mm的卵石、碎石、圆砾、角砾，《建筑地基基础设计规范》（GB 50007—2001）采用重型圆锥动力触探锤击数$N_{63.5}$来划分其密实度，见表1-5。

表1-5　　　　　　　　　　　　碎石土的密实度

重型圆锥动力触探锤击数$N_{63.5}$	$N_{63.5} \leqslant 5$	$5 < N_{63.5} \leqslant 10$	$10 < N_{63.5} \leqslant 20$	$N_{63.5} > 20$
密实度	松散	稍密	中密	密实

注：$N_{63.5}$为经综合修正后的平均值。

（2）野外鉴别方法

对于平均粒径大于50mm或最大粒径大于100mm的碎石土，通过观察，根据骨架颗粒含量和排列、可挖性、可钻性将其密实度划分为密实、中密、稍密、松散，见表1-6。

表1-6　　　　　　　　　　　碎石土密实度野外鉴别方法

密实度	骨架颗粒含量和排列	可挖性	可钻性
密实	骨架颗粒含量大于总重的70%，呈交错排列，连续接触	锹镐挖掘困难，用撬棍方能松动，井壁一般较稳定	钻进极困难，冲击钻探时，钻杆、吊锤跳动剧烈，孔壁较稳定
中密	骨架颗粒含量等于总重的60%～70%，呈交错排列，大部分接触	锹镐可挖掘，井壁有掉块现象，从井壁取出大颗粒处，能保持颗粒凹面形状	钻进较困难，冲击钻探时，钻杆、吊锤跳动不剧烈，孔壁有坍塌现象

密实度	骨架颗粒含量和排列	可挖性	可钻性
稍密	骨架颗粒含量等于总重的55%~60%，排列混乱，大部分不接触	锹可以挖掘，井壁易坍塌，从井壁取出大颗粒后，砂土立即坍落	钻进较容易，冲击钻探时，钻杆稍有跳动，孔壁坍塌
松散	骨架颗粒含量小于总重的55%，排列十分混乱，绝大部分不接触	锹易挖掘，井壁极易坍塌	钻进很容易，冲击钻探时，钻杆无跳动，孔壁极易坍塌

注：① 骨架颗粒系指与表1-13碎石土分类名称相对应粒径的颗粒；
　　② 碎石土的密实度应按表列各项要求综合确定。

1.1.5 土的力学性质指标

1. 土的压缩性指标

土的压缩性是指地基土在压力作用下体积减小的特性。土体积缩小包括两个方面：一是土中水、气从孔隙中排出，使孔隙体积减小；二是土颗粒本身、土中水及封闭在土中的气体被压缩，这部分很小，可以忽略不计。土的压缩随时间增长的过程称为固结。对于透水性大的无黏性土，其压缩过程在很短时间内就可以完成。而透水性小的黏性土，其压缩稳定所需的时间要比砂土长得多。

（1）室内压缩试验

土的室内压缩试验也称作固结试验，它是研究土压缩性的常用方法。

室内压缩试验采用的试验装置为压缩仪，也称固结仪，如图1-14所示。试验时将切有土样的环刀置于刚性护环中，由于金属环刀及刚性护环的限制，使得土样在竖向压力作用下只能发生竖向变形，而无侧向变形。在土样上下放置的透水石是土样受压后排出孔隙水的两个界面。压缩过程中竖向压力通过刚性板施加给土样，土样产生的压缩量可通过百分表量测。常规压缩试验通过逐级加荷进行，常用的分级加荷量p为50 kPa、100 kPa、200 kPa、400 kPa。

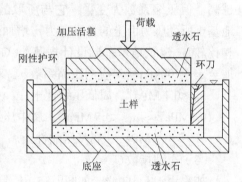

图1-14　压缩仪的压缩容器简图

根据压缩过程中土样变形与土的三相指标的关系，可以导出试验过程孔隙比e与压缩量Δs的关系，即

$$e = e_0 - \frac{\Delta s}{H_0}(1 + e_0) \qquad (1-21)$$

式中，e_0——土样受压前的初始孔隙比；

　　　H_0——土样初始高度；

　　　Δs——土样压缩量。

这样，根据式（1-21）即可得到各级荷载下对应的孔隙比，从而可绘制出土样压缩试验的e-p曲线及e-$\lg p$曲线，如图1-15所示。

（2）压缩系数a

通常可将常规压缩试验所得的e-p数据采用普通直角坐标绘制成e-p曲线，如图1-15（a）

所示。曲线越陡，则土的压缩性越高。设压力由 p_1 增至 p_2，相应的孔隙比由 e_1 减小到 e_2，当压力变化范围不大时，可将 M_1M_2 一小段曲线用割线来代替，用割线 M_1M_2 的斜率来表示土在这一段压力范围的压缩性，即

$$a = \tan \alpha = \frac{\Delta e}{\Delta p} = \frac{e_1 - e_2}{p_2 - p_1} \tag{1-22}$$

式中，a——压缩系数，MPa^{-1}。

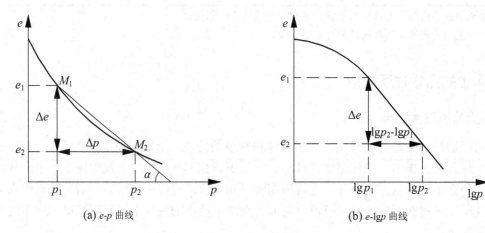

(a) e-p 曲线   (b) e-$\lg p$ 曲线

图1-15　压缩曲线

由图1-15（a）可见，压缩系数越大，则在一定压力范围内孔隙比变化越大，土的压缩性越高。但压缩系数为变量，它与所取的起始压力 p_1 以及最终压力 p_2 有关。而对应实际工程中地基土所受压力由土的自重应力 p_1 增加到土的自重应力与建筑物附加应力之和 p_2，为便于应用和比较，《建筑地基基础设计规范》（GB 50007—2011）规定，采用压力间隔由 $p_1 = 100kPa$ 增加至 $p_2 = 200kPa$ 所对应的压缩系数 a_{1-2} 来评价土的压缩性。

$a_{1-2} < 0.1\ MPa^{-1}$，属低压缩性土；

$0.1MPa^{-1} \leqslant a_{1-2} < 0.5\ MPa^{-1}$，属中压缩性土；

$a_{1-2} \geqslant 0.5\ MPa^{-1}$，属高压缩性土。

（3）压缩指数 C_c

如采用 e-$\lg p$ 曲线，如图1-15（b）所示，可以看到，当压力较大时，e-$\lg p$ 曲线接近直线。将 e-$\lg p$ 曲线直线段的斜率用 C_c 来表示，称为压缩指数。

$$C_c = \frac{e_1 - e_2}{\lg p_2 - \lg p_1} \tag{1-23}$$

压缩指数 C_c 与压缩系数 a 不同，它在压力较大时为常数，不随压力变化而变化。C_c 值越大，土的压缩性越高。一般认为，$C_c < 0.2$ 时，为低压缩性土；$C_c = 0.2 \sim 0.4$ 时，为中压缩性土；$C_c > 0.4$ 时，为高压缩性土。

（4）压缩模量 E_s

根据 e-p 曲线，可以得到另一个重要的侧限压缩指标——侧限压缩模量，简称压缩模量，用 E_s 来表示。其定义为土在完全侧限条件下竖向应力增量 Δp 与相应的应变增量 $\Delta \varepsilon$ 的比值。

当竖向压力由 p_1 增至 p_2 时，土样高度由 H_1 减小至 H_2，则 $\Delta p = p_2 - p_1$，土样压缩量 $\Delta s = H_1 - H_2$。

$$E_s = \frac{\Delta p}{\Delta \varepsilon} = \frac{\Delta p}{\dfrac{\Delta s}{H_1}} = \frac{p_2 - p_1}{H_1 - H_2} H_1 \tag{1-24}$$

式中，E_s——侧限压缩模量，MPa。

在完全侧限条件下，试样截面积A以及土颗粒体积V_s不变，则试样体积

$$V = V_s + V_v = V_s(1 + e_0) = H_0 A \tag{1-25}$$

即

$$\frac{1 + e_0}{H_0} = \frac{A}{V_s} = 常数 \tag{1-26}$$

则在各级荷载下：

$$\frac{1 + e_1}{H_1} = \frac{1 + e_2}{H_2} = \frac{1 + e_2}{H_1 - \Delta s} \tag{1-27}$$

从而得出

$$\Delta s = \frac{e_1 - e_2}{1 + e_1} H_1 = \frac{\Delta e}{1 + e_1} H_1 \tag{1-28}$$

由此可导出压缩系数a与压缩模量E_s之间的关系，即

$$E_s = \frac{\Delta p}{\dfrac{\Delta s}{H_1}} = \frac{\Delta p}{\dfrac{\Delta e}{1 + e_1}} = \frac{1 + e_1}{a} \tag{1-29}$$

同压缩系数a一样，压缩模量E_s也不是常数，而是随着压力大小而变化。因此，在运用到沉降计算中时，比较合理的做法是根据实际竖向应力的大小，在压缩曲线上取相应的孔隙比计算这些指标。一般认为，$E_s < 4$MPa时，为高压缩性土；$E_s = 4 \sim 15$MPa时，为中压缩性土；$E_s > 15$MPa时，为低压缩性土。

（5）变形模量E_0

土的变形模量是指土体在无侧限条件下的应力与应变的比值，用E_0表示。其大小可由载荷试验结果求得。在p-s曲线的直线段或接近于直线段任选一压力p和它所对应的沉降s，根据弹性理论计算沉降的公式反求地基的变形模量E_0（MPa）：

$$E_0 = I_0(1 - \mu^2)\frac{pd}{s} \tag{1-30}$$

式中，p——直线段的荷载（一般取临塑荷载p_{cr}），kPa；

s——相应于p的承压板下沉量；

d——承压板直径或边长；

μ——土的泊松比（碎石土取0.27，砂土取0.30，粉土取0.35，粉质黏土取0.38，黏土取0.42）；

I_0——刚性承压板的形状系数，圆形承压板取0.785，方形承压板取0.886。

如果p-s曲线不出现直线段时，当承压板面积为$0.25 \sim 0.50$m^{2}时，可取$s = (0.01 \sim 0.015)d$所对应的荷载代入式（1-30）计算，但该荷载不应大于最大加载量的一半。

（6）变形模量E_0与压缩模量E_s的关系

压缩模量E_s是土在完全侧限的条件下得到的，为竖向正应力与相应的正应变的比值。而变形模量E_0是根据现场载荷试验得到的，它是指土在侧向自由膨胀条件下正应力与相应的正应变的比值。

根据三向应力条件下的广义胡克定律，从理论上可以得到压缩模量与变形模量之间的换算关系：

$$E_0 = \beta E_s \qquad (1-31)$$

式中：

$$\beta = 1 - \frac{2\mu^2}{1-\mu} \qquad (1-32)$$

由于 $0 \leqslant \mu \leqslant 0.5$，所以 $0 \leqslant \beta \leqslant 1$。

由于土体不是完全弹性体，加之上述两种试验的影响因素较多，使得理论关系与实测关系有一定差距。实测资料表明，E_0 与 E_s 的比值并不像理论得到的在 0 ~ 1 变化，而可能出现 E_0/E_s 超过 1 的情况，且土的结构性越强或压缩性越小，其比值越大。

2. 土的抗剪强度指标

1773 年，法国学者库伦（C.A.Coulomb）根据砂土剪切试验，将土的抗剪强度表达为滑动面上法向总应力的函数，即

$$\tau_f = \sigma \tan\varphi \qquad (1-33)$$

后来又根据黏性土的试验结果，提出更为普遍的抗剪强度表达公式：

$$\tau_f = c + \sigma \tan\varphi \qquad (1-34)$$

式中，τ_f——土的抗剪强度，kPa；

　　　σ——剪切滑动面上的法向总应力，kPa；

　　　c——土的黏聚力，kPa；对无黏性土，$c = 0$；

　　　φ——土的内摩擦角，（°）。

以 σ 为横坐标轴，τ_f 为纵坐标轴，抗剪强度线如图 1-16 所示。直线在纵坐标轴上的截距为黏聚力 c，与横坐标轴的夹角为 φ，c、φ 称为土的抗剪强度指标。

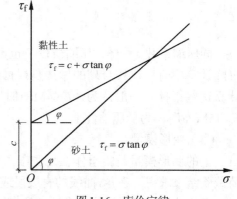

图 1-16　库伦定律

1.1.6　地基承载力

地基承载力的确定是地基基础设计中一个非常重要而又复杂的问题，它不仅与土的物理力学性质有关，而且还与基础的类型、底面尺寸与形状、埋深、建筑类型、结构特点以及施工速度等有关。

《建筑地基基础设计规范》（GB 50007—2011）规定，地基承载力特征值可由载荷试验或其他原位测试、公式计算并结合工程实践经验等方法综合确定。

1. 载荷试验

载荷试验装置如图 1-17 所示，一般由加荷稳压装置、反力装置和观测装置三部分组成。加荷稳压装置包括承压板、千斤顶和稳压器等；反力装置常用平台堆载或地锚；观测装置包括百分表及固定支架等。

现场载荷试验是在工程现场通过千斤顶逐级对置于地基土上的承压板施加荷载，观测记录沉降随时间的发展以及稳定时的沉降量 s，将上述试验得到的各级荷载与相应的稳定沉降量绘制成 p-s 曲线，即获得了地基土载荷试验的结果。

（1）试验要求

试验通常在试坑中进行，试坑宽度或直径不应小于承压板宽度或直径的 3 倍。承压板面积不应小于 0.25m²，对软土和粒径较大的填土不应小于 0.50m²。试验时必须注意保持试验土层的

原状结构和天然湿度，宜在拟试压表面用粗砂层中或中砂层中找平，其厚度不超过20mm。另外，同一土层参加统计的试验点不应少于3个。

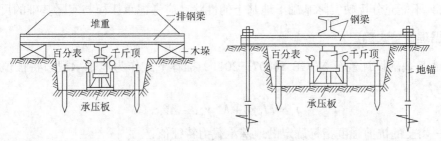

图1-17 载荷试验装置

（2）加荷方法与标准

① 第一级荷载（包括设备重量）接近开挖试坑所卸除的土重，相应沉降量不计。

② 第一级荷载后，每级荷载增量，对较松软的土采用10～25kPa，对较硬密的土采用50 kPa。

③ 加荷等级不应少于8级。最大加载量不应小于设计要求的2倍。

④ 每级加载后，按间隔5min、5min、10min、10min、15min、15min，以后间隔30min测读一次沉降量，当连续两小时每小时沉降量小于等于0.1mm时，可认为沉降已达相对稳定标准，施加下一级荷载。

（3）加载终止标准

当出现下列情况之一时，即认为土已达到极限状态，可终止加载。

① 承压板周围的土出现明显侧向挤出，周边岩土出现明显隆起或径向裂缝持续发展。

② 本级荷载的沉降量大于前级荷载沉降量的5倍，荷载与沉降曲线出现明显陡降。

③ 在某级荷载下24h沉降速率不能达到相对稳定标准。

④ 总沉降量与承压板直径（或宽度）之比超过0.06。

当满足前三种情况之一时，其对应的前一级荷载定为极限荷载。终止加载后，可按规定逐级卸载，并进行回弹观测，以做参考。

（4）p-s曲线

根据试验结果可绘制p-s曲线，图1-18所示为有明显陡降段的曲线。通常可分为三个阶段，即直线变形阶段、局部剪切阶段和完全破坏阶段。其中直线变形阶段与局部剪切阶段的界限点1处荷载称为比例界限荷载（或称临塑荷载），局部剪切阶段与完全破坏阶段的界限点2处荷载即为极限荷载。

《建筑地基基础设计规范》（GB 50007—2011）对根据p-s曲线确定承载力特征值做了如下规定。

① 当p-s曲线上有比例界限时，取该比例界限所对应的荷载值。

② 当极限荷载小于对应比例界限的荷载值的2倍时，取极限荷载值的一半。

③ 不能按上述二款要求确定时，当压板面积为0.25～0.5m²，可取s/b = 0.01～0.015所对应的荷载，但其值不应大于最大加载量的一半。

另外，同一土层参加统计的试验点不应少于3点。当

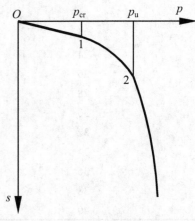

图1-18 p-s曲线

试验实测值的极差不超过其平均值的30%时，取此平均值作为该土层的地基承载力特征值f_{ak}。由于承压板尺寸较小，其在地基土中的影响范围有限，约为承压板宽度或直径的2倍；加之成层土的影响，不能充分反映实际基础下地基土的性状，应考虑承压板与实际基础的尺寸效应。

2. 根据理论公式确定

《建筑地基基础设计规范》（GB 50007—2011）推荐下式作为地基承载力特征值的理论计算公式。

$$f_a = M_b \gamma b + M_d \gamma_m d + M_c c_k \tag{1-35}$$

式中，f_a——由土的抗剪强度指标确定的地基承载力特征值；

M_b、M_d、M_c——承载力系数，按表1-7确定；

b——基础底面宽度，大于6m时按6m取值，对于砂土小于3m时按3m取值；

d——基础埋置深度，宜自室外地面标高算起；

c_k——基底下一倍短边宽深度内土的黏聚力标准值；

γ——基础底面以下土的重度，地下水位以下取有效重度；

γ_m——基础底面以上土的加权平均重度，地下水位以下取有效重度。

式（1-35）适用于偏心距$e \leqslant 0.033$倍基础底面宽度的情况。由于按土的抗剪强度确定地基承载力时没有考虑建筑物对地基变形的要求，因此按式（1-35）所得承载力确定基础底面尺寸后，还应进行地基特征变形验算。

表1-7 　　　　　　　　　　　　　　　　承载力系数M_b、M_d、M_c

土的内摩擦角标准值φ_k/（°）	M_b	M_d	M_c
0	0	1.00	3.14
2	0.03	1.12	3.32
4	0.06	1.25	3.51
6	0.10	1.39	3.71
8	0.14	1.55	3.93
10	0.18	1.73	4.17
12	0.23	1.94	4.42
14	0.29	2.17	4.69
16	0.36	2.43	5.00
18	0.43	2.72	5.31
20	0.51	3.06	5.66
22	0.61	3.44	6.04
24	0.80	3.87	6.45
26	1.10	4.37	6.90
28	1.40	4.93	7.40
30	1.90	5.59	7.95
32	2.60	6.35	8.55
34	3.40	7.21	9.22
36	4.20	8.25	9.97
38	5.00	9.44	10.80
40	5.80	10.84	11.73

注：φ_k为基底下一倍短边宽度的深度范围内土的内摩擦角标准值（°）。

3. 按照《建筑地基基础设计规范》(GB 50007—2011) 确定地基承载力特征值

当地基宽度大于3m或埋置深度大于0.5m时，从载荷试验或其他原位测试、经验值等方法确定的地基承载力特征值，尚应按下式修正。

$$f_a = f_{ak} + \eta_b \gamma (b-3) + \eta_d \gamma_m (d-0.5) \tag{1-36}$$

式中，f_a——修正后的地基承载力特征值；

$\quad f_{ak}$——地基承载力特征值；

$\quad \eta_b$、η_d——基础宽度和埋深的地基承载力修正系数，按基底下土的类别查表1-8取值；

$\quad \gamma$——基础底面以下土的重度，地下水位以下取有效重度；

$\quad b$——基础底面宽度（m），当基宽小于3m按3m取值，大于6m按6m取值；

$\quad \gamma_m$——基础底面以上土的加权平均重度，地下水位以下取有效重度；

$\quad d$——基础埋置深度（m），一般自室外地面标高算起。在填方整平地区，可自填土地面标高算起，但填土在上部结构施工后完成时，应从天然地面标高算起。对于地下室，如采用箱形基础或筏基时，基础埋置深度自室外地面标高算起；当采用独立基础或条形基础时，应从室内地面标高算起。

表1-8   承载力修正系数

土的类别		η_b	η_d
淤泥和淤泥质土		0	1.0
人工填土 e 或 $I_L \geqslant 0.85$ 的黏性土		0	1.0
红黏土	含水比 $\alpha_w > 0.8$	0	1.2
	含水比 $\alpha_w \leqslant 0.8$	0.15	1.4
大面积 压实填土	压实系数大于0.95、黏粒含量 $\rho_c \geqslant 10\%$ 的粉土	0	1.5
	最大干密度大于 2.1t/m³ 的级配砂石	0	2.0
粉土	黏粒含量 $\rho_c \geqslant 10\%$ 的粉土	0.3	1.5
	黏粒含量 $\rho_c < 10\%$ 的粉土	0.5	2.0
e 及 I_L 均小于0.85的黏性土		0.3	1.6
粉砂、细砂（不包括很湿与饱和时的稍密状态）		2.0	3.0
中砂、粗砂、砾砂和碎石土		3.0	4.4

注：① 强风化和全风化的岩石，可参照所风化成的相应土类取值，其他状态下的岩石不修正；

② 地基承载力特征值按《建筑地基基础设计规范》(GB 50007—2011)附录D深层平板载荷试验确定时 η_d 取0；

③ 含水比是指土的天然含水量与液限的比值；

④ 大面积压实填土是指填土范围大于两倍基础宽度的填土。

【例1-3】某土层资料如图1-19所示，建筑物为柱下独立基础，基础宽度 $b = 2.5$m，求持力层修正后的地基承载力特征值。

解：$b < 3$m，仅进行深度修正。由粉质黏土 $e = 0.723$，$I_L = 0.44$，查表1-8得 $\eta_d = 1.6$。

$$\gamma_m = \frac{1}{1.5} \times (18.5 \times 0.8 + 19.8 \times 0.7) = 19.1 (kN/m^3)$$

$$f_a = f_{ak} + \eta_d \gamma_m (d-0.5) = 100 + 1.6 \times 19.1 \times (1.5-0.5) = 130.56 (kPa)$$

【例1-4】已知某条基底面面宽 $b = 3\text{m}$，埋深 $d = 1.5\text{m}$，荷载合力的偏心 $e = 0.05\text{m}$，地基为粉质黏土，黏聚力 $c_k = 10\text{kPa}$，内摩擦角 $\varphi_k = 30°$，地下水位距地表为1.0m，地下水位以上的重度 $\gamma = 18\text{kN/m}^3$，试确定该地基土的承载力特征值。

解：因为 $e = 0.05\text{m} < 0.033b = 0.099\text{m}$，所以按照抗剪强度理论确定地基土承载力。由 $\varphi_k = 30°$，查表1-7得 $M_b = 1.90$，$M_d = 5.59$，$M_c = 7.95$。

因为地基土位于地下水位以下，则

$$\gamma' = \gamma_{sat} - \gamma_w = 19.5 - 10 = 9.5(\text{kN/m}^3)$$

$$\gamma_m = \frac{1.0 \times 18 + 0.5 \times (19.5 - 10)}{1.5} = 15.17(\text{kN/m}^3)$$

$$f_a = M_b \gamma b + M_d \gamma_m d + M_c c_k$$
$$= 1.9 \times 9.5 \times 3 + 5.59 \times 15.17 \times 1.5 + 7.95 \times 10 = 260.85(\text{kPa})$$

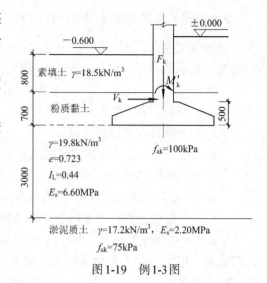

图1-19　例1-3图

1.1.7　土的工程分类

土的工程分类是把不同的土分别安排到各个具有相近性质的组合中去，其目的是为了人们有可能根据同类土已知的性质去评价其工程特性，或为工程师提供一个可供采用的描述与评价土的方法。按照《建筑地基基础设计规范》（GB 50007—2011），可将土分成岩石、碎石土、砂土、粉土、黏性土和人工填土等。

1. 岩石的工程分类

（1）定义

岩石（基岩）是指颗粒间牢固连接，呈整体或具有节理裂隙的岩体。

（2）分类

① 按成因分为岩浆岩、沉积岩和变质岩。

② 根据坚固性即未风化岩石的饱和单轴抗压强度标准值 f_{rk} 分为坚硬岩、较硬岩、较软岩、软岩和极软岩，见表1-9。

表1-9　　　　　　　　　　　　　岩石坚硬程度的划分

坚硬程度类别	坚硬岩	较硬岩	较软岩	软岩	极软岩
饱和单轴抗压强度标准值 f_{rk}/MPa	$f_{rk} > 60$	$60 \geqslant f_{rk} > 30$	$30 \geqslant f_{rk} > 15$	$15 \geqslant f_{rk} > 5$	$f_{rk} \leqslant 5$

当缺乏饱和单轴抗压强度资料或不能进行该项试验时，可在现场通过观察定性划分，见表1-10。

表1-10　　　　　　　　　　　　　岩石坚硬程度的定性划分

名称		定性鉴定	代表性岩石
硬质岩	坚硬岩	锤击声清脆，有回弹，震手，难击碎；基本无吸水反应	未风化至微风化的花岗岩、闪长岩、辉绿岩、玄武岩、安山岩、片麻岩、石英岩、硅质砾岩、石英砂岩、硅质石灰岩等

续表

名称		定性鉴定	代表性岩石
硬质岩	较硬岩	锤击声较清脆，有轻微回弹，稍震手，较难击碎；有轻微吸水反应	① 微风化的坚硬岩； ② 未风化至微风化的大理岩、板岩、石灰岩、钙质砂岩等
软质岩	较软岩	锤击声不清脆，无回弹，较易击碎；指甲可刻出印痕	① 中风化的坚硬岩和较硬岩； ② 未风化至微风化的凝灰岩、千枚岩、砂质泥岩、泥灰岩等
	软岩	锤击声哑，无回弹，有凹痕，易击碎；浸水后，可捏成团	① 强风化的坚硬岩和较硬岩； ② 中风化的较软岩； ③ 未风化至微风化的泥质砂岩、泥岩等
极软岩		锤击声哑，无回弹，有较深凹痕，手可捏碎；浸水后，可捏成团	① 风化的软岩； ② 全风化的各种岩石； ③ 各种半成岩

③ 根据风化程度分为未风化、微风化、中等风化、强风化和全风化，见表1-11。

表1-11　　　　　　　　　　　　岩石按风化程度分类

风化程度	坚硬程度分类	
	硬质岩石	软质岩石
	野外特征	
未风化	岩质新鲜，未见风化痕迹	岩质新鲜，未见风化痕迹
微风化	组织结构基本未变，仅节理面有铁锰质渲染或矿物略有变色，有少量风化裂隙	组织结构基本未变，仅节理面有铁锰质渲染或矿物略有变色，有少量风化裂隙
中等风化	组织结构部分破坏，矿物成分基本未变化，仅沿节理面出现次生矿物。风化裂隙发育，岩体被切割成20～50cm的岩块。锤击声脆，且不易击碎；不能用镐挖掘，岩芯钻方可钻进	组织结构部分破坏，矿物成分发生变化，节理面附近的矿物已风化成土状。风化裂隙发育，岩体被切割成20～50cm的岩块。锤击易碎，用镐难挖掘，岩芯钻方可钻进
强风化	组织结构已大部分破坏，矿物成分已显著变化。长石、云母已风化成次生矿物。裂隙很发育，岩体破碎。岩体被切割成2～20cm的岩块，可用手折断。用镐可挖掘，干钻不易钻进	组织结构已大部分破坏，矿物成分已显著变化，含大量黏土质黏土矿物。风化裂隙很发育，岩体被切割成碎块，干时可用手折断或捏碎，浸水或干湿交替时可较迅速地软化或崩解。用镐或锹可挖掘，干钻可钻进
全风化	组织结构已基本破坏，但尚可辨认，并且有微弱的残余结构强度，可用镐挖，干钻可钻进	组织结构已基本破坏，但尚可辨认，并且有微弱的残余结构强度，可用镐挖，干钻可钻进

④ 根据岩体完整程度可划分为完整、较完整、较破碎、破碎和极破碎，见表1-12。

表1-12　　　　　　　　　　　　岩体完整程度划分

完整程度等级	完整	较完整	较破碎	破碎	极破碎
完整性指数	>0.75	0.75～0.55	0.55～0.35	0.35～0.15	<0.15

（3）工程性质

微风化的硬质岩石为最优良的地基；强风化的软质岩石工程性质差，这类地基的承载力不如一般卵石地基承载力高。

2. 碎石土的工程分类

（1）定义

碎石土是指粒径大于2 mm的颗粒含量超过全重50%的土。

（2）分类

根据土的粒径级配中各粒组含量和颗粒形状分为漂石、块石、卵石、碎石、圆砾和角砾，见表1-13。

表1-13　　　　　　　　　　　　　碎石土的分类

土的名称	颗粒形状	粒组含量
漂石 块石	圆形及亚圆形为主 棱角性为主	粒径大于200mm的颗粒含量超过全重50%
卵石 碎石	圆形及亚圆形为主 棱角性为主	粒径大于20mm的颗粒含量超过全重50%
圆砾 角砾	圆形及亚圆形为主 棱角性为主	粒径大于2mm的颗粒含量超过全重50%

注：分类时应根据粒组含量栏从上到下以最先符合者确定。

（3）工程性质

常见的碎石土强度大，压缩性小，渗透性大，为优良地基。其中，密实碎石土为优等地基；中密碎石土为优良地基；稍密碎石土为良好地基。

3. 砂土的工程分类

（1）定义

砂土是指粒径大于2 mm的颗粒含量不超过全重50%、粒径大于0.075 mm的颗粒含量超过全重50%的土。

（2）分类

砂土根据粒组含量可分为砾砂、粗砂、中砂、细砂和粉砂，见表1-14。密实度：密实、中密、稍密、松散四状态。

表1-14　　　　　　　　　　　　　砂土的分类

土的名称	粒组含量
砾砂	粒径大于2 mm的颗粒含量占全重25% ~ 50%
粗砂	粒径大于0.5 mm的颗粒含量超过全重50%
中砂	粒径大于0.25 mm的颗粒含量超过全重50%
细砂	粒径大于0.075 mm的颗粒含量超过全重85%
粉砂	粒径大于0.075 mm的颗粒含量超过全重50%

注：分类时应根据粒组含量栏从上到下以最先符合者确定。

（3）工程性质

① 密实与中密状态的砾砂、粗砂、中砂为优良地基；稍密状态的砾砂、粗砂、中砂为良

好地基。

② 粉砂与细砂要具体分析：密实状态时为良好地基；饱和疏松状态时为不良地基。

4. 粉土的工程分类

（1）定义

粉土是指粒径大于0.075 mm的颗粒含量不超过全重50%，且塑性指数$I_p \leqslant 10$的土。一般为砂粒、粉粒、黏粒的混合体。

（2）分类

粉土的性质介于砂土和黏性土之间，它具有砂土和黏性土的某些特征，不同地区的粉土中砂粒、粉粒、黏粒含量所占比例相差较大，因此工程特性也有所差别，但目前，由于经验积累的不同和认识上的差别，尚难确定一个能被普遍接受的划分亚类标准。

（3）工程性质

密实的粉土为良好地基；饱和稍密的粉土，地震时易产生液化，为不良地基。

5. 黏性土的工程分类

（1）定义

黏性土是指塑性指数$I_p > 10$的土。

（2）分类

根据塑性指数大小，黏性土分为黏土和粉质黏土，当$10 < I_p \leqslant 17$时为粉质黏土，当$I_p > 17$时为黏土。黏性土的工程性质受土的成因、生成年代的影响很大，不同成因和年代的黏性土，即使某些物理性质指标很接近，但其工程性质可能相差很悬殊。勘察部门分类：老黏土（第四纪晚更新世（Q_3））、一般黏性土（第四纪晚更新世（Q_4））、新近沉积黏性土（文化期）。

（3）工程性质

黏性土的工程性质与其含水量的大小密切相关。密实硬塑的黏性土为优良地基；疏松流塑状态的黏性土为软弱地基。

6. 人工填土的工程分类

（1）定义

人工填土是指由于人类活动而堆积的土。其成分复杂，均质性差。

（2）分类

根据人工填土的组成与成因分为素填土、压实填土、杂填土、冲填土四类，见表1-15。

表1-15　　　　　　　　　　　　　人工填土按组成与成因分类

土的名称	组成与成因
素填土	由碎石土、砂土、粉土、黏性土等组成
压实填土	经过压实或夯实的素填土
杂填土	含有建筑物垃圾、工业废料、生活垃圾等杂物
冲填土	由水力冲填泥砂形成

根据人工填土的堆积年代分为老填土和新填土。通常黏性土堆填时间超过10年、粉土堆填时间超过5年的称为老填土；黏性土堆填时间少于10年、粉土堆填时间少于5年的称为新填土。

（3）工程性质

通常人工填土的工程性质不良，强度低，压缩性大且不均匀。其中，压实填土相对较好。杂填土因成分复杂，平面与立面分布很不均匀、无规律，工程性质较差。

1.1.8 土的压实原理

在工程建设中经常要进行填土压实，例如路基、堤坝、挡土墙、平整场地以及埋设管道、建筑物基坑回填等。为了增加填土的密实度，提高其强度，减少沉降量，降低透水性，通常采用分层碾压、夯实和振动的方法来处理地基。

土体能够通过碾压、夯实和振动等方法调整土粒排列，进而增加密实度的性质称为土的压实性。

工程实践表明，对于过湿的黏性土进行碾压或夯实会出现软弹现象（俗称橡皮土），土体不易被压实，对于很干的土进行碾压或夯实也不能充分夯实。因此，对应最佳的夯实效果，存在一个适宜的含水量大小。在一定的压实功能作用下，使土最容易被压实，并能达到最大密实度时的含水量，称为土的最优含水量 ω_{op}，相应的干密度则称为最大干密度 ρ_{dmax}。

1. 击实试验

土的压实性可通过在实验室或现场进行击实试验来研究。室内击实试验方法如下：将同一种土配制成5份以上不同含水量的试样，用同样的压实功能分别对每一份试样分三层进行击实，然后测定各试样击实后的含水量 ω 和湿密度 ρ，计算出干密度 ρ_d，从而绘出一条 ω-ρ_d 关系曲线，即击实曲线。由图1-20可知，在一定击实功能下，只有当含水量达到某一特定值时，土才被击实至最大干密度。含水量大于或小于此特定值，其对应的干密度都小于最大干密度。这一特定含水量即为最优含水量 ω_{op}。

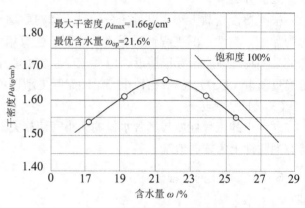

图1-20 黏性土的击实曲线

2. 影响压实效果的因素

（1）土的含水量

含水量较小时，土中水主要是强结合水，土粒间摩擦力、黏结力都很大，土粒的相对移动有困难，因而不易被压实；当含水量适当增大时，土中结合水膜变厚，土粒之间的连接力减弱而使土粒易于移动，压实效果变好；但当含水量继续增大，以致出现自由水，击实时孔隙中过多的水分不易立即排出，势必阻止土粒的靠拢，则压实效果反而下降。

试验统计证明：黏性土的最优含水量 ω_{op} 与土的塑限 ω_p 有关，大致为 $\omega_{op} = \omega_p + 2$（%）。土中黏土矿物含量越大，则最优含水量越大。

（2）击实功的大小

夯击的压实功能与夯锤的重量、落高、夯击次数以及被夯击土的厚度等有关；碾压的压实功能则与碾压机具的重量、接触面积、碾压遍数以及土层的厚度等有关。

对于同类土，压实功能越大，则最大干密度越大，而最优含水量越小。因此，在压实工程中要注意以下事项。

① 若土的含水量较小，则需选用夯实能量较大的机具，才能将土压实至最大干密度。

② 在碾压过程中，如未能将土压至最密实程度，则需增大压实功能（选用功能较大的机具或增加碾压遍数等）。

③ 若土的含水量较大，则应选用压实功能较小的机具，否则会出现"橡皮土"现象。

（3）土的性质

土的颗粒粗细、级配、矿物成分和添加的材料等因素对压实效果有影响。颗粒越粗的土，其最大干密度越大，而最优含水量越小；颗粒级配越均匀，压实曲线的峰值范围就越宽广而平缓；对于黏性土，压实效果与其中的黏土矿物成分含量有关；添加木质素和铁基材料可改善土的压实效果。

砂性土也可用类似黏性土的方法进行试验。干砂在压力和振动作用下，容易密实；稍湿的砂土，因有毛细压力作用使砂土互相靠紧，阻止颗粒移动，击实效果不好；饱和砂土，毛细压力消失，击实效果良好。

3. 压实填土的质量指标

压实填土的质量以压实系数 λ_c 控制。压实系数为压实填土的控制干密度 ρ_d 与最大干密度 ρ_{dmax} 的比值，即

$$\lambda_c = \frac{\rho_d}{\rho_{d\max}} \tag{1-37}$$

压实填土的最大干密度 ρ_{dmax} 宜采用击实试验或由现场试验来测定。当无试验资料时，最大干密度可按下式计算：

$$\rho_{d\max} = \frac{\eta \rho_w d_s}{1 + 0.01 \omega_{op} d_s} \tag{1-38}$$

式中，ρ_{dmax}——分层压实填土的最大干密度；

η——经验系数，粉质黏土取 0.96，粉土取 0.97；

ρ_w——水的密度；

d_s——土粒相对密度；

ω_{op}——填料的最优含水量。

当填料为碎石或卵石时，其最大干密度可取 2.0 ～ 2.2t/m³。

压实填土的质量应根据结构类型和压实填土所在部位按表 1-16 的数值确定。

表 1-16　　　　　　　　　　　　压实填土的质量控制

结构类型	填土部位	压实系数 λ_c	控制含水量/%
砌体承重结构和框架结构	在地基主要受力层范围内	≥0.97	$\omega_{op} \pm 2$
	在地基主要受力层范围以下	≥0.95	
排架结构	在地基主要受力层范围内	≥0.96	
	在地基主要受力层范围以下	≥0.94	

注：地坪垫层以下及基础底面标高以上的压实填土，压实系数不应小于 0.94。

1.2 工程地质勘察

1.2.1 勘察等级划分与勘察要求

1. 岩土工程勘察分级

工程建设项目的岩土工程勘察任务、工作内容、勘察方法、工作量的大小等取决于工程的技术要求和规模、工程的重要性、建筑场地和地基的复杂程度等因素。

（1）工程的重要性等级

根据工程的规模和特征，以及由于岩土工程问题造成工程破坏或影响正常使用的后果，可分为3个工程重要性等级。

① 一级工程：重要工程，发生事故后果很严重。

② 二级工程：一般工程，发生事故后果严重。

③ 三级工程：次要工程，发生事故后果不严重。

（2）场地等级

根据场地复杂程度，可分为3个场地等级。

① 符合下列条件之一者为一级场地（复杂场地）。

a. 对建筑抗震危险的地段；

b. 不良地质作用强烈发育；

c. 地质环境已经或可能受到强烈破坏；

d. 地形地貌复杂；

e. 有影响工程的多层地下水、岩溶裂隙水或其他水文地质条件复杂，需专门研究的场地。

② 符合下列条件之一者为二级场地（中等复杂场地）。

a. 对建筑抗震不利的地段；

b. 不良地质作用一般发育；

c. 地质环境已经或可能受到一般破坏；

d. 地形地貌比较复杂；

e. 基础位于地下水位以下的场地。

③ 符合下列条件之一者为三级场地（简单场地）。

a. 抗震设防烈度等于或小于6度，或对建筑抗震有利的地段；

b. 不良地质作用不发育；

c. 地质环境基本未被破坏；

d. 地形地貌简单；

e. 地下水对工程无影响。

（3）地基等级

根据地基复杂程度，可分为三个地基等级。

① 符合下列条件之一者为一级地基（复杂地基）。

a. 岩土种类多，很不均匀，性质变化大，需特殊处理；

b. 严重湿陷、膨胀、盐渍、污染的特殊性岩土，以及其他情况复杂，需作专门处理的岩土。

② 符合下列条件之一者为二级场地（中等复杂场地）。

a. 岩土种类较多，不均匀，性质变化较大；

b. 除本条第一款规定以外的特殊性岩土。

③ 符合下列条件之一者为三级场地（简单场地）。

a. 岩土种类单一，均匀，性质变化不大；

b. 无特殊性岩土。

（4）岩土工程勘察等级的确定

《岩土工程勘察规范》根据工程重要性等级、场地复杂程度等级和地基复杂程度等级，按下列条件划分岩土工程勘察等级。

① 甲级。在工程重要性、场地复杂程度和地基复杂程度等级中，有一项或多项为一级。

② 乙级。除勘察等级为甲级和丙级以外的勘察项目。

③ 丙级。工程重要性、场地复杂程度和地基复杂程度等级均为三级。

另外，建筑在岩质地基上的一级工程，当场地复杂程度等级和地基复杂程度等级均为三级时，岩土工程勘察等级可定为乙级。

2. 建筑物岩土工程勘察基本要求

（1）可行性研究勘察

主要评价拟建场址的稳定性与适宜性，必要时进行方案评价与比较，对方案的建设可能性作出初步评估。收集地质、地形地貌、地震、矿产和当地建筑经验等资料。

（2）初步勘察

初步勘察主要评价建筑场地的稳定性，为确定建筑总平面布置、地基基础方案，防治不良地质现象提供资料。通过初步勘察，初步查明地层构造、岩石与土的物理力学性质，并考虑基础方案；初步查明不良地质现象成因与分布影响程度与发展趋势；初步查明地下水埋藏类型、补给、水位、侵蚀性及对工程的影响。

（3）详细勘察

详细勘察应按单体建筑物或建筑群提出详细的岩土工程资料和设计、施工所需的岩土参数；对建筑地基做出岩土工程评价，并对地基类型、基础形式、地基处理、基坑支护、工程降水和不良地质作用的防治等提出建议。主要应进行下列工作。

① 搜集附有坐标和地形的建筑总平面图，场区的地面整平标高，建筑物的性质、规模、荷载、结构特点，基础形式、埋置深度，地基允许变形等资料。

② 查明不良地质作用的类型、成因、分布范围、发展趋势和危害程度，提出整治方案的建议。

③ 查明建筑范围内岩土层的类型、深度、分布、工程特性，分析和评价地基的稳定性、均匀性和承载力。

④ 对需进行沉降计算的建筑物，提供地基变形计算参数，预测建筑物的变形特征。

⑤ 查明埋藏的河道、沟浜、墓穴、防空洞、孤石等对工程不利的埋藏物。

⑥ 查明地下水的埋藏条件，提供地下水位及其变化幅度。

⑦ 在季节性冻土地区，提供场地土的标准冻结深度。

⑧ 判定水和土对建筑材料的腐蚀性。

（4）勘探点的间距

对土质地基，勘探点的间距可按表1-17确定。

表1-17　　　　　　　　　　　　　　　　详细勘察勘探点的间距

地基复杂程度等级	勘探点间距/m
一级（复杂）	10 ~ 15
二级（中等复杂）	15 ~ 30
三级（简单）	30 ~ 50

详细勘察的勘探点布置，应符合下列规定。

① 勘探点宜按建筑物周边线和角点布置，对无特殊要求的其他建筑物可按建筑物或建筑群的范围布置。

② 同一建筑范围内的主要受力层或有影响的下卧层起伏较大时，应加密勘探点，查明其变化。

③ 重大设备基础应单独布置勘探点；重大的动力机器基础和高耸构筑物，勘探点不宜少于3个。

④ 勘探手段宜采用钻探与触探相配合，在复杂地质条件、湿陷性土、膨胀岩土、风化岩和残积土地区，宜布置适量探井。

详细勘察的单栋高层建筑勘探点布置，应满足对地基均匀性评价的要求，且不应少于4个；对密集的高层建筑群，勘探点可适当减少，但每栋建筑物至少应有1个控制性勘探点。

（5）勘探孔的深度

详细勘察的勘探深度自基础底面算起，应符合下列规定。

① 勘探孔深度应能控制地基主要受力层，当基础底面宽度不大于5m时，勘探孔的深度对条形基础不应小于基础底面宽度的3倍，对单独柱基不应小于1.5倍，且不应小于5m。

② 对高层建筑和需作变形计算的地基，控制性勘探孔的深度应超过地基变形计算深度；高层建筑的一般性勘探孔应达到基底下0.5 ~ 1.0倍的基础宽度，并深入稳定分布的地层。

③ 对仅有地下室的建筑或高层建筑的裙房，当不能满足抗浮设计要求，需设置抗浮桩或锚杆时，勘探孔深度应满足抗拔承载力评价的要求。

④ 当有大面积地面堆载或软弱下卧层时，应适当加深控制性勘探孔的深度。

⑤ 在上述规定深度内，当遇基岩或厚层碎石土等稳定地层时，勘探孔深度应根据情况进行调整。

1.2.2　工程地质测绘

工程地质测绘与调查的目的是通过对场地的地形地貌、地层岩性、地质构造、地下水与地表水、不良地质现象等进行调查研究与必要的测绘工作，为评价场地工程条件及合理确定勘探工作提供依据。对建筑场地的稳定性和适宜性进行研究是工程地质调查和测绘的重点问题。

工程地质测绘与调查宜在可行性研究或初步勘察阶段进行。在可行性研究阶段搜集资料时，宜包括航空照片、卫星相片的解译结果。详细勘察时，可在初步勘察测绘和调查的基础上，对某些专门地质问题（如滑坡、断裂等）做必要的补充调查。

1.2.3　勘探工作

勘探是地基勘察过程中查明地质情况的一种必要手段，在测绘和调查的基础上，进一步对场地的工程地质条件进行定量的评价。常用的勘探方法有坑探、钻探、触探和地球物理勘探。

1. 坑探（或槽探）

坑探是在建筑场地挖深井（槽）以取得直观资料和原状土样，这是不必使用专门机具的一种常用的勘探方法。当场地的地质条件比较复杂时，利用坑探能直接观察地层的结构变化，但坑探可达的深度较浅。探井的平面形状为矩形或圆形，深度为 3～4m。

2. 钻探

钻探是用钻机在地层中钻孔，以鉴别和划分地层，并可沿孔深取样，用以测定岩石和土层的物理力学性质，此外，土的某些性质也可直接在孔内进行原位测试。

钻机一般分回转式与冲击式两种。回转式转机是利用钻机的回钻器带动钻具旋转，磨削孔底地层而钻进，通常使用管状钻具，能取柱状岩芯标本。冲击式钻机则是利用卷扬机借钢丝绳带动有一定重量的钻具上下反复冲击，使钻头击碎孔底地层形成钻孔后，以抽筒提取岩石碎块或扰动土样。

3. 地球物理勘探

地球物理勘探（简称物探）也是一种兼有勘探和测试双重功能的技术。物探之所以能够用来研究和解决各种地质问题，主要是因为不同的岩石、土层和地质构造往往具有不同的物理性质，利用其导电性、磁性、弹性、湿度、密度、天然放射性等差异，通过专门的物探仪器的量测，就可区别和推断有关地质问题。常用的物探方法主要有电阻率法、电位法、地震、声波、电视测井等。

4. 触探

触探是通过探杆用静力或动力将金属探头贯入土中，并量测能表征土对触探头贯入的阻抗能力的指标，从而间接地判断土层及其性质的一类勘探方法和原位测试技术。作为勘探手段，触探可用于划分土层，了解地层的均匀性；作为测试技术，则可估计地基承载力和土的变形指标。

触探可分为静力触探和动力触探。

（1）静力触探

静力触探试验是用静力匀速将标准规格的探头压入土中，利用电测技术同时量测探头阻力，测定土的力学特性，具有勘探和测试双重功能。其适用于对软土、一般黏性土、粉土、砂土和含少量碎石的土的探测。

静力触探设备的核心部分是触探头。探头按结构分为单桥探头、双桥探头或带孔隙水压力量测的单、双桥探头。触探杆将探头匀速贯入土层时，探头通过安装在其上的电阻应变片可以测定土层作用于探头的锥尖阻力和侧壁阻力。

单桥探头所测到的是包括锥尖阻力和侧壁阻力在内的总贯入阻力 Q（kN）。通常用比贯入阻力 p_s（kPa）表示，即

$$p_s = \frac{Q}{A} \tag{1-39}$$

式中，A——探头截面面积，m^2。

双桥探头则可同时分别测出锥尖总阻力 Q_c（kN）和侧壁总摩阻力 Q_s（kN）。通常以锥尖阻力 q_c（kPa）和侧壁摩阻力 f_s（kPa）表示，即

$$q_c = \frac{Q_c}{A} \tag{1-40}$$

$$f_s = \frac{Q_s}{S} \qquad (1\text{-}41)$$

式中，S——锥头侧壁摩擦筒的表面积，m^2。

根据锥尖阻力 q_c 和侧壁摩阻力 f_s 可计算同一深度处的摩阻比 R_f，即

$$R_f = \frac{f_s}{q_c} \times 100\% \qquad (1\text{-}42)$$

根据静力触探试验资料，可绘制深度（z）与各种阻力的关系曲线（贯入曲线），包括 $p_s\text{-}z$ 曲线、$q_c\text{-}z$ 曲线、$f_s\text{-}z$ 曲线、$R_f\text{-}z$ 曲线。根据贯入曲线的线型特征，结合相邻钻孔资料和地区经验，可划分土层和判定土类；计算各土层静力触探有关试验数据的平均值，或对数据进行统计分析，提供静力触探数据的空间变化规律。另外，根据静力触探资料，利用地区经验，还可进行力学分层，估算土的塑性状态或密实度、强度、压缩性、地基承载力、单桩承载力、沉桩阻力，进行液化判别等。

（2）动力触探

动力触探是将一定质量的穿心锤，以一定高度自由下落，将探头贯入土中，然后记录贯入一定深度的锤击次数，以此判别土的性质。动力触探设备主要由触探头、触探杆和穿心锤三部分组成。根据探头的形式不同，分为标准贯入试验和圆锥动力触探试验两种类型。

① 标准贯入试验。标准贯入试验应与钻探工作相配合。其设备是在钻机的钻杆下端连接标准贯入器，将质量为63.5kg的穿心锤套在钻杆上端组成的，如图1-21所示。试验时，穿心锤以76cm的落距自由下落，将贯入器垂直打入土层中15cm（此时不计锤击数），随后打入土层30cm的锤击数，即为标准贯入试验锤击数 N。当锤击数已达50击，而贯入深度未达30cm时，可记录50击的实际贯入深度，按下式换算成相当于30cm的标准贯入试验锤击数 N，并终止试验。

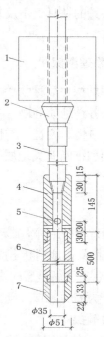

图1-21　标准贯入试验设备

1—穿心锤；2—锤垫；3—触探杆；4—贯入器头；

5—出水孔；6—由两半圆形管合成之贯入器身；

7—贯入器革化

$$N = 30 \times \frac{50}{\Delta S} \qquad (1\text{-}43)$$

式中，ΔS——50击时的贯入度，cm。

试验后拔出贯入器，取出其中的土样进行鉴别描述。根据标准贯入试验锤击数 N，可对砂土、粉土和一般黏性土的物理状态，土的强度、变形参数、地基承载力、单桩承载力，成桩的可能性等做出评价。在《建筑抗震设计规范》中，以它作为判定砂土和粉土是否可液化的主要方法。但需指出，应用 N 值时是否修正和如何修正，应根据建立统计关系时的具体情况确定。

② 圆锥动力触探试验。依据锤击能量的不同，圆锥动力触探分为轻型、重型和超重型3种，其规格和适用土类见表1-18。其中轻型圆锥动力触探也称作轻便触探，其设备如图1-22所示。

类型		轻型	重型	超重型
落锤	锤的质量/kg	10	63.5	120
	落距/cm	50	76	100
探头	直径/mm	40	74	74
	锥角/ (°)	60	60	60
探杆直径/mm		25	42	50 ~ 60
指标		贯入30cm的读数N_{10}	贯入10cm的读数$N_{63.5}$	贯入10cm的读数N_{120}
主要适用岩土		浅部的填土、砂土、粉土、黏性土	砂土、中密以下的碎石土、极软岩	密实和很密的碎石土、软岩、极软岩

表1-18 圆锥动力触探类型

圆锥动力触探试验技术要求如下。

a. 采用自动落锤装置。

b. 触探杆最大偏斜度不应超过2%，锤击贯入应连续进行；同时防止锤击偏心、探杆倾斜和侧向晃动，保持探杆垂直度；锤击速率每分钟宜为15 ~ 30击。

c. 每贯入1m，宜将探杆转动一圈半；当贯入深度超过10m时，每贯入20cm宜转动探杆一次。

d. 对轻型动力触探，当$N_{10} > 100$或贯入15cm锤击数超过50时，可停止试验；对重型动力触探，当连续3次$N_{63.5} > 50$时，可停止试验或改用超重型动力触探。

根据圆锥动力触探试验指标和地区经验，可进行力学分层，评定土的均匀性和物理性质（状态、密实度）、土的强度、变形参数、地基承载力、单桩承载力，查明土洞、滑动面、软硬土层界面，检测地基处理效果等。其中轻型动力触探试验，由于设备简单轻便、操作方便，在工程中广为应用。

同样需指出，应用试验成果时是否修正或如何修正，应根据建立统计关系时的具体情况确定。

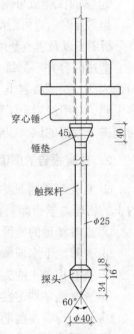

穿心锤

锤垫

触探杆

$\phi25$

探头

$60°$

$\phi40$

图1-22 轻便触探试验设备

1.2.4 地质勘察报告

1. 勘察报告书的基本内容

地基勘察的最终成果是以报告书的形式提出的。勘察工作结束后，把取得的野外工作和室内试验记录和数据以及收集到的各种直接间接资料分析整理、检查校对、归纳总结后作出建筑场地的工程地质评价。最后以简要明确的文字和图表编成报告书。报告书应包括如下内容。

① 勘察目的、任务要求和依据的技术标准。

② 拟建工程概况。

③ 勘察方法和勘察工作布置。

④ 场地地形、地貌、地层、地质构造、岩土性质及其均匀性。

⑤ 各项岩土性质指标，岩土的强度参数、变形参数、地基承载力的建议值。

⑥ 地下水埋藏情况、类型、水位及其变化。

⑦ 土和水对建筑材料的腐蚀性。

⑧ 可能影响工程稳定的不良地质作用的描述和对工程危害程度的评价。

⑨ 场地稳定性和适宜性的评价。

岩土工程勘察报告应对岩土利用、整治和改造的方案进行分析论证，提出建议；对工程施工和使用期间可能发生的岩土工程问题进行预测，提出监控和预防措施的建议。

成果报告应附下列图件。

① 勘探点平面布置图。

② 工程地质柱状图。

③ 工程地质剖面图。

④ 原位测试成果图表。

⑤ 室内试验成果图表。

当需要时，尚可附综合工程地质图、综合地质柱状图、地下水等水位线图、素描、照片、综合分析图表以及岩土利用、整治和改造方案的有关图表、岩土工程计算简图及计算成果图表等。

上述内容并不是每一项均必须具备的，而应视具体要求和实际情况有所侧重并以充分说明问题为准。对丙级岩土工程勘察的成果报告内容可适当简化，采用以图表为主，辅以必要的文字说明；对甲级岩土工程勘察的成果报告除应符合上述规范规定外，尚可对专门性的岩土工程问题提交专门的试验报告、研究报告或监测报告。

2. 勘察报告的阅读和使用

① 首先应熟悉勘察报告的主要内容，对勘察报告有一个全面的了解，复核勘察资料提供的土的物理力学指标是否与土性相符。

② 查看场地的地形地貌、地层分布情况，用于基槽开挖时土层比对。

③ 查看地下水埋藏情况、类型、水位及其变化，用于施工降水方案的制订。

④ 查看相关土的类别和物理力学指标，用于边坡放坡或基坑支护设计。

⑤ 查看地基均匀性评价和持力层地基承载力，用于验槽时比对。

⑥ 还应特别注意勘察报告就岩土整治和改造以及施工措施方面的结论和建议。

⑦ 在阅读时，勘察报告中的文字和图件应相互配合。

1.2.5 地基勘察报告阅读实例

某工程勘察报告摘要如下。

1. 工程概况

某岩土工程有限责任公司受天津某文化发展有限公司委托，对其一期工程拟建美术馆新址进行岩土工程详细勘察工作。本次工程勘察为美术馆详细勘察工作，拟建工程为公用场馆类建筑，框架结构，拟采用天然地基浅基础或桩基。

2. 勘察的目的和要求

本次勘察阶段为详细勘察阶段，工程重要性等级为二级，场地复杂程度等级为二级，地基复杂程度等级为二级，勘察等级为乙级。目的是为施工图阶段的设计与施工提供岩土技术参数，对建筑地基做出岩土工程评价，并对地基类型、基础形式、地基处理、不良地质作用防治等提出建议。主要完成以下工作。

① 查明场地地形地貌特征及地质构造；查明不良地质作用的类型、成因、分布范围、发展趋势和危害程度，提出整治方案和建议。

② 查明拟建建筑物场地范围内的岩土类型、深度、分布，分析和评价地基土的均匀性。

③ 确定地基土承载力，提出场地各土层物理力学性质指标及地基参数。

④ 评价地基的稳定性，对天然地基做出综合分析和评价，提供可能的基础形式方案；当采用桩基础时，提供桩基设计参数。

⑤ 当需要进行变形估算时，提供建筑物变形计算参数，估算建筑物变形特征。

⑥ 提供抗震设计有关参数；判定场地土质类型和建筑场地类别，并进行地震液化评价。

⑦ 查明地下水埋藏条件、评价地下水对建筑物的影响。

⑧ 提供场地土的标准冻结深度。

3. 勘察工作布置及完成的工作量

本次勘察工作量的布置遵循以多种手段综合勘察、综合评价的方法和原则，采用钻探取样、重型动力触探试验等手段综合勘察，勘探控制深度一般为12～15m，以控制场区地层。勘探孔位采用全站仪测放，勘察使用XY-Al-100钻机2台，钻探采用岩芯管回转取芯、泥浆护壁钻进，当遇漏浆严重时采用下套管跟管钻进，勘探深度内场地土采集了原状土样，对黏性土、碎石土做了重型动力触探试验。

本次共完成勘探孔10个，孔深12～15m，完成勘探总进尺135m。室内土工试验项目包括常规物理性质试验、固结试验。具体完成工作量见表1-19。

表1-19 　　　　　　　　　　　　　　完成勘探工作量明细表

钻探工作量布置					
统计项目	取土标贯孔	取土标贯孔	—	—	合计数
孔深/m	12	15			
孔数	5	5			
累计进尺/m	60.0	75.0			135.0
取样及原位测试					
类别	原状样	扰动样	标贯试验	重型动力触探	测放勘探点
数量	12件	0件	—	14次	10个

本次工程坐标系统采用1990年天津市任意直角坐标系，1972年大沽高程系统，2003年高程。高程引测水准点（甲方提供）位于芦家峪村南保平路路边，该点高程为222.103m，勘探点孔口标高由该点引测孔口高程。报告中采用的高程为该高程系减去78.3m得到的场地相对高程系统。

4. 场地条件

（1）地形地貌

工程场地位于盘山背斜西翼近南北向沟谷中，属低山丘陵的山前坡地地带，自然地势东北高西南低，东北部为山地台地，西南部为坡地，地形上中部存在陡坎，坎边为人工垒石，表部多为耕地及经济林。自然地面高程在145.66～151.87m，场地地形变化较大。勘察时，现场土方施工在209#、210#钻孔北部挖掘深3～5m深坑，降水时存在积水，该区属拟建建筑物区，在建筑基础施工时应采取挤密碎石填充处理。

（2）地层

场区上覆松散土层主要为第四系上更新统残坡积、坡洪积层（Q_3^{dpl}）松散堆积物；下伏基岩为中上元古界蓟县系杨庄组（YZ）白云岩。根据钻探资料揭示，本场地埋深15.00m范围内地层岩性按年代成因可划分为3大层，按岩性及力学性质进一步细分为5个亚层，现从上而下分述如下。

① 新近填土层（Q^{ml}）。

杂填土（力学分层号①$_1$）：场区内的填土为耕植活动形成的填筑土。颜色呈杂色、灰黄色。填筑土以黏性土混碎石为主，可见植物根系、树根等，沟坎部位填堆筑石较多，土质不均，呈松散状态。

② 第四系上更新统坡洪积层（Q_3^{dpl}）。

可分为两个亚层。

第一亚层，粉质黏土（力学分层号②$_2$）：属洪积坡积层，分布于山前坡脚及沟谷地带，由棕红、褐黄色粉质黏土混细中砂夹少量碎石组成，结构较质密，碎石为风化花岗岩类，大小不一，呈棱角混圆状，粒径一般在1.0～5.0cm，可见漂石，局部夹大量风化碎石层。

第二亚层，碎石（力学分层号②$_1$）：属山地坡洪积层，该层在②$_2$层粉质黏土中上部分布，厚度变化较大，局部在粉质黏土中呈薄夹层状。碎石土土质不均，呈杂色，夹黏土、粉质黏土及砾砂等，一般粒径5～15cm，局部可见漂石或风化砂土，最大直径可达70～100cm，岩性以白云岩、灰岩、花岗岩为主，呈中风化或强风化状，在局部地段该层由强风化破碎碎石组成，中密。

③ 中上元古界（Pt_{2-3}）蓟县系（Jx）杨庄组白云岩。

中上元古界蓟县系地层在本区广泛分布，以碳酸盐岩类为主，夹少量黏土岩和碎屑岩，属滨海潮间、滨海泻湖及浅海陆栅沉积环境。场地内下伏基岩为中上元古界蓟县系杨庄组白云岩、泥晶质白云岩。岩体露头一般产状为NW310°∠40°。按其风化程度不同，划分为以下两个亚层。

第一亚层，全风化白云岩（力学分层号③$_1$）：呈灰白色，原岩结构已破坏，坚硬至可塑状态，土状，干燥，手捻易碎，遇水软化，局部见少量未风化残体。该层上部可见褐红色残积土薄层。

第二亚层，强风化白云岩（力学分层号③$_2$）：呈灰白色，页片状至薄层状，含砂泥晶白云岩与灰色细晶至微晶白云岩、深灰色含燧石条带白云岩互层，节理裂隙发育风化强烈，岩芯较破碎，呈碎块状、短柱状，锤击易碎。底部可见中风化白云岩，所有孔均揭示该亚层，但多数未揭穿。

（3）地下水

勘察期间，本场地钻孔15m深未见地下水，当雨季时由于渗流会产生潜水及上层滞水带。根据场地周边地区水质分析结果，地下水对混凝土结构及钢筋混凝土结构中的钢筋均无腐蚀性。同时，邻近场地内土试样的易溶盐分析试验结果表明，场地土对混凝土结构及钢筋混凝土结构中的钢筋均无腐蚀性。场地地基土对钢结构具弱腐蚀性。

5. 场地稳定性、适宜性及地基基础评价

（1）场地稳定性及适宜性评价

本场地属稳定地段，本场地发生崩塌、滑坡、泥石流地质灾害的可能性小，适宜本工程建设。

（2）地基基础评价

据勘察表明，场地范围内上覆第四系堆积物以粉质黏土、碎石为主；下伏基岩为含燧石条带白云岩、泥晶质白云岩，岩石经风化、侵蚀作用，岩体裂隙发育，受构造裂隙及岩性的影响，局部风化带下限略深，基岩顶面具一定的起伏。考虑到本工程拟建建筑物为多层建筑物，可采用浅基础，以粉质黏土②$_2$层、碎石②$_1$层及风化白云岩（③$_1$、③$_2$）为持力层，基础形式可根据荷载及持力层情况选择采用独立基础或梁筏基础。

（3）地基土的物理力学性质指标统计

室内土工试验成果及各层土的物理力学性质指标的统计资料详见附表。

（4）地基土承载力特征值

根据《建筑地基基础设计规范》（GB 50007—2011），结合地区经验、地基岩土物理力学指标及原位测试结果综合确定，提供地基土承载力特征值f_{ak}，见表1-20。

表1-20 地基土承载力特征值

力学分层号	岩性	承载力特征值f_{ak}/kPa
①$_1$	杂填土	未经处理不宜做天然地基
②$_2$	粉质黏土	150
②$_1$	碎石	180
③$_1$	全风化白云岩	200
③$_2$	强风化白云岩	400

（5）场地地震效应

根据《建筑抗震设计规范》（GB 50011—2010），本工程区场地抗震设防烈度为7度，设计基本地震加速度值为0.15g，设计地震分组为第一组。

根据地层岩性特征分析，本工程场地土属中软土。场地覆盖层厚度按基岩面埋深8.9m考虑，大于3m、小于50m，场地类别为Ⅱ类。根据区域地质资料及勘察资料，场地内深度15.00m范围内无液化土层分布。另据历史地震宏观调查，1976年唐山地震波及本区时，场地内无喷砂冒水等液化现象。综合评价抗震设防烈度7度时，地震时本场地属非液化场地。

6. 结论及建议

① 勘察分析表明本工程场地属区域稳定地段，发生崩塌、滑坡、泥石流等地质灾害的可能性小，适宜建设。

② 本报告提供的地基土承载力特征值参见表1-20的给定值。场地内的粉质黏土、碎石及白云岩基岩均可作为天然地基持力层。基础形式可根据拟建物荷载及持力层分布的具体情况选择采用独立柱基或梁筏基础。

③ 当建筑基础位于不同岩土地基上（原始地层及回填土地层），主要持力层及下卧层呈现不均匀时，宜采取相应的地基处理措施，如强夯法消除地基的不均匀性，或者采用桩墩基础形式使基础下落在相同性质的地基持力层上，同时应考虑上部结构的相应措施，增强基础及上部结构的整体性及刚度。

7. 图件

① 勘探点平面位置图（见图1-23）。

② 工程地质剖面图（见图1-24）。

③ 钻孔柱状图（见图1-25）。

④ 土的物理力学指标统计表（见表1-21）。

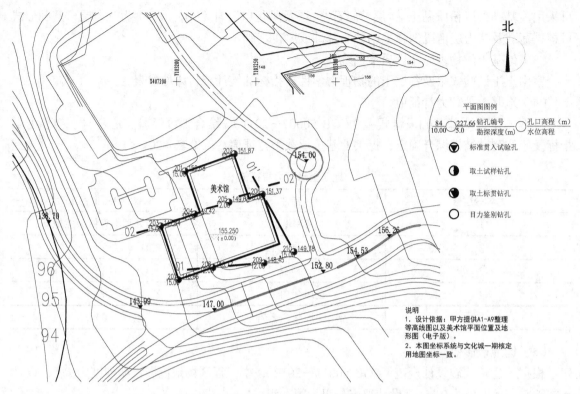

图 1-23　天津某文化产业园一期工程美术馆勘探点平面位置图

44

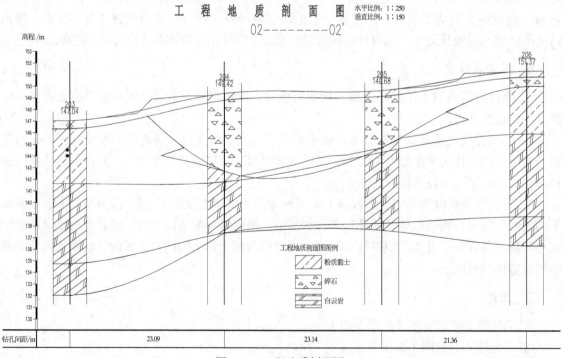

图 1-24　工程地质剖面图

钻孔状柱图

工程名称：天津某文化产业园一期工程美术馆详勘　　　孔号：208　　　孔口高程：145.77

地层编号	地层名称	层底高程/m	层底深度/m	岩层剖面 比例尺 1:100	岩性描述	取样位置/m	标贯击数	稳定水位	触探深度/m	实测击数	分层代号	样号	岩土名称	岩土物理力学指标统计表									
														天然含水量 ω/%	质量密度 ρ/(g/cm³)	土粒相对密度 d_s	天然孔隙比 e	液限 ω_L/%	塑限 ω_p/%	塑性指数 L_p	液性指数 L_L	压缩系数 $a_{0.1-0.2}$/MPa	压缩模量 $E_{s0.1-0.2}$/MPa
①	杂填土	145.07	0.70		杂色、灰黄色。填筑土以黏性土混碎石为主，可见植物根系、树根等，土质不均，呈松散状态						①		杂填土										
②₂	粉质黏土				由棕红、褐黄色粉质黏土混细中砂夹少量碎石组成，结构较密，碎石为风化花岗岩类，大小不一，呈棱角混圆状，粒径一般在1.0～5.0cm，可见漂石，局部夹大量风化碎石层	1 1.60～1.80					②₂	1	粉质黏土	21.8	2.04	2.71	0.617	25.4	14.7	10.7	0.66	0.445	3.63
						8 2.50～2.70						8	粉质黏土	21.0	2.04	2.71	0.607	25.1	14.3	10.8	0.62	0.463	3.47
		141.27	4.50						3.10	4.0		2	白云岩	49.7	1.73	2.75	1.380	50.0	30.2	19.8	0.98	0.596	3.99
					呈灰白色，原岩结构已破坏，坚硬至可塑状态，土状，干燥，手捻易碎，遇水软化，局部见少量未风化残体。该层上部可见褐红色残积土薄层	2 5.00～5.20					③₁	3	白云岩	50.8	1.68	2.75	1.468	51.4	30.0	21.3	0.97	0.602	4.10
						3 6.00～6.20						4	白云岩	47.3	1.73	2.74	1.333	47.9	30.5	17.5	0.96	0.553	4.22
③₁	白云岩					4 7.00～7.20						5	白云岩	23.6	2.03	2.71	0.650	28.4	17.8	10.5	0.54	0.685	2.41
						5 8.00～8.20						6	白云岩	39.2	1.83	2.75	1.092	44.1	25.4	18.7	0.74	0.537	3.90
						6 9.00～9.20						7	白云岩	52.1	1.66	2.75	1.520	52.8	31.6	21.2	0.97	0.657	3.84
		135.37	10.40			7 10.00～10.20					③₂		白云岩										
③₂	白云岩				呈灰白色，页片状至薄层状，含砂泥晶白云岩与灰色细晶至微晶白云岩、深灰色含燧石带白云岩互层，节理裂隙发育风化强烈，岩芯较破碎，呈碎块状、短柱状，锤击易碎。底部可见中风化白云岩，所有孔均揭示该亚层，但多数未揭穿																		
		133.77	12.00																				

| 审核 | | | 工程负责 | | 日期 | 2008.09 | 图号 | |

图1-25　钻孔柱状图

46

表 1-21　　土的物理力学指标统计表

岩土编号	岩土名称	统计项目	质量密度 ρ/(g/cm³)	天然含水量 ω/%	土粒相对密度 d_s	天然孔隙比 e	重度 γ/(kN/m³)	液限 ω_L/%	塑限 ω_p/%	液性指数 I_L	塑性指数 I_P	压缩系数 $\alpha_{0.1-0.2}$/(1/MPa)	压缩模量 $E_{s\,0.1-0.2}$/MPa	重型动探 $N_{63.5}$（击/10cm）	重型动探修正 $N_{63.5}$（击/10cm）
2-1	碎石	统计个数												7	7
		最大值												19.0	19.0
		最小值												5.0	5.0
		平均值												12.5	12.4
		标准差												5.192	5.220
		变异系数												0.413	0.420
2-2	粉质黏土	统计个数	6	6	6	6	6	6	6	6	6	6	6	6	6
		最大值	2.15	22.6	2.71	0.617	21.5	25.4	14.7	0.91	10.9	0.463	4.16	17.0	14.4
		最小值	2.04	17.0	2.71	0.474	20.4	22.9	12.0	0.46	10.0	0.388	3.47	4.0	3.8
		平均值	2.08	20.2	2.71	0.565	20.8	24.0	13.5	0.64	10.5	0.422	3.72	11.0	10.4
		标准差	0.052	2.363	0.000	0.068	0.524	1.011	1.056	0.170	0.394	0.027	0.257	4.775	4.217
		变异系数	0.025	0.117	0.000	0.120	0.025	0.042	0.078	0.265	0.037	0.065	0.069	0.434	0.404
3-1	白云岩	统计个数	6	6	6	6	6	6	6	6	6	6	6	1	1
		最大值	2.03	52.1	2.75	1.520	20.3	52.8	31.6	0.98	21.3	0.685	4.22	50.0	38.5
		最小值	1.66	23.6	2.71	0.650	16.6	28.4	17.8	0.54	10.5	0.537	2.41	50.0	38.5
		平均值	1.78	43.8	2.74	1.240	17.8	45.8	27.6	0.86	18.2	0.605	3.74	50.0	38.5
		标准差	0.137	10.901	0.016	0.325	1.374	9.034	5.250	0.182	4.030	0.057	0.667		
		变异系数	0.077	0.249	0.006	0.262	0.077	0.197	0.190	0.211	0.222	0.095	0.178		

1.2.6 验槽

1. 验槽的目的和内容

验槽是一般岩土工程勘察工作最后一个环节。当施工单位将基槽（坑）挖完并普遍钎探后，由建设单位会同质检、勘察、设计、监理、施工单位技术负责人，共同到施工现场验槽。

（1）验槽的目的

① 检验通过有限钻孔资料得到的勘察成果是否与实际符合，勘察报告的结论与建议是否正确和切实可行。

② 根据基槽开挖实际情况，研究解决新发现的问题和勘察报告遗留的问题。

（2）验槽的基本内容

① 核对基槽开挖的平面位置与槽底标高是否与勘察、设计要求相符。

② 检验槽底持力层土质与勘察报告是否相符。参加验槽的各方负责人需下到槽底，依次逐段检验，发现可疑之处，用铁铲铲出新鲜土面，用土的野外鉴别方法进行鉴定。

③ 审阅施工单位的钎探记录并做现场对比钎探，检验钎探记录的正确性，判别地基土质是否均匀。对异常点需找出分布范围，总结分布规律并查明原因。如局部存在古井、菜窖、坟穴、河沟等不良地基，则还需用钎探等方法查明其深度。

④ 研究决定地基基础方案是否需要修改以及局部异常地基处理方案。

2. 验槽的方法和注意事项

（1）验槽的方法

验槽的方法以肉眼观察为主，并辅以轻便触探、钎探等方法。观察时应重点关注柱基、墙角、承重墙下或其他受力较大的部位，观察槽底土的颜色是否均匀一致，土的坚硬程度是否一样，有无局部含水量异常现象等。

钎探是用$\phi 22 \sim \phi 25mm$的钢筋作钢钎，钎尖呈60°锥状，长度1.8 ~ 2.0m，每300mm做一刻度。钎探时，用质量为4 ~ 5kg的穿心锤以500 ~ 700mm的落距将钢钎打入土中，记录每打入300mm的锤击数，据此判断土质的软硬程度。

对于验槽前的槽底普遍钎探，许多地区已明文规定必须采用轻型圆锥动力触探（轻便触探）。这是因为该方法不仅可以探明地基土质的均匀性，而且可以校核持力层土的承载力，而后者是其他钎探方法做不到的。

槽底普遍钎探时，条形基槽宽度小于80cm时，可沿中心线打一排钎探孔；槽宽大于80cm，可打两排错开孔或采用梅花形布孔。探孔的间距视地基土质的复杂程度而定，一般为1.0 ~ 1.5m，深度一般取1.8m。钎探前应绘制基槽平面图，布置探孔并编号，形成钎探平面图；钎探时应固定人员和设备；钎探后应对探孔进行遮盖保护和编号标记，验槽完毕后妥善回填。

（2）验槽的注意事项

① 验槽要抓紧时间，基槽挖好后立即钎探并组织验槽，避免下雨泡槽、冬季冰冻等不良影响。

② 槽底设计标高若位于地下水位以下较深时，必须做好基槽排水，保证槽底不泡水。如槽底标高在地下水位以下不深时，可先挖至地下水面验槽，验完槽后再挖至基底设计标高。

③ 验槽时应验看新鲜土面，清除超挖回填的虚土。冬季冻结的表土和夏季日晒后干土似很坚硬，但都是虚假状态，应用铁铲铲去表层再检验。

④ 当持力层下埋藏有下卧砂层而承压水头高于基底时，不宜进行钎探，以免造成涌沙。

3. 基槽的局部处理

（1）松土坑、墓坑的处理

当坑在基槽中的范围较小时，将坑中松土杂物挖除，使坑底及四壁均见天然土为止，回填与天然土压缩性相近的材料。当天然土为砂土时，用砂或级配砂石回填；当天然土为较密实的黏性土，用3：7灰土分层回填夯实；天然土为中密可塑的黏性土或新近沉积黏性土，可用1：9或2：8灰土分层回填夯实，每层厚度不大于20cm。

当坑在基槽中的范围较大且超过基槽边沿，因条件限制，槽壁挖不到天然土层时，则应将该范围内的基槽适当加宽。

当坑范围较大，且长度超过5m时，如坑底土质与一般槽底土质相同，可将此部分基础加深，做1：2踏步与两端相接，每步高不大于50cm，长度不小于100cm。

当坑较深，且大于槽宽或1.5m时，按以上要求处理后，还应适当考虑加强上部结构的强度，以防产生过大的局部不均匀沉降。

当松土坑地下水位较高，坑内无法夯实时，可将坑中软弱的松土挖去后，再用砂土、砂石或混凝土代替灰土回填。

（2）砖井、土井的处理

当砖井、土井在室内基础附近时，将水位降低到最低可能限度，用中、粗砂及块石、卵石或碎砖等回填到地下水位以上50cm。砖井应将四周砖圈拆至坑（槽）底以下1m或更多些，然后再用素土分层回填并夯实。

当砖井、土井在基础下或3倍条形基础宽度或2倍柱基宽度范围内时，先用素土分层回填夯实，至基础底下2m处，将井壁四周松软部分挖去，有砖井圈时，将井圈拆至槽底以下1～1.5m。当井内有水，应用中、粗砂及块石、卵石或碎砖回填至水位以上50cm，然后再按上述方法处理；当井内已填有土，但不密实，且挖除困难时，可在部分拆除后的砖石井圈上加钢筋混凝土盖封口，上面用素土或2：8灰土分层回填、夯实至槽底。

当砖井、土井在房屋转角处，且基础部分或全部压在井上，除用以上办法回填处理外，还应对基础加固处理。当基础压在井上部分较少，可采用从基础中挑钢筋混凝土梁的办法处理。当基础压在井上部分较多，用挑梁的方法较困难或不经济时，则可将基础沿墙长方向向外延长出去，使延长部分落在天然土上，落在天然土上基础总面积应等于或稍大于井圈范围内原有基础的面积，并在墙内配筋或用钢筋混凝土梁来加强。

（3）基础下局部硬土或硬物的处理

当基底下有旧墙基、老灰土、化粪池、树根、路基、基岩、孤石等，应尽可能挖除或拆掉，然后分层回填与基底天然土压缩性相近的材料或3：7灰土，并分层夯实。如硬物挖除困难，可在其上设置钢筋混凝土过梁跨越，并与硬物间保留一定空隙，或在硬物上部设置一层软性褥垫（砂或土砂混合物）以调整沉降。

（4）"橡皮土"的处理

当地基为黏性土且含水量很大，趋于饱和时，夯（拍）打后，地基土变成踩上去有一种颤动感觉的土，称为"橡皮土"。故对趋于饱和的黏性土应避免直接夯打，而应暂停一段时间施工，通过晾槽降低土的含水量，或将土层翻起并粉碎均匀，掺加石灰粉以吸收水分，同时改变原土结构成为灰土，使之具有一定强度和水稳性。如地基已成"橡皮土"，则可在上面铺一层碎石或碎砖后再进行夯击，将表土层挤紧，或挖去"橡皮土"，重新填好土或级配砂石夯实。

思考与练习

1. 土由哪几个部分组成？
2. 评价土的颗粒级配的方法有哪些？如何根据颗粒级配评价土的工程性质？
3. 何谓粒组？粒组如何划分？
4. 土中水的存在形态有哪些？对土的工程性质影响如何？
5. 土的三项指标有哪些？如何测定？哪些是基本指标？哪些是换算指标？
6. 简述 γ、γ_{sat}、γ_d、γ' 的意义，并比较（同一种土）它们的大小。
7. 无黏性土的物理状态有哪几种？是如何划分的？
8. 什么是土的抗剪强度？用公式如何表示？公式中符号的物理意义如何？
9. 土的压缩性指数有哪些？如何根据土的压缩性指数判断土的压缩性高低？
10. 什么是土的地基承载力？按照规范地基承载力是如何修正的？
11. 按照地基设计规范，地基土分为哪几类？是如何定义的？
12. 岩土勘察报告的内容有哪些？
13. 某原状土样用环刀取 $100cm^3$，用天平称得湿土质量为 18.3g，烘干后称得质量为 15.6g，已知土粒相对密度 $d_s=2.73$，试计算土样的重度、含水量、孔隙比、孔隙率、饱和度、饱和重度、有效重度和干重度。
14. 某饱和原状土样，经试验测得其体积 $V=100cm^3$，湿土质量 $m=0.18kg$，烘干后质量为 0.14kg，土粒的相对密度为 2.70，土样的液限为 35%，塑限为 17%，试求：

（1）土样的密度 ρ、含水量 ω、孔隙比 e；

（2）土样的塑性指数、液性指数，并确定该土的名称和状态。

15. 某土样颗粒分析结果见表1-22，标准贯入试验锤击数 $N=32$，试确定该土样的名称和状态。

表1-22　　　　　　　　　某土样颗粒分析结果

粒径/mm	10~2	2~0.5	0.5~0.25	0.25~0.075	0.075~0.05	<0.05
粒组含量/g	3.5	14.2	16.5	51.2	10.2	4.4

16. 某土样天然含水量 $\omega=32\%$，液限 $\omega_L=46\%$，塑限 $\omega_p=18\%$，试确定土的名称和状态。
17. 已知某工程钻孔取样，进行室内压缩试验，试样高为 $h_0=20mm$，在 $p_1=100kPa$ 作用下测得压缩量为 $s_1=1.2mm$，在 $p_2=200kPa$ 作用下相对于 p_1 的压缩量为 $s_2=0.60mm$，土样的初始孔隙比为 $e_0=1.6$，试计算压力 $p=100\sim200kPa$ 范围内土的压缩系数，并评价土的压缩性。
18. 在某一黏土层上进行三个静荷载试验，整理得地基承载力的基本值分别为 $f_1=284kPa$，$f_2=268kPa$，$f_3=292kPa$，试求该黏土层的承载力特征值。

单元实训

1. 实训名称：地质勘察报告的识读。
2. 实训目的：本实训培养学生完成"识读地质勘察报告"的职业能力，需要学生正确识读报告中土层分类、物理力学性质指标、地下水位位置、不良地质现象等内容，正确进行报告的分析与评价。

3. 参考资料：教材、《岩土工程勘察规范》（GB 50021—2001）、《建筑抗震设计规范》（GB 50011—2010）、《建筑地基基础工程施工质量验收规范》（GB 50202—2002）。

4. 实训任务：选择有代表性的一般土、软弱土、岩石土地质勘察报告进行分组学习，每6～8人为一组共同完成工程地质勘察报告的交底工作，每小组的课业内容不能相同。在地质勘察报告中教师可以给定相关的实际工程基础施工图或者由教师制定基底标高。要求学生完成下列内容。

（1）结合地质勘察报告描述土层分布、标高、厚度、均匀性、稳定性。

（2）结合地质勘察报告描述持力层土的走向、标高、物理力学性质、物理状态。

（3）结合地质勘察报告描述地下水类型、地下水位标高、土的渗透系数、地下水的腐蚀性。

（4）结合地质勘察报告描述是否有不良地质现象，施工中将采取何种措施预防地基事故的发生。

组内每个成员的任务：通过网上或图书馆资源，查找由于地基变形、沉降等引发的工程事故的1～2个实际工程案例，并提出处理意见和措施。

5. 实训要求：

（1）完成实训任务时，小组成员要团结合作、协作工作，培养团队精神。

（2）完成实训任务时，要会运用图书馆教学资源和网上资源进行知识的扩充，积累素材，提高专业技能。

（3）编制的文件内容应满足使用要求，技术措施、工艺方法正确合理。

（4）语言文字简洁，技术术语引用规范、标准。

（5）按照教师要求的完成时间按时上交实训成果。

单元 2

基坑工程施工

引言：建筑物或构筑物的基础埋入地面一定的深度，通过土方开挖施工形成基坑（槽），这一施工过程称为基坑工程施工。本单元使学生能够解决基坑施工过程可能遇到的技术和管理问题，学会编制基坑工程施工的施工方案。

学习目标：知道基坑工程施工的主要任务与特点；根据工程地质勘察报告选择基坑降水方案；根据工程地质勘察报告确定基坑边坡坡度；根据工程地质勘察报告和工程图纸确定土方开挖方案；编制基坑工程施工方案，并指导基坑施工。

2.1 土方量计算

2.1.1 土方的边坡

土方开挖过程中会形成土壁的高低差，这个边缘称为边坡，施工中要求它在一定时间内能保持稳定，不坍塌。土方回填、筑堤也会形成边坡，也要求边坡稳定。当挖方超过一定深度，或填方超过一定高度时，应做成一定形式的边坡，以防止土壁塌方，保证施工安全。

1. 土方边坡大小

土方边坡大小用边坡坡度和坡度系数来表达，如图2-1所示。

边坡坡度是挖土深度 H 与边坡底宽 B 之比。工程中常以 $1:m$ 表示坡度，m 称为坡度系数。

边坡坡度 $= H/B = 1:(B/H) = 1:m$

2. 影响边坡大小的因素

影响土方边坡大小的因素很多，施工前要注意

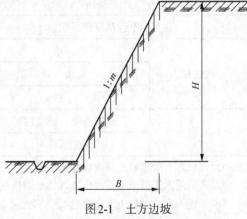

图2-1 土方边坡

先摸清情况，结合过去的工程经验，进行分析判断，选择一个合适的边坡系数，应同时满足安全和经济两个方面的要求，也就是说既要保证边坡的稳定，又要使填挖方工程量较少。边坡系数通常在设计文件中规定。归纳起来，影响边坡大小的因素主要有以下6个方面。

① 填挖方的相对高度差。高差越大留的坡度系数应越大，坡越平缓。

② 土的物理力学性质。土颗粒的黏性越好，留的坡度可以越陡。

③ 工程的重要性。边坡越重要坡度系数应越大。

④ 地下水埋藏情况和场地的排水情况。地下水位越高对土壁的渗透压力越大，坡越要平缓。

⑤ 边坡留置时间的长短。要求边坡留置的时间越长，边坡的安全度要求越高，坡越要平缓。

⑥ 边坡附近地面的堆载情况。堆载对土壁的侧压力加大，堆载越多，边坡的安全度要求越高，坡越要平缓。

3. 边坡允许的坡度

（1）直壁开挖允许的深度

中小型工程常采用浅基础，基坑开挖很浅，通常只有 1 ～ 2m，此时可考虑竖直开挖，不放坡也不设支撑，节省工程量。

土质均匀且地下水位低于基坑（槽）或管沟底面标高时，其挖方边坡可做成直壁不加支撑。挖方深度应根据土质确定，但不宜超过表2-1规定。

表 2-1　　　　　　　　　　直壁开挖允许的深度

土质类型	最大深度/m
密实、中密的砂土和碎石类土（填充物为砂土）	1.0
硬塑、可塑的轻亚黏土及亚黏土	1.2
硬塑、可塑的黏土和碎石类土（填充物为砂土）	1.5
坚硬的黏土	2.0

（2）边坡允许坡度值

若不符合上述条件，可采用放坡开挖，根据《建筑地基基础工程施工质量验收规范》（GB 50202—2002），临时性挖方放坡不加支撑的坡度参考值见表2-2。

表 2-2　　　　　　　　　　临时性挖方的边坡值

土的类别		边坡值（高：宽）
砂土（不包括细砂、粉砂）		1：1.25 ～ 1：1.50
一般性黏土	硬	1：0.75 ～ 1：1.00
	硬、塑	1：1.00 ～ 1：1.25
	软	1：1.50或更缓
碎石类土	充填坚硬、硬塑性黏土	1：0.50 ～ 1：1.00
	充填砂土	1：1.00 ～ 1：1.50

注：① 当设计有要求时，应按设计要求做。

② 若采用人工降低地下水位或其他加固措施，可不受本表限制，应经计算复核后确定。

③ 开挖深度，对软土不应超过4m，硬土不应超过8m。

2.1.2　基坑的土方量

基坑土方量的计算可按立体几何中的拟柱体体积公式计算，如图2-2所示。

由两平行平面截取的任意形状的棱柱体，若 A_1 为上底面面积，A_2 为下底面面积，A_0 为中截面面积，

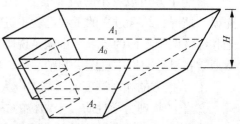

图 2-2　四面放坡基坑土方量计算模型

H为棱柱体的高，则其体积为

$$V = \frac{H}{6}(A_1 + 4A_0 + A_2) \tag{2-1}$$

土方计算时，H为基坑深度（m），等于基底标高与场地平整标高的高差；A_1、A_2、A_0为基坑上底面面积、下底面面积、中截面面积（m²）；基坑下底面面积为基础外尺寸加上工作面尺寸的面积；基坑上底面面积、中截面面积，是在下底面面积计算基础上考虑放坡后的尺寸计算的面积。

2.1.3 基槽和路堤的土方量

基槽就是为了建造条形基础，或者需要埋设管道而挖出来的条状坑。可以沿长度方向将基槽分成若干段（截面相同的部分可不分段），再用同样的方法计算土方量，然后累加即为总土方量。

如该段内基槽截面形状、尺寸不变时，其土方即为该段截面面积乘以该段基槽长度，一般两边放坡按下式计算：

$$V = H(B + mL)L \tag{2-2}$$

式中，V——两边放坡基槽土方量，m³；

$\quad\quad H$——基槽深度，m；

$\quad\quad B$——基槽宽度，m；

$\quad\quad L$——基槽长度，m。

如基槽内横截面的形状、尺寸有变化时，也可近似地用棱柱体体积公式计算（见图2-3）：

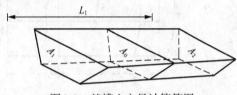

图2-3 基槽土方量计算简图

$$V_1 = \frac{L_1}{6}(A_1 + 4A_0 + A_2) \tag{2-3}$$

式中，V_1——第一段的土方量，m³；

$\quad\quad L_1$——第一段长度，m。

总土方为各段的和，即

$$V = V_1 + V_2 + \cdots + V_n \tag{2-4}$$

式中，V_1、V_2、…、V_n——各段的土方量，m³。

2.1.4 场地平整土方量计算

在场地平整工作中，最简单的平整目的是为了放线工作的需要，在 ±0.3m 以内的人工平整不涉及土方量的计算问题。

场地平整土方量计算是对挖填土方量的工地而言。一般先平整整个场地，或开挖建筑物基坑（槽），以便大型土方机械有较大的工作面，能充分发挥其效能，也可减少与其他工作的相互干扰。场地平整前，要确定场地设计标高，计算挖填方工程量，确定挖填方的平衡调配，并根据工程规模、工期要求、现有土方机械设备条件等，拟订土方施工方案。

场地平整时土方量计算，一般采用方格网法，其计算步骤如下。

① 在地形图上将整个施工场地划分边长为 10 ~ 40m 的方格网。

② 确定各方格角点的自然地面标高 H。

③ 确定场地设计标高 H_0，根据泄水坡度要求计算各方格角点的设计标高 H_n。

④ 确定各方格角点的挖填高度 h_n，即地面标高 H 与设计标高 H_n 之差。

⑤ 确定零线，即挖填方的分界线。

⑥ 计算各方格内挖填土方量、场地边坡土方量，最后求得整个场地挖填土方量。

1. 各方格角点的自然地面标高 H

如图2-4（a）所示，将地形图划分为方格网，每个方格网的角点标高，一般可根据地形图上的相邻两等高线的标高用插入法求得。当无地形图时，亦可在现场打设木桩定好方格网，然后用仪器直接测出。

2. 确定场地设计标高 H_0

在确定场地设计标高时，一般要求场地内的土方在平整前和平整后相等而达到挖填土方量平衡，如图2-4（b）所示。设达到挖填平衡的场地设计标高（平均标高）为 H_0，则

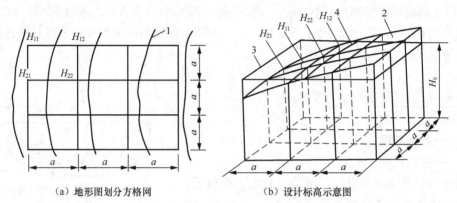

（a）地形图划分方格网　　　　（b）设计标高示意图

图2-4　场地设计标高计算简图

1—等高线；2—自然地坪；3—设计标高平面；4—自然地面

$$H_0 = \frac{\sum(H_{11} + H_{12} + H_{21} + H_{22})}{4M} \qquad (2-5)$$

式中，H_{11}、H_{12}、H_{21}、H_{22}——一个方格各角点的自然地面标高；

M——方格个数。

或：

$$H_0 = \frac{(\sum H_1 + 2\sum H_2 + 3\sum H_3 + 4\sum H_4)}{4M} \qquad (2-6)$$

式中，H_1——一个方格所仅有角点的标高；

H_2、H_3、H_4——分别为2个、3个、4个方格共用角点的标高。

计算的场地设计标高，纯系一理论数值，还需考虑泄水坡度、土的可松性、就近借弃土等因素进行调整。

3. 计算场地各个角点的施工高度

施工高度为角点设计地面标高与自然地面标高之差，是以角点设计标高为基准的挖方或填方的施工高度。各方格角点的施工高度按下式计算：

$$h_n = H_n - H \qquad (2-7)$$

式中，h_n——角点施工高度，即填挖高度（以"+"为填，"−"为挖），m；

n——方格的角点编号（自然数列1，2，3，…，n）；

H_n——角点设计高程，m；

H——角点原地面高程，m。

4. 计算"零点"位置，确定零线

方格边线一端施工高程为"+"，若另一端为"−"，则沿其边线必然有一不挖不填的点，即"零点"，如图2-5所示。将方格网中相邻的零点连接起来，即为不开挖的零线。零线将场地划分为挖土和填土两部分。

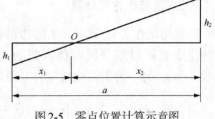

图2-5 零点位置计算示意图

零点位置按下式计算：

$$x_1 = \frac{ah_1}{h_1 + h_2} \qquad x_2 = \frac{ah_2}{h_1 + h_2} \qquad (2\text{-}8)$$

式中，x_1、x_2——角点至零点的距离，m；

h_1、h_2——相邻两角点的施工高度（均用绝对值），m；

a——方格网的边长，m。

确定零点的办法也可以用图解法，如图2-6所示。方法是用尺在各角点上标出挖填施工高度相应比例，用尺相连，与方格相交点即为零点位置。将相邻的零点连接起来，即为零线。

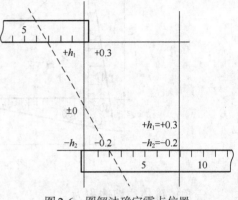

图2-6 图解法确定零点位置

5. 计算方格土方工程量

按方格底面积图形和常用方格网点计算公式（表2-3），逐格计算每个方格内的挖方量或填方量。

表2-3 常用方格网点计算公式

项目	图式	计算公式
一点填方或挖方（三角形）		$V = \dfrac{1}{2}bc\dfrac{\sum h}{3} = \dfrac{bch_3}{6}$ 当 $b=a=c$ 时，$V = \dfrac{a^2 h_3}{6}$
两点填方或挖方（梯形）		$V_+ = \dfrac{b+c}{2}a\dfrac{\sum h}{4} = \dfrac{a}{8}(b+c)(h_1+h_3)$ $V_- = \dfrac{d+e}{2}a\dfrac{\sum h}{4} = \dfrac{a}{8}(d+e)(h_2+h_4)$
三点填方或挖方（五角形）		$V = \left(a^2 - \dfrac{bc}{2}\right)\dfrac{\sum h}{5}$ $= \left(a^2 - \dfrac{bc}{2}\right)\dfrac{h_1+h_2+h_3}{5}$
四点填方或挖方（正方形）		$V = \dfrac{a^2}{4}\sum h = \dfrac{a^2}{4}(h_1+h_2+h_3+h_4)$

6. 边坡土方量计算

场地的挖方区和填方区的边沿都需要做成边坡，以保证挖方土壁和填方区的稳定。边坡的土方量可以划分成两种近似的几何形体进行计算，一种为三角棱锥体（图2-7中①～③、⑤～⑪），另一种为三角棱柱体（见图2-7中④）。

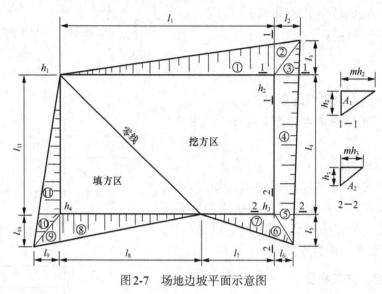

图 2-7　场地边坡平面示意图

三角棱锥体边坡体积为

$$V_1 = \frac{1}{3}A_1 l_1 \qquad (2\text{-}9)$$

式中，l_1——边坡①的长度；

　　　A_1——边坡①的端面积，$A_1 = mh_2^2/2$；

　　　h_2——角点的挖土高度；

　　　m——边坡的坡度系数，$m = 宽/高$。

三角棱柱体边坡体积为

$$V_4 = \frac{A_1 + A_2}{2}l_4 \qquad (2\text{-}10)$$

两端横断面面积相差很大的情况下，边坡体积为

$$V_4 = \frac{l_4}{6}(A_1 + 4A_0 + A_2) \qquad (2\text{-}11)$$

式中，l_4——边坡④的长度；

　　　A_1、A_2、A_0——边坡④两端及中部横断面面积。

7. 计算土方总量

将挖方区（或填方区）所有方格计算的土方量和边坡土方量汇总，即得该场地挖方和填方的总土方量。

8. 例题

【例2-1】某建筑场地方格网如图2-8所示，方格边长为20m×20m，填方区边坡坡度系数为1.0，挖方区边坡坡度系数为0.5，试计算挖方和填方的总土方量。

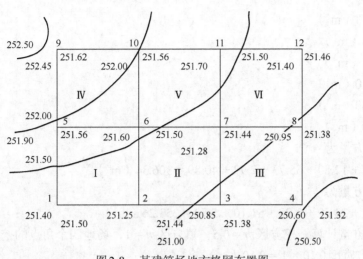

图2-8　某建筑场地方格网布置图

解：（1）根据所给方格网各角点的地面设计标高和自然标高，计算各角点施工高度，结果列于图2-9中。

$h_1 = 251.50-251.40 = 0.10（m）h_2 = 251.44-251.25 \doteq 0.19（m）$

$h_3 = 251.38-250.85 = 0.53（m）h_4 = 251.32-250.60 = 0.72（m）$

$h_5 = 251.56-251.90 = -0.34（m）h_6 = 251.50-251.60 = -0.10（m）$

$h_7 = 251.44-251.28 = 0.16（m）h_8 = 251.38-250.95 = 0.43（m）$

$h_9 = 251.62-252.45 = -0.83（m）h_{10} = 251.56-252.00 = -0.44（m）$

$h_{11} = 251.50-251.70 = -0.20（m）h_{12} = 251.46-251.40 = 0.06（m）$

（2）计算零点位置。从图2-9中可知，1—5、2—6、6—7、7—11、11—12五条方格边两端的施工高度符号不同，说明此方格边上有零点存在。

1—5线　　$x_1 = \dfrac{20 \times 0.10}{0.10 + 0.34} = 4.55（m）$

2—6线　　$x_1 = \dfrac{20 \times 0.19}{0.19 + 0.10} = 13.10（m）$

6—7线　　$x_1 = \dfrac{20 \times 0.10}{0.10 + 0.16} = 7.69（m）$

7—11线　　$x_1 = \dfrac{20 \times 0.16}{0.16 + 0.20} = 8.89（m）$

11—12线　　$x_1 = \dfrac{20 \times 0.20}{0.20 + 0.06} = 15.38（m）$

将各零点标于图上，并将相邻的零点连接起来，即得零线位置，如图2-9所示。

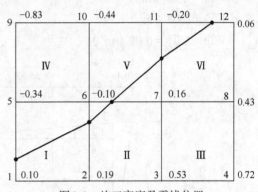

图2-9　施工高度及零线位置

（3）计算方格土方量。方格Ⅲ、Ⅳ底面为正方形，土方量分别为

$V_{Ⅲ（+）} = 20^2/4 \times（0.53 + 0.72 + 0.16 + 0.43）= 184（m^3）$

$V_{Ⅳ（-）} = 20^2/4 \times（0.34 + 0.10 + 0.83 + 0.44）= 171（m^3）$

方格Ⅰ底面为两个梯形，土方量分别为

$V_{Ⅰ（+）} = 20/8 \times（4.55 + 13.10）\times（0.10 + 0.19）= 12.80（m^3）$

$V_{Ⅰ（-）} = 20/8 \times（15.45 + 6.90）\times（0.34 + 0.10）= 24.59（m^3）$

方格Ⅱ、Ⅴ、Ⅵ底面为三边形和五边形，土方量分别为

57

$V_{\text{II}(+)} = 65.73$（m³）

$V_{\text{II}(-)} = 0.88$（m³）

$V_{\text{V}(+)} = 2.92$（m³）

$V_{\text{V}(-)} = 51.10$（m³）

$V_{\text{VI}(+)} = 40.89$（m³）

$V_{\text{VI}(-)} = 5.70$（m³）

方格网总填方量为

$\sum V_{(+)} = 184 + 12.80 + 65.73 + 2.92 + 40.89 = 306.34$（m³）

方格网总挖方量为

$\sum V_{(-)} = 171 + 24.59 + 0.88 + 51.10 + 5.70 = 253.26$（m³）

（4）边坡土方量计算。挖方区 $m = 0.5$，填方区 $m = 1$，场地四个角点的挖填方宽度分别为

角点1的填方宽度 $0.10 \times 1 = 0.10$（m）

角点4的填方宽度 $0.72 \times 1 = 0.72$（m）

角点9的挖方宽度 $0.83 \times 0.5 = 0.43$（m）

角点12的填方宽度 $0.06 \times 1 = 0.06$（m）

如图2-10所示，④、⑦按三角棱柱体计算外，其余均按三角棱锥体计算，可得：

$V① (+) = 0.003$（m³）

$V② (+) = V③ (+) = 0.0001$（m³）

$V④ (+) = 5.22$（m³）

$V⑤ (+) = V⑥ (+) = 0.06$（m³）

$V⑦ (+) = 7.93$（m³）

$V⑧ (+) = V⑨ (+) = 0.01$（m³）

$V⑩ = 0.01$（m³）

$V⑪ = 2.03$（m³）

$V⑫ = V⑬ = 0.02$（m³）

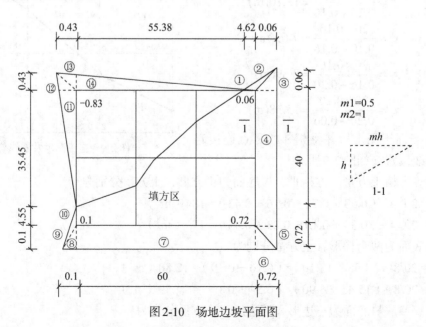

图2-10 场地边坡平面图

$V\text{⑭} = 3.18$（m^3）

边坡总填方量为

$\sum V_{(+)} = 0.003 + 2 \times 0.000\,1 + 5.22 + 2 \times 0.06 + 7.93 + 2 \times 0.01 + 0.01 = 13.29$（$m^3$）

边坡总挖方量为

$\sum V_{(-)} = 2.03 + 2 \times 0.02 + 3.18 = 5.25$（$m^3$）

2.2 基坑降水与排水

2.2.1 选择基坑降排水方案

在开挖基坑、基槽或其他土方工程施工时，当地下水位高于基底标高时，一般选择把地下水位降到坑底以下，以保证基坑能在干燥条件施工，防止边坡失稳、流砂等现象发生。

降低地下水位的方法常用集水井降水法和井点降水法两类，在软土地区基坑开挖深度超过3m，一般就用井点降水。开挖深度浅时，亦可边开挖边用排水沟和集水井降水。地下水控制方法有多种，其适用条件见表2-4，选择时要求基坑开挖及地下结构施工期间，地下水位保持在基坑底以下0.5～1.0m；深部承压水不引起坑底隆起；降水期间邻近建筑物地下管线正常使用；基坑边坡稳定。故根据土层情况、降水深度、周围环境、支护结构种类等综合考虑后优选。如因降水而危及基坑及周边环境安全时，宜采用截水或回灌方法。

表2-4　　　　　　　　　　　　　地下水控制方法适用条件

方法名称		土体种类	渗透系数/（m/d）	降水深度/m
集水井降水		黏性土、碎石土、粗砂土地基、中等面积建（构）筑物	7～20	<5
井点降水	轻型井点	粉质黏土、砂质粉土、粉土、细砂、中砂、粗砂、砾砂、砾石、卵石（含沙粒）	0.1～20	3～6
	多级轻型井点		0.1～20	6～20
	电渗井点	淤泥质土	<0.1	6～7，宜配合其他井点使用
	喷射井点	粉质黏土、砂质粉土、粉土、细砂、中砂	0.1～50	8～20
	深井（管井）	粗砂、砾砂、砾石、碎石土、可熔岩、破碎带	1.0～200	>10
截水		黏性土、粉土、砂土、碎石土、岩熔土	不限	不限
回灌		填土、粉土、砂土、碎石土	0.1～200	不限

当基坑底为隔水层且层底作用有承压水时，应进行坑底突涌验算，必要时可采取水平封底隔渗或钻孔减压措施，保证坑底土层稳定。否则一旦发生突涌，将给施工带来极大麻烦。

2.2.2 集水井降水法

1. 集水井降水法构造设计

此方法在基坑范围的内边缘设集水井，周边设排水沟，先把水经排水沟引至集水井内，然后用抽水机抽走，逐层开挖形成集水井和排水沟，不断往下挖土至基坑挖成，如图2-11所示。此法适用于降水深度不大，土层稳定，能逐层开挖，逐层实施明排水时的情况；不适用于软土、淤泥和粉细砂土中。

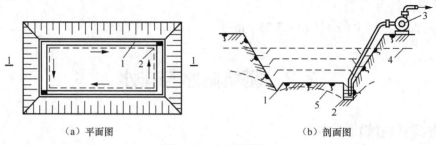

（a）平面图　　　　　　　　　　　　　（b）剖面图

图2-11　集水井降水

1—排水沟；2—集水井；3—水泵；4—原地下水位；5—降水后的地下水位

排水沟、集水井应设在基础轮廓线以外0.4m，根据需要在基坑一侧（两侧或三侧）或四侧设置。排水沟边缘应离开坡脚不小于0.3m；排水沟深度应始终保持比挖土面低0.4～0.5m；并随基坑的挖深而加深，保持水流畅通，地下水位始终低于开挖基坑0.5m以上；一侧设排水沟应设在地下水的上游。

在基坑四角或每隔30～40m设一座集水井，底面应比明沟面低0.5～1.0m，并随基坑的挖深而加深，集水井的直径或宽度一般为0.7～0.8m。当基坑挖至设计标高后，井底应低于坑底1～2m，并铺设0.3m碎石滤水层，以免在抽水时将泥沙抽走，并防止井底的土被搅动。

集水井降水法视水量多少采取连续或间断抽水，直至基础施工完毕，回填土为止。

本法施工方便，设备简单，降水费用低，管理维护简便，应用较为广泛。适用于黏性土、碎石土、粗砂土地基、中等面积建（构）筑物基坑（槽）的排水。当土质为细砂或粉砂时，地下水在渗流时容易产生流砂现象，从而增加施工难度，此时可采用井点降水法施工。

2. 流砂现象及其危害

（1）流砂现象的概念

场地的地下水在未受到人为施工扰动时通常呈静止状态。当坑（槽）需要挖到地下水位时，有时基坑土会成流动状态，随地下水涌入基坑，这称为流砂现象。土完全丧失承载力，工人难以立足，土边挖边冒，难以达到设计深度，流砂严重时会引起基坑边坡塌方，附近建筑物因地基被掏空而下沉、倾斜，甚至倒塌。因此，流砂现象如果不能控制将对土方施工和附近建筑物产生很大的危害。

（2）发生流砂现象的原因

根据水在土中渗流的分析，地下水的水力坡度大，即动水压力大，而且动水压力的方向与土的重力方向相反，土悬浮于水中，并随地下水一起流动形成流砂。动水压力指流动中的水对土产生的作用力，这个力的大小与水位差成正比，与水流的路径的长短成反比，与水流的方向相同。

（3）流砂现象的防治

基坑开挖过程中不能出现流砂现象。其防止措施一是减少或平衡动水压力，二是设法使动水压力方向向下，三是截断地下水流。具体做法有：选择在枯水期施工减少动水压力；打钢板桩截断地下水流，由钢板桩平衡动水压力；人工降低地下水位，把动水压力方向改变成向下；采用水下挖土的方法不造成动水压力等。

2.2.3 井点降水法

1. 井点降水的原理

经验证明，在土层内插入一根井管，从管的末端抽水，会造成以管为圆心的一个空间倒伞形范围的水位下降（见图2-12）。井点降水是指在基坑开挖前，预先在基坑内或外竖向埋设一定数量的井点管，用水泵通过井点管末端的滤管（见图2-13）把地下水抽走，从而使一定范围内的地下水位降低到坑底以下，从根本上解决地下水影响坑内施工的问题。

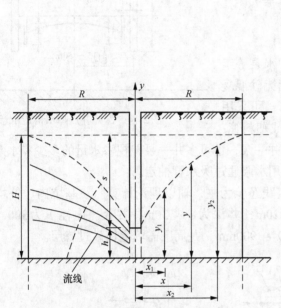

图 2-12　抽水降低地下水位的原理

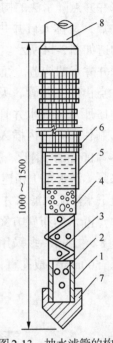

图 2-13　抽水滤管的构造

1—钢管；2—管壁上的小孔；3—缠绕的铁丝；

4—钢丝网；5—粗滤网；6—粗铁丝保护网；

7—铸铁头；8—井点管

井点降水一般有轻型井点、喷射井点、电渗井点、管井井点和深井井点等降水方法。

轻型井点：沿基坑四周以一定间距埋入直径较细的井点管至地下蓄水层内，井点管的上端通过弯联管与总管相连接，利用抽水设备将地下水从井点管内不断抽出，使原有的地下水位降低到基坑底面以下。在基坑施工过程中要不断地抽水，直至基础施工完毕并开始回填土为止。轻型井点适用于土的渗透系数在0.1 ~ 20m/d，降水深度一级轻型井点为3 ~ 6 m。

喷射井点与轻型井点一样，也是沿基坑四周以一定间距埋入直径较细的井点管至地下蓄水层内，井点管的上端通过弯联管与总管相连接，利用高压水形成的真空将地下水抽出。当基坑较深而地下水位较高，而降水深度又需超过8m时，应采用喷射井点，喷射井点降水深度可达8 ~ 20m。

电渗井点：以轻型井点或喷射井点为阴极，钢筋或钢管为阳极，通以直流电，土向阳极移动，水向井点管移动，此即为电渗井点。电渗井点的钢筋或钢管宜布置在井点管内侧。电渗井点一般不单独使用，而与轻型井点或喷射井点联合使用。其适用于土的渗透系数小于0.1 m/d的情况。

管井井点：沿基坑四周每隔一段距离设置一个管井，每个管井单独用一台水泵，不断抽出地下水来降低地下水位。在土的渗透系数较大，地下水量大的土层中，宜采用管井井点。

深井井点：当降水深度超过15m，在管井井点内采用一般的潜水泵和离心泵满足不了降水要求时，可加大管井深度，改用深井泵，即采用深井井点来解决。深井井点一般可降低水位30～40m。常用的深井井点有两种类型，即电动机在地面上的深井泵和深井潜水泵（或称沉没式深井泵）。

在工程上，多把管井井点与深井井点的降水方法称为"大口井"降水。

2. 深井井点降水法

（1）深井井点降水法的构造设计

深井井点，又称大口井井点。深基坑深井井点降水构造如图2-14所示。

（2）深井井点的构造（经验数据）

深井井点由滤水井管、吸水管和水泵等组成，如图2-15所示。滤水井管多采用无砂混凝土管，分节制作；井管内插入吸水管，可采用直径为50～100mm的钢管、橡胶管或塑料管；

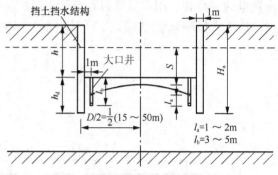

图2-14　深井井点降水构造示意图

吸水管与水泵（潜水泵）相连，可一井一泵，也可多井一泵，视渗水量的多少和水泵的抽水能力而定。地下水渗流入滤水井管后，用水泵通过吸水管抽走。

深井井点降水的布置方案多以实践经验为主，辅以理论计算。在基坑内、外均可设置井点。井距为8～25m，多采用15m、20m；井深为8～30m；井径（内径）为300～720mm，多采用400、500mm；成孔直径为500～900mm，井周围需填灌粗砂过滤层。

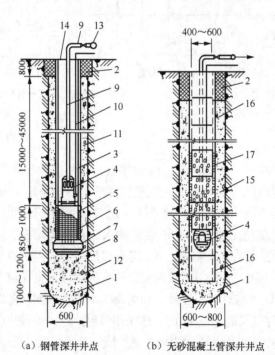

（a）钢管深井井点　　　（b）无砂混凝土管深井井点

图2-15　深井井点

1—井孔；2—井口（黏土封口）；3—$\phi 300 \sim \phi 375$mm井管；4—潜水泵；5—滤水井管；6—滤网；7—导向段；8—开孔底板（下铺滤网）；9—$\phi 50$mm吸水管；10—电缆；11—小砾石或中粗砂；12—中粗砂；13—$\phi 50 \sim \phi 75$mm吸水总管；14—20mm厚钢板井盖；15—小砾石；16—沉砂管（混凝土实管）；17—混凝土过滤管

（3）深井井点的施工工艺

井点测量定位→挖井口→安装护筒、钻机就位→钻孔→回填井底砂垫层→吊放井管→回填井管与孔壁间的砾石过滤层→洗井→井管内下设水泵、安装抽水控制电路→试抽水→降水完毕拔井管→封井。

① 定位。根据设计的井位及现场实际情况，准确定出各井位置，并做好标记。

② 大口井成孔。方法可采用冲击钻孔、回转钻孔、潜水电钻钻孔或水冲法成孔，用泥浆或自成泥浆护壁。采用冲击钻成孔时孔径一般为600～800mm，用泥浆护壁，孔口设置护筒，以防孔口塌方，并在一侧设排泥沟、泥浆坑。

③ 下滤水井管。成孔后立即清孔，并安装井管。井管下入后，井管的滤管部分应放置在含水层的适当范围内，并在井管与孔壁间填充砾石滤料。

④ 安放潜水泵。安装水泵前，用压缩空气洗井法清洗滤井，冲除尘渣，直到井管内排出的水由浑变清，达到正常出水量为止。水泵安装后，对水泵本身和控制系统作一次全面细致的检查，合格后进行试抽水，满足要求后转入正常工作。

⑤ 降水。降水过程中观测井中地下水位变化，做好详细记录。

大口井工作的适用性较强，例如，在使用中可以通过控制水泵的抽水量来调整井内水位的变化和抽水影响范围，甚至可采用停抽水、封井和减少抽吸频率的方法控制降水，因此大口井降水成功率相当高。它适用各种土质和各种形状、尺寸的基坑或基槽的降水。

2.2.4　降水与排水施工质量验收

1. 验收批划分

相同材料、工艺和施工条件的井管为一验收批，排水按500～1 000m^{2}划分为一个验收批，不足500m^{2}的也应划分为一个验收批。

2. 检验标准及方法

降水与排水工程没有主控项目，只有一般项目。降水与排水工程一般项目检验标准及方法见表2-5。

表2-5　　　　　　　　　降水与排水工程一般项目检验标准及方法

序号	检验项目		允许值或允许偏差		检验方法
			单位	数值	
1	排水沟坡度		‰	1～2	目测，沟内不积水，沟内排水畅通
2	井管（点）垂直度		%	1	插管时自测
3	井管（点）间距（与设计相比）		mm	≤150	钢尺量
4	井管（点）插入深度（与设计相比）		mm	≤200	水准仪
5	过滤砂砾料填灌（与设计相比）		%	≤5	检查回填料用量
6	井点真空度	真空井点	kPa	>60	真空度表
		喷射井点		>93	
7	电渗井点阴阳极距离	真空井点	mm	80～100	钢尺量
		喷射井点		120～150	

2.3 基坑工程施工

2.3.1 基坑（槽）的开挖机械和开挖要求

1. 基坑（槽）的开挖机械

土方工程施工机械很多，在场地平整及基坑、基槽土方开挖施工中常有的土方机械包括推土机、铲运机和挖掘机。

（1）推土机

推土机是土方工程施工的主要机械之一，是在履带式拖拉机上安装推土板等工作装置而成的机械。常用推土机的发动机功率有45kW、75kW、90kW、120kW等数种。推土板有索式和液压操纵两种。液压操纵的推土机外形如图2-16所示。液压操纵的推土机除了可以升降推土板外，还可调整推土板的角度，因此具有更大的灵活性。

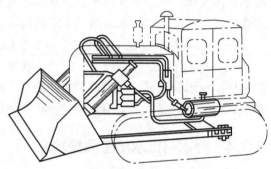

图2-16 液压挖土机

推土机能单独完成挖土、运土和卸土工作。具有操纵灵活、运转方便、所需工作面较小、行驶速度快、易于转移、能爬缓坡的特点。用于推挖一类至三类土，场地清理、平整，开挖或填平深度不大的坑沟。运距60m内效率较高，下坡推土不宜超过15°。

（2）铲运机

铲运机是一种能综合完成全部土方施工工序（挖土、装土、运土、卸土和平土）的机械。按行走方式分为自行式铲运机和拖式铲运机两种。C3—6型自行式铲运机如图2-17所示。常用的铲运机斗容量为$2m^3$、$5m^3$、$6m^3$、$7m^3$等数种，按铲斗的操纵系统又可分为钢丝绳操纵和液压操纵两种。

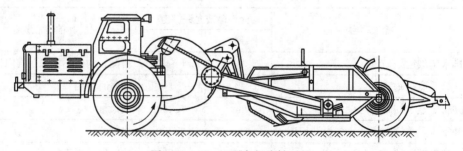

图2-17 C3—6型自行式铲运机

铲运机适于开挖一类至三类土，常用于坡度20°以内的大面积土方挖、填、平整、压实，大型基坑开挖和堤坝填筑等。

（3）挖掘机

挖掘机按行走方式分为履带式和轮胎式两种，按传动方式分为机械传动和液压传动两种。

斗容量有 0.2m³、0.4m³、1.0m³、1.5m³、2.5m³ 等多种，工作装置有正铲、反铲、抓铲，机械传动挖掘机还有拉铲，使用较多的是正铲与反铲。挖掘机利用土斗直接挖土，因此也称为单斗挖土机。常用单斗反铲挖掘机与自卸汽车组合进行土方挖、运、填。

① 正铲挖掘机。正铲挖掘机外形如图2-18所示。挖土特点是前进向上，强制切土。它适用于开挖停机面以上的土方，且需与汽车配合完成整个挖运工作。正铲挖掘机挖掘力大，适于开挖含水量小于27%的一类土至四类土和经爆破的岩石及冻土。

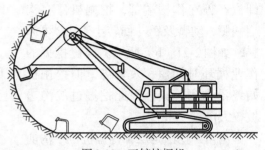

图2-18　正铲挖掘机

正铲挖掘机的开挖方式如图2-19所示，根据开挖路线与汽车相对位置的不同，分为正向开挖、侧向装土以及正向开挖、后方装土两种，前者生产率较高。

正铲挖掘机的生产率主要决定于每斗的装土量和每斗作业的循环延续时间。为了提高其生产率，除了工作面高度必须满足装满土斗的要求之外，还要考虑开挖方式和与运土机械配合的问题，尽量减少回转角度，缩短每个循环的延续时间。

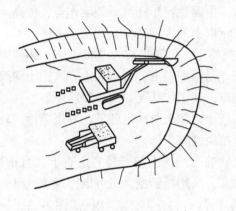

（a）正向开挖、后方装土

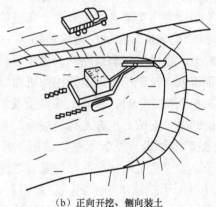

（b）正向开挖、侧向装土

图2-19　正铲挖掘机的开挖方式

② 反铲挖掘机。反铲挖掘机适用于开挖一类至三类的砂土或黏土。挖土特点是后退向下，强制切土。主要用于开挖停机面以下的土方，最大挖土深度4～6m，经济合理的挖土深度为2～4m。反铲挖掘机也需配备运土汽车进行运输，其外形如图2-20所示。

反铲挖掘机的开挖方法有沟端开挖法、沟侧挖掘法、沟角开挖法和多层接力开挖法。

沟端开挖是挖掘机从沟槽的一端开始挖掘，然后沿沟槽的中心线倒退挖掘，自卸汽车停在沟槽一侧，挖掘机动臂及铲斗回转40°～45°即可卸料，如图2-21（a）所示。如果沟宽为挖掘机

图2-20　反铲挖掘机

最大回转半径的两倍时，自卸汽车只能停在挖掘机的侧面，动臂及铲斗要回转90°方可卸料。若挖掘的沟槽较宽，可分段挖掘，待挖掘到尽头时调头挖掘毗邻的一段。分段开挖的每段挖掘宽度不宜过大，以自卸汽车能在沟槽一侧行驶为原则，这样可减少作业循环的时间，提高作业

效率。

沟侧挖掘与沟端挖掘不同的是，自卸汽车停在沟槽端部，挖掘机停在沟槽一侧，动臂及铲斗回转小于90°可卸料，如图2-21（b）所示。沟侧挖掘的作业循环时间短、效率高，但挖掘机始终沿沟侧行驶，因此挖掘过的沟边坡较大。

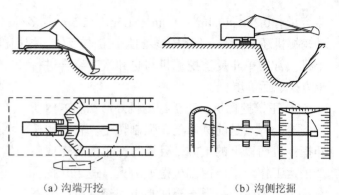

(a) 沟端开挖   (b) 沟侧挖掘

图2-21　反铲挖掘机的开挖方式

沟角开挖法是反铲挖掘机位于沟前端的边角上，随着沟槽的掘进，机身沿着沟边往后作"之"字形移动。臂杆回转角度平均在45°左右，机身稳定性好，可挖较硬的土体，并能挖出一定的坡度。适于开挖土质较硬，宽度较小的沟槽（坑）。

多层接力开挖法是将两台或多台挖掘机设在不同作业高度上同时挖土，边挖土，边将土传递到上层，由地表挖掘机连挖土带装土；上部可用大型反铲挖掘机，中下层用大型或小型反铲挖掘机进行挖土和装土，均衡连续作业。一般两层挖土可挖深10m，三层可挖深15m左右。本法开挖较深基坑，一次开挖到设计标高，一次完成，可避免汽车在坑下装运作业，提高生产效率，且不必设专用垫道。适于开挖土质较好、深10m以上的大型基坑、沟槽和渠道。

③ 拉铲挖掘机。拉铲挖掘机适用于一类至三类的土，可开挖较大基坑（槽）和沟渠，挖取水下泥土，也可用于填筑路基、堤坝等。挖土特点是后退向下，自重切土，其挖土深度和挖土半径都很大。拉铲挖掘机能开挖停机面以下的土方，其工作状况如图2-22所示。

拉铲挖掘机挖土时，依靠土斗自重及拉索拉力切土，卸土时斗齿朝下，利用惯性，较湿的黏土也能卸净。它的开挖方式有沟端开挖和沟侧开挖两种。

④ 抓铲挖掘机。抓铲挖掘机适用于开挖较松软的土。挖土特点是直上直下，自重切土，挖土力较小。对施工面狭窄而深的基坑、深槽、深井，采用抓铲挖掘机可取得理想效果。抓铲挖掘机还可用于挖取水中淤泥，装卸碎石、矿渣等松散材料。其工作状况如图2-23所示。抓铲挖掘机的传动方式主要有机械传动和液压传动两种。

抓铲挖掘机挖土时，通常立于基坑一侧进行，对较宽的基坑则在两侧或四侧抓土。挖淤泥时抓斗易被淤泥"吸住"，应避免起吊用力过猛，以防翻车。

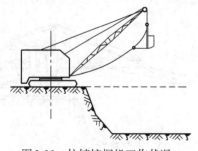

图2-22　拉铲挖掘机工作状况

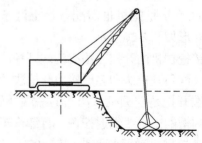

图2-23　抓铲挖掘机工作状况

推土机、铲运机、挖掘机、自卸汽车等都有一定的适用性，要按照需要和可能，通过技术经济分析来确定配备方案。

常用土方施工机械的适用范围见表2-6。

表2-6 　　　　　　　　　　　　　　　　常用土方施工机械的适用范围

机械名称	用途和作业条件	适用范围	配套机械
推土机	推平；运距100m内的推土；助铲；牵引	场地平整；短距离挖运；拖羊足碾	
铲运机	找平；运距1 500m内的挖运土；填筑堤坝	场地平整；运距100～1 500m；距离最小100m	开挖坚硬土时需要推土机助铲
正铲挖掘机	开挖停机面以上的土方；在地下水位以上；填方高度1.5m以上；装车外运	大型基坑开挖；工程量大的土方作业	外运应配备自卸汽车，工作面应有推土机配合
反铲挖掘机	开挖停机面以下的土方，可装土和甩土两用	基坑、管沟开挖；独立基坑开挖	工作面要有推土机配合，外运要配自卸汽车
拉铲挖掘机	开挖停机面以下的土方，可装土和甩土两用	基坑、管沟开挖，排水不良也可开挖	工作面要有推土机配合，外运要配自卸汽车
抓铲挖掘机	可直接开挖直井，可装车和甩土	基坑、管沟开挖，排水不良也可开挖	外运要配自卸汽车

2. 基坑（槽）开挖的一般要求

① 基坑（槽）开挖的一般顺序是：测量放线→分层开挖→排降水→修坡→整平。

② 基坑（槽）的土方开挖，一般用机械开挖，人工修整。当挖到离基底30～50cm深时，用水准仪抄平，打上水平桩，作为开挖深度的依据；若采用机械挖土，挖至距设计标高约50mm时停止，再用人工挖至设计标高，并修整好整个基坑的周边。

③ 随时注意复核坑槽的尺寸，按设计图纸校核基坑的位置、标高、周边尺寸和土质是否符合要求。

④ 基坑开挖要先拟订施工方案，开挖时要随时测量深度，注意不准超挖，严禁搅动基底土层；若发生超挖，要用挖出的土回填夯实；超挖严重的要会同设计单位提出处理办法。

⑤ 挖土过程中和雨后复工，应随时检查土壁稳定和支撑的牢固情况，发现问题及时加固处理。

⑥ 基坑挖完后要尽快验槽，及时做基础垫层，不要让基槽暴晒或泡水。基槽检验常用触探法。若发现不符合设计文件要求或其他异常情况，应与设计单位研究处理方法。

2.3.2　深基坑支护

（1）深基坑的定义

建设部建质2009年87号文关于印发《危险性较大的分部分项工程安全管理办法》规定：一般深基坑是指开挖深度超过5m（含5m）或地下室3层以上（含3层），或深度虽未超过5m，但地质条件和周围环境及地下管线特别复杂的工程。

（2）深基坑的等级划分

按基坑侧壁安全划分三个等级。

① 符合下列情况之一，为一级基坑。

a. 重要工程或支护结构做主体结构的一部分；

b. 开挖深度大于10m；

c. 与邻近建筑物、重要设施的距离在开挖深度以内的基坑；

d. 基坑邻近有历史文物、近代优秀建筑、重要管线等严加保护的基坑。

② 三级基坑为开挖深度小于7m，且周围环境无特别要求时的基坑。

③ 除一级和三级外的基坑属二级基坑。

（3）基坑支护的目的

① 利用支护结构来挡土和阻水，承受周边的土、水压力。

② 围护坑周边土体的稳定，限制基坑周围土体变形（滑移或破坏），保护基坑内施工的安全，保护基坑外土体的稳定，也就是保护基坑外侧的管线和邻近建筑物的安全。

③ 阻止地下水渗入坑内，使坑内保持干燥，让坑内土方的开挖、基础和地下室的施工能够顺利进行。

（4）深基坑支护结构的形式、特点和适用条件

常用的几种支护结构的形式、特点和适用条件见表2-7。

表2-7　　　　　　　　常用支护结构的形式、特点和适用条件

类型、名称	支护形式、特点	适用条件
挡土灌注排桩或地下连续墙	挡土灌注排桩系以现场灌注桩按队列式布置组成的支护结构；地下连续墙系用机械施工方法成槽浇灌钢筋混凝土形成地下墙体。 特点：刚度大，抗弯强度高，变形小，适应性强，需工作场地不大，震动小，噪声低，但排桩墙不能止水，连续墙施工需机具设备	① 适于基坑侧壁安全等级一、二、三级； ② 悬臂式结构在软土场地中不宜大于5m； ③ 当地下水位高于基坑底面时，宜采用降水、排桩与水泥土桩组合截水帷幕或采用地下连续墙； ④ 适用于逆作法施工； ⑤ 变形较大的基坑边可选用双排桩
排桩土层锚杆支护	系在稳定土层钻孔，用水泥浆或水泥砂浆将钢筋与土体黏结在一起拉结排桩挡土。 特点：能与土体结合承受很大拉力，变形小，适应性强，需工作场地小，省钢材，费用低	① 适于基坑侧壁安全等级一、二、三级； ② 适用于难以采用支撑的大面积深基坑； ③ 不宜用于地下水多、含有化学腐蚀物的土层或松散软弱土层
排桩内支撑支护	系在排桩内侧设置型钢或钢筋混凝土水平支撑，用以支撑基坑侧壁进行挡土。 特点：受力合理，易于控制变形，安全可靠；但需大量支撑材料，基坑内侧施工不便	① 适于基坑侧壁安全等级一、二、三级； ② 适用于各种不宜设置锚杆的较松软土层及软土地基； ③ 当地下水位高于基坑底面时，宜采用降水措施或采用止水结构
水泥土墙支护	系由水泥土桩相互搭接形成的格栅状、壁状等形式的连续重力式挡土止水墙体。 特点：具有挡土、截水双重功能；施工机具设备相对较简单；成墙速度快，使用材料单一，造价较低	① 适于基坑侧壁安全等级二、三级； ② 水泥土墙施工范围内地基土承载力不宜大于150kPa； ③ 基坑深度不宜大于6m； ④ 基坑周围具备水泥土墙的施工宽度
土钉墙或喷锚支护	系用土钉或预应力锚杆加固的基坑侧壁土体，与喷射钢筋混凝土护面组成的支护结构。 特点：结构简单，承载力较强；可阻水，变形小，安全可靠，适应性强，施工机具简单，施工灵活，污染小，噪声低，对周边环境影响小，支护费用低	① 适于基坑侧壁安全等级为二、三级的非软土场地； ② 土钉墙基坑深度不宜大于12m；喷锚支护适于无流沙、含水量不高、不是淤泥等流塑土层的基坑，开挖深度不大于18m； ③ 当地下水位高于基坑底面时，应采取降水或截水措施

类型、名称	支护形式、特点	适用条件
逆作拱墙支护	系在平面上将支护墙体或排桩做成闭合拱形的支护结构。 特点：结构主要承受压力，可充分发挥材料特性，结构截面小，底部不用嵌固，可减少埋深，受力安全可靠，变形小，外形简单，施工方便、快速，质量易保证，费用低	① 基坑侧壁安全等级宜为二、三级； ② 淤泥和淤泥质土场地不宜采用； ③ 基坑平面尺寸近似方形或圆形，基坑施工场地适合拱圈布置； ④ 基坑深度不宜大于12m；拱墙轴线的矢跨比不宜大于1/8； ⑤ 地下水高于基坑底面时，应采取降水或截水措施
钢板桩支护	采用特制的型钢板桩，机械打入地下，构成一道连续的板墙，作为挡土、挡水围护结构。 特点：承载力高、刚度大、整体性好、锁扣紧密、水密性强，能适应各种平面形状和土质，打设方便、施工快速、可回收使用，但需大量钢材，一次性投资较高	① 基坑侧壁安全等级二、三级； ② 基坑深度不宜大于10m； ③ 当地下水位高于基坑底面时，应采取降水或截水措施
放坡开挖	对土质较好、地下水位低、场地开阔的基坑，按规范允许坡度放坡开挖或仅在坡脚叠袋护脚，坡面做适当保护。 特点：不用支撑支护，需采用人工修坡，加强边坡稳定监测，土方量大，土需外运	① 基坑侧壁安全等级宜为三级； ② 基坑周围场地应满足放坡条件，土质较好； ③ 可独立或与上述其他结构结合使用； ④ 当地下水位高于坡脚时，应采取降水措施

2.3.2.1 人工放坡

放坡开挖是最经济的挖土方案。当基坑开挖深度不大，周围环境又允许时，一般优先采用放坡开挖。

人工放坡在开挖时，应采用相应的坡面、坡顶和坡脚排水、降水措施。当基坑开挖至地下水位以下且土层中可能发生流沙、流土现象时，应采取降水措施；如土质较好，也可采用明沟或集水井排水。

基坑顶部周边不宜堆积土方或其他材料、设备等，若必需堆放，须考虑地面超载对边坡的不利影响。

人工放坡宜对坡面采取保护措施，如采用覆盖法、挂网法、挂网抹面法、土袋压坡法、砌石压坡法、喷混凝土法等护面方法，如图2-24所示。

2.3.2.2 水泥土墙支护

1. 水泥土墙支护概述

水泥土墙支护是在基坑侧壁形成一个相当厚度和重量的刚性实体结构，以其重量抵挡基坑侧壁土压力，满足该结构的抗滑移和抗倾覆要求。这类结构一般采用深层搅拌水泥土桩墙，有时也采用高压旋喷桩墙，使桩体相互搭接形成块状或格栅状等形状的重力结构。

深层搅拌水泥土桩墙是用深层搅拌机就地和输入的水泥强制搅拌，形成连续搭接的水泥土柱状加固体挡墙。

高压旋喷桩墙是利用高压经过旋转的喷嘴将水泥浆喷入土层，与土体混合形成水泥土加固体，相互搭接形成桩排，用来挡土和止水。高压旋喷桩的施工费用要高于深层搅拌水泥土桩，主要用于空间较小处。

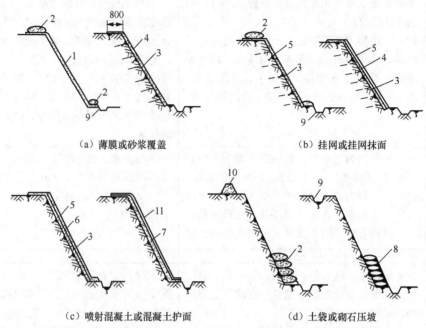

（a）薄膜或砂浆覆盖　　　　　（b）挂网或挂网抹面

（c）喷射混凝土或混凝土护面　　　　　（d）土袋或砌石压坡

图 2-24　基坑边坡护面方法示意图

1—塑料或砂浆覆盖；2—草袋或编织袋装土；3—插筋 $\phi 10 \sim \phi 12mm$；4—抹 M5 水泥砂浆；5—20 号钢丝网；6—C15 喷射混凝土；7—C15 细石混凝土；8—M5 水泥砂浆砌石；9—排水沟；10—土堤；11—$\phi 4 \sim \phi 6mm$ 钢筋网片，纵横间距 250 ～ 300mm

2. 深层搅拌水泥土桩墙支护结构

深层搅拌水泥土桩墙支护结构是将搅拌桩相互搭接而成，平面布置可采用壁状体，如图 2-25（a）所示。若壁状的挡墙宽度不够时，可加大宽度，做成格栅状支护结构，如图 2-25（b）所示，即在支护结构宽度内，不需整个土体都进行搅拌加固，可按一定间距将土体加固成相互平行的纵向壁，再沿纵向按一定间距加固肋体，用肋体将纵向壁连接起来。这种挡土结构目前常采用双头搅拌机进行施工，一个头搅拌的桩体直径为 700mm，两个搅拌轴的距离为 500mm，搅拌桩之间的搭接距离为 200mm。

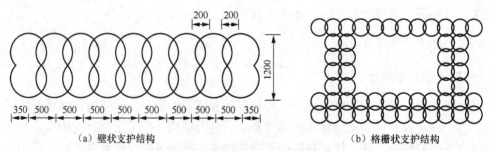

（a）壁状支护结构　　　　　（b）格栅状支护结构

图 2-25　深层搅拌水泥土桩平面布置

3. 深层搅拌水泥土桩墙工程施工

水泥土桩墙工程主要施工机械采用深层搅拌机。目前，我国生产的深层搅拌机主要分为单轴搅拌机和双轴搅拌机。水泥土桩工程施工工艺如图2-26所示。

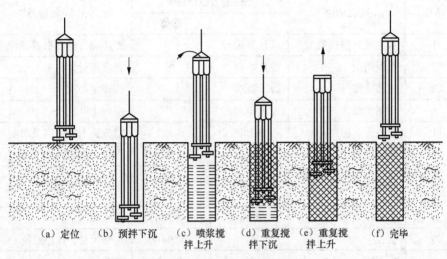

（a）定位　（b）预拌下沉　（c）喷浆搅　（d）重复搅　（e）重复搅　（f）完毕
　　　　　　　　　　　　　　拌上升　　　拌下沉　　　拌上升

图2-26　水泥土桩工程施工工艺

深层搅拌桩施工可采用湿法（喷浆）及干法（喷粉）施工，施工时应优先选用喷浆型双轴深层搅拌机。

① 桩架定位及保证垂直度。深层搅拌机桩架到达指定桩位、对中。当场地标高不符合设计要求或起伏不平时，应先进行开挖、整平。施工时桩位偏差应小于5cm，桩的垂直度误差不超过1%。

② 预搅下沉。待深层搅拌机的冷却水循环正常后，启动搅拌机的电动机，放松起重机的钢线绳，使搅拌机沿导向架搅拌切土下沉，下沉速度可由电动机的电流大小控制。工作电流不应大于70A。如果下沉速度太慢，可从输浆系统补给清水以利钻进。

③ 制备水泥浆。按设计要求的配合比拌制水泥浆，压浆前将水泥浆倒入集料斗中。

④ 提升、喷浆并搅拌。深层搅拌机下沉到设计深度后，开启灰浆泵将水泥浆压入地基土中，并且边喷浆、边旋转，同时严格按照设计确定的提升速度提升搅拌头。

⑤ 重复搅拌或重复喷浆。搅拌头提升至设计加固深度的顶面标高时，集料斗中的水泥浆应正好排空。为使软土和水泥浆搅拌均匀，可再次将搅拌头边旋转边沉入土中，至设计加固深度后再将搅拌头提升出地面。有时可采用复搅、复喷（即二次喷浆）方法。在第一次喷浆至顶面标高，喷完总量的60%浆量，将搅拌头边搅边沉入土中，至设计深度后，再将搅拌头边提升边搅拌，并喷完余下的40%浆量。喷浆搅拌时搅拌头的提升速度不应超过0.5m/min。

⑥ 移位。桩架移至下一桩位施工。下一桩位施工应在前桩水泥土尚未固化时进行。相邻桩的搭接宽度不宜小于200mm。相邻桩喷浆工艺的施工时间间隔不宜大于10h。施工开始和结束的头尾搭接处，应采取加强措施，防止出现沟缝。

4．深层搅拌水泥土桩施工质量验收

相同规格、材料、工艺和施工条件的水泥土搅拌桩，每300根划分为一个检验批，不足300根也划分为一个检验批。水泥土搅拌桩地基质量检验标准见表2-8。

表2-8   水泥土搅拌桩地基质量检验标准

项目	序号	检验项目	允许偏差或允许值		检验方法
			单位	数值	
主控项目	1	水泥及外掺剂质量	设计要求		查产品合格证书或抽样送检
	2	水泥用量	参数指标		查看流量计
	3	桩体强度	设计要求		按规定办法
	4	地基承载力	设计要求		按规定办法
一般项目	1	机头提升速度	m/min	≤0.5	量机头上升距离及时间
	2	桩底标高	mm	+200	测机头深度
	3	桩顶标高	mm	+100 −50	水准仪（最上部500mm不计入）
	4	桩位偏差	mm	<50	用钢尺量
	5	桩径		<0.04D	用钢尺量，D为桩径
	6	垂直度	%	≤1.5	经纬仪
	7	搭接	mm	>200	用钢尺量

2.3.2.3 板桩支护

1. 板桩支护的结构

板桩的种类有钢板桩、钢筋混凝土板桩和型钢桩横挡板等。由于钢板桩强度高、打设方便又可重复利用，因而广泛应用。板桩支护结构如图2-27所示。

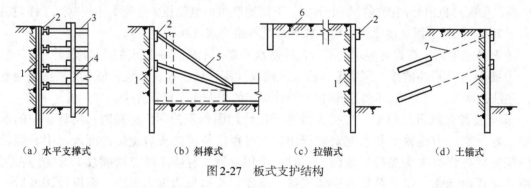

（a）水平支撑式   （b）斜撑式   （c）拉锚式   （d）土锚式

图2-27   板式支护结构

1—板桩墙；2—围檩；3—钢支撑；4—竖撑；5—斜撑；6—拉锚；7—土锚杆

2. 钢板桩的种类和特点

钢板桩支护是将正反扣搭接或并排组成的钢板桩打入地下，或在近地面处设一道拉锚或支撑形成的围护结构。

钢板桩的种类很多，常见的有U形板桩、Z形板桩与H形板桩，其截面形式如图2-28所示。其中以U形板桩应用最多，可用于5～10m深的基坑。

钢板桩的优点是材料质量可靠，软土地区搭设方便，施工速度快，有一定的挡水能力，可多次重复使用，具有良好的耐久性。缺点是一次性投资较大，透水性较好的土中不能完全挡水和土中的细小颗粒，在地下水位高的地区需采取隔水或降水措施。钢板桩的支护刚度小，抗弯能力较弱，顶部宜设置一道支撑或拉锚。

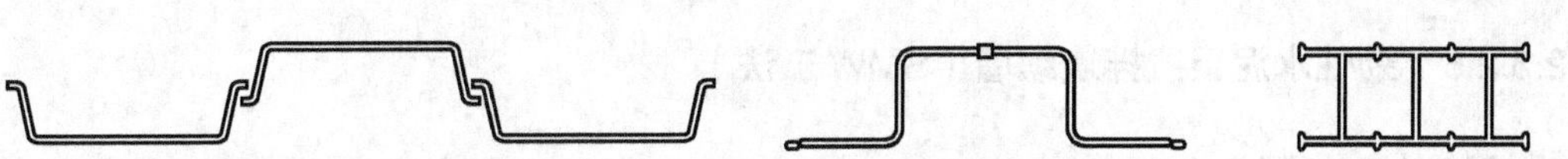

（a）U 形板桩相互连接　　　　　　　（b）Z 形板桩相互连接　　　　　（c）H 形板桩相互连接

图 2-28　常见钢板桩截面形式

槽钢钢板桩的槽钢长 6 ~ 8m，适用于深度不超过 4m 的小型基坑；热轧锁口钢板桩适用于周围环境要求不很高的深度为 5 ~ 8m 的基坑。

3. 钢板桩检验标准

相同规格、材料、工艺和施工条件的水泥土搅拌桩，每 300 根划分为一个检验批，不足 300 根也划分为一个检验批。

重复使用的钢板桩检验标准见表 2-9。

表 2-9　　　　　　　　　　　　　重复使用的钢板桩检验标准

序号	检验项目	允许偏差或允许值		检验方法
		单位	数值	
1	桩垂直度	%	<1	用钢尺量
2	桩身弯曲度		<2%L	用钢尺量，L 为桩长
3	齿槽平直度及光滑度		无电焊渣或毛刺	用 1m 长的桩段做通过试验
4	桩长度		不小于设计长度	用钢尺量

2.3.2.4　排桩支护

基坑开挖之前，先在准备形成坑壁的周边施工排桩，利用嵌固在土中一定深度的悬臂排桩，来承受坑壁周边土体和地下水对排桩的水平作用力，从而保护坑内土方的开挖和基础的施工。

排桩支护的桩体有钻孔灌注桩和挖孔桩等。

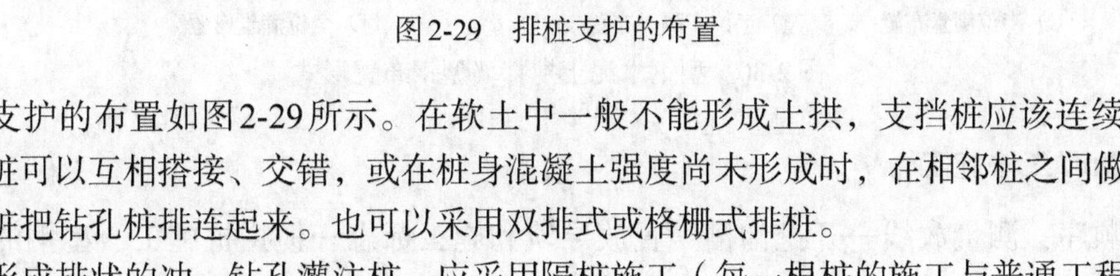

（a）分离式排桩　　　　　　（b）相切式排桩　　　　　　（c）交错式排桩

钢筋混凝土桩　　　素混凝土桩
（d）咬合式排桩　　　　　　（e）双排式排桩　　　　　　（f）格栅式排桩

图 2-29　排桩支护的布置

排桩支护的布置如图 2-29 所示。在软土中一般不能形成土拱，支挡桩应该连续密排。密排的钻孔桩可以互相搭接、交错，或在桩身混凝土强度尚未形成时，在相邻桩之间做一根素混凝土树根桩把钻孔桩排连起来。也可以采用双排式或格栅式排桩。

为了形成排状的冲、钻孔灌注桩，应采用隔桩施工（每一根桩的施工与普通工程桩的要求相似，在相邻桩的混凝土达到设计强度的 70% 以上后，方可进行成孔施工）。

用于支护结构的人工挖孔桩排桩的施工方法和要求与工程桩相同。其成孔是人工挖土，多为大直径桩，宜用于土质较好的地区。

2.3.2.5 劲性水泥土搅拌连续墙（SMW工法）

1. SMW工法概述

劲性水泥土搅拌连续墙支护结构又称SMW工法（SMW挡墙），它是在水泥土搅拌桩中插入型钢或其他芯材，具有承力与防渗两种功能的支护形式。支护结构本身占用的场地空间较小，内插型钢可以回收重复利用。适宜在场地狭窄、严禁遗留刚性地下障碍物或经济效益显著的情况下采用。

根据施工采用的搅拌机轴数不同，SMW挡墙有单轴、双轴、三轴、五轴等；根据施工排数不同，SMW挡墙分为单排、双排、多排等；根据芯材不同，SMW挡墙分为无芯材、抗拉筋、刚性芯材等。无芯材形式主要用于防渗功能，用作防渗墙、防污墙等；抗拉筋形式是在SMW支护结构的受拉区布置抗拉筋（如竹筋、钢筋等），以提高墙体的抗拉性能，适于浅基坑工程；刚性芯材形式是插入刚度较大的芯材作为主要的抗弯构件，芯材可为H型钢、U型钢、钢管、预制钢筋混凝土等。

SMW工法以水泥搅拌桩为基础，因此凡是适合应用水泥搅拌桩的场合都适合使用，特别是以黏土和粉土为主的软土地区。

2. SMW工法的构造

国内常采用三轴搅拌机，水泥土搅拌桩的直径宜采用650mm、850mm、1 000mm。内插刚性芯材宜采用H型钢，H型钢截面型号宜按下列规定选用：当搅拌桩直径为650mm时，内插H型钢截面采用H500×300、H500×200；当搅拌桩直径为850mm时，内插H型钢截面采用H700×300；当搅拌桩直径为1 000mm时，内插H型钢截面采用H800×300、H850×300。型钢水泥土搅拌墙的顶部应设置封闭的钢筋混凝土冠梁，冠梁宜与第一道支撑的腰梁合二为一。

型钢水泥土搅拌墙中型钢的间距和平面布置形式应根据计算确定，常用的内插型钢布置形式如图2-30所示。

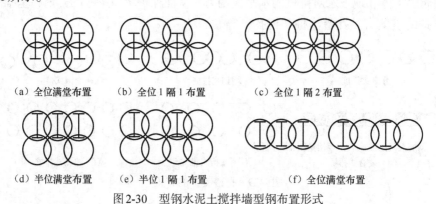

（a）全位满堂布置　　（b）全位1隔1布置　　（c）全位1隔2布置

（d）半位满堂布置　　（e）半位1隔1布置　　（f）全位满堂布置

图2-30　型钢水泥土搅拌墙型钢布置形式

3. SMW工法施工

施工顺序：测量放线→开挖沟槽→置放导轨和施工标志→搅拌桩施工→型钢的起吊、压入、固定→下一个施工循环。

（1）测量放线、开挖沟槽、置放导轨和施工标志

利用测量仪器放出围护中心线，并做好护桩。根据放出围护中心线开挖导向沟槽，沟槽宽度根据围护结构厚度确定，深度为0.6～1.0m。

遇有地下障碍物时，利用空压机清除地下障碍物。在开挖导向沟槽两侧铺设导向定位型钢，或在定位辅助线上作出钻孔位置和型钢插入位置。

（2）搅拌桩施工

SMW工法的施工搅拌机与一般水泥搅拌机没有太大的区别，主要是功率大，使成桩的直径与长度更大，以适应大型型钢的压入。在实际工程施工中，一般情况下三轴搅拌桩施工深度不超过45m。为了保证施工安全，当搅拌深度超过30m时，宜采用钻杆连接方法施工（加接长杆施工的搅拌桩水泥用量可根据试验确定）。

水泥土搅拌桩钻孔采用套接一孔法，套接一孔法是指在连续的三轴水泥土搅拌桩中有一个孔是完全重叠的施工工法，如图2-31所示。

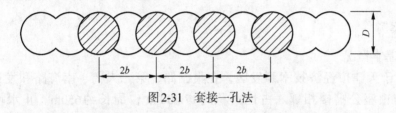

图2-31　套接一孔法

开钻前应用水平尺将平台调平，并调直机架，确保机架垂直度不小于1%。为控制钻管下钻深度达标，利用钻管和桩架相对错位原理，在钻管上画出钻孔深度的标尺线，严格控制下

钻、提升的速度和深度。钻机在钻孔和提升的全过程中，保持螺杆匀速转动、匀速下钻、匀速提升，同时根据下钻和提升两种不同速度，注入不同掺量的搅拌均匀的水泥浆液，使水泥土搅拌桩在初凝前达到充分搅拌，水泥与土充分拌和，确保搅拌桩的质量。

（3）型钢的压入与拔出

在型钢压入前，已在型钢上涂上一层隔离减摩材料。在水泥土初凝硬化之前，采用大型吊装机械将焊接定尺的型钢吊起，插入指定位置，依靠型钢的自重下插到设计规定深度，若型钢在某施工区域确实无法依靠自重下插到设计规定深度，可采用震动锤辅助到位。插入型钢时，必须采用测量经纬仪双向调整型钢的垂直度，插入后进行换钩，将型钢固定在沟槽两侧铺设的定位型钢上，直至孔内的水泥土凝固（见图2-32）。

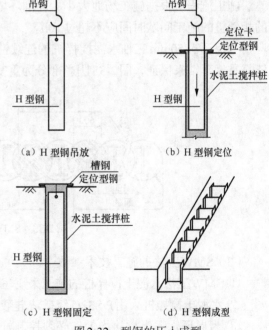

（a）H型钢吊放　　（b）H型钢定位

（c）H型钢固定　　（d）H型钢成型

图2-32　型钢的压入成型

清洗沟槽内泥浆，主体工程施工完毕且恢复土面后，开始拔出型钢，采用震动拔桩机夹住型钢顶端进行震动，待其与搅拌桩脱开后，边震动边向上提拔，直至型钢拔除。场地狭窄区域或环境复杂部位采用千斤顶以圈梁为反力梁，起拔回收型钢。

4. SMW工法支护工程施工质量验收

相同规格、材料、工艺和施工条件的SMW工法桩，每300根划分为一个检验批，不足300

根也划分为一个检验批。SMW工法支护工程均为一般项目，其检验标准见表2-10。

表2-10　　　　　　　　　SMW工法支护工程施工质量检验标准

检验项目	允许偏差或允许值		检验方法
	单位	数值	
型钢长度	mm	±10	用钢尺量
型钢垂直度	%	<1	经纬仪
型钢插入标高	mm	±30	水准仪
型钢插入平面位置	mm	10	用钢尺量

5. 工程案例

（1）工程基本概况

本工程位于天津市经济技术开发区，在巢湖路、第二大街、南海路和发达街围成的环形地块内，与银座公寓楼相邻。占地面积约17 400 m²，周长约650m。止水帷幕采用单排 ϕ850@1200三轴水泥搅拌桩（三轴搅拌桩内密插Q235材质H700×300×16×30型钢），靠近银座公寓一侧采用SMW工法围护。

（2）SMW工法的施工流程

施工流程应根据施工场地大小、周围环境等因素来设计，施工时不得出现冷缝，搭接施工的相邻桩的施工间歇时间应不超过10h。

为保证 ϕ850mm 三轴水泥搅拌桩的连续性和接头的施工质量，达到设计的防渗要求，主要依靠重复套钻来保证，图2-33阴影部分为重复套钻。

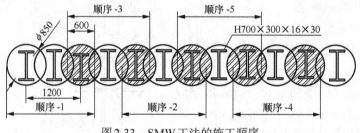

图2-33　SMW工法的施工顺序

（3）SMW工法的施工技术参数

① SMW工法水泥土搅拌桩的施工采用三轴搅拌设备，桩型采用 ϕ850@1200水泥土搅拌桩。

② 水泥土搅拌桩采用P·S32·5级矿渣硅酸盐水泥，水灰比1.5～2.0，水泥掺入比15%。

③ 为保证水泥土搅拌均匀，必须控制好钻具下沉及提升速度，钻机钻进搅拌速度一般在1m/min，提升搅拌速度一般在1.0～1.5m/min。施工时应保证水泥土能够充分搅拌混合均匀。提升速度不宜过快，避免孔壁塌方等现象。搅拌桩施工时，不得冲水下沉，相邻两桩施工间隔不得超过10h。

④ H型钢必须在搅拌桩施工完毕后3h内插入，要求桩位偏差不大于±20mm，标高误差不大于±100mm，垂直度偏差不大于1/150。

⑤ 型钢须保持平直，若有焊接接头，接头处须确保焊接可靠。

⑥ H型钢在地下结构完成后予以回收，故在成桩及浇筑围檩混凝土时，施工单位应考虑相应回收措施。

（4）施工工艺

① 测量放线。

a. 施工前，先根据设计图纸和业主提供的坐标基准点，精确计算出围护中心线角点坐标（或转角点坐标），利用测量仪器精确放样出围护中心线，并进行坐标数据复核，同时做好护桩。

b. 根据已知坐标进行垂直防渗墙轴线的交线定位，并提请监理进行放线复核。

② 开沟槽。根据放样出的水泥土搅拌桩围护中心线，用挖掘机沿围护中心线平行方向开掘工作沟槽，沟槽宽度根据围护结构宽度确定，槽宽约1.2m，深度0.6～1.0m。

③ 定位型钢放置。在平行沟槽方向放置两根定位型钢，规格为300mm×300mm，长8～12m，定位型钢必须放置固定好，必要时用点焊进行相互连接固定；H型钢定位采用型钢定位卡。

④ 孔位放样及桩机就位。

a. 在开挖的工作沟槽两侧设计定位辅助线，按设计要求在定位辅助线上划出钻孔位置。

b. 根据确定的位置严格控制钻机桩架的移动就位，就位误差不大于2cm。

c. 开钻前应用水平尺将平台调平，并调直机架，确保机架垂直度不小于1/150。

d. 由当班班长统一指挥桩机就位，移动前看清上、下、左、右各方面的情况，发现有障碍物应及时清除，移动结束后检查定位情况并及时纠正，桩机应平稳、平正。

⑤ 划定位线。挖沟槽前划定ϕ850三轴机动力头中心线到机前定位线的距离，并在线上做好每一幅三轴机施工加固的定位标记（可用短钢筋打入土中定位）。

⑥ 喷浆、搅拌成桩。

a. 水泥采用P·S32·5级矿渣硅酸盐水泥，水泥浆液的水灰比为1.5～2.0，水泥掺入比为15%。

b. 施工的关键在于如何保证桩身的强度和均匀性。在施工中应加强对水泥用量和水灰比的控制，确保泵送压力。

c. 根据钻头下沉和提升两种不同的速度，注入土体搅拌均匀的水泥浆液，确保水泥土搅拌桩在初凝前达到充分搅拌，水泥与被加固土体充分拌和，以确保搅拌桩的加固质量。

d. 在水泥浆液制备的每一个时间段，由计算机计量水和水泥的量。自动拌浆系统配制好的水泥浆液输送至储浆罐为三轴搅拌设备连续供浆。

e. 在施工中根据地层条件，严格控制搅拌钻机下沉速度和提升速度，确保搅拌时间。根据设计图纸的搅拌桩深度，钻机在钻孔下沉和提升过程中，钻头下沉速度为1m/min，提升速度为1.0～1.5m/min，每根桩均应匀速下钻、匀速提升。

⑦ H型钢选材与焊接。H型钢选用Q235材质H700×300×16×30型钢，在距H型钢顶端0.2m处开一个圆形孔，孔径约10cm。

若所需H型钢长度不够，需进行拼焊，焊缝应均为坡口满焊，焊好后用砂轮打磨焊缝至与型钢面一样平。

⑧ 涂刷减摩剂。根据设计要求，本支护结构的H型钢在结构强度达到设计要求后必须全部拔出回收。H型钢在使用前必须涂刷减摩剂，以利拔出；要求型钢表面均匀涂刷减摩剂。

a. 清除H型钢表面的污垢及铁锈。

b. 减摩剂必须用电热棒加热至完全融化，用搅棒搅时感觉厚薄均匀，才能涂敷于H型钢上，否则涂层不均匀，易剥落。

c. 如遇雨雪天，型钢表面潮湿，应先用抹布擦干表面才能涂刷减摩剂。不可以在潮湿表面上直接涂刷，否则将剥落。

d. 如H型钢在表面铁锈清除后不立即涂刷减摩剂，必须在以后涂刷施工前抹去表面灰尘。

e. H型钢表面涂上涂层后，一旦发现涂层开裂、剥落，必须将其铲除，重新涂刷减摩剂。

f. 基坑开挖后，设置支撑钢牛腿时，必须清除H型钢外露部分的涂层，方能电焊。地下结构完成后撤除支撑，必须清除钢牛腿和牛腿周围的混凝土，并磨平型钢表面，然后重新均匀涂刷上减摩剂，否则型钢将无法拔出。

⑨ 型钢的插入与固定（步骤见图2-34）。

a. 为利于H型钢回收再利用，在H型钢插入前预先热涂减摩剂，用电热丝将固体状减摩剂加热熔化后均匀涂抹在H型钢表面。

b. 待水泥土搅拌桩施工完毕后，吊机应立即就位，准备吊放H型钢。装好吊具和固定钩，采用50t履带吊机起吊H型钢，型钢必须保持垂直状态。H型钢插入时间必须控制在搅拌桩施工完毕3h内。

c. 用槽钢穿过吊筋搁置在定位型钢上，待水泥土搅拌桩达到一定硬化时间后，将吊筋与沟槽定位型钢撤除。定位卡必须牢固、水平，然后将H型钢底部中心对正桩位中心沿定位卡慢慢、垂直插入水泥土搅拌桩体内，用线锤控制垂直度。

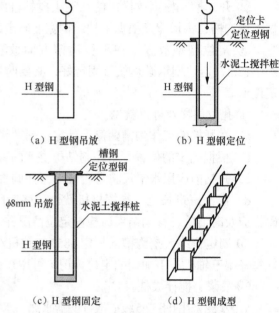

（a）H型钢吊放　　（b）H型钢定位

（c）H型钢固定　　（d）H型钢成型

图2-34　型钢的插入与固定步骤

d. 当H型钢插入到设计标高时，用ϕ8mm吊筋将H型钢固定。溢出的水泥土进行处理，控制到一定标高，以便进行下道工序施工。

e. 待水泥土搅拌桩硬化到一定程度后，将吊筋与沟槽定位型钢撤除。

f. 若H型钢插放达不到设计标高时，则通过提升H型钢，重复下插使其插到设计标高，下插过程中始终用线锤跟踪控制H型钢垂直度。

⑩ 施工记录。施工过程中，由工长负责填写施工记录，施工记录表中详细记录了桩位编号、桩长、断面面积、下沉（提升）搅拌喷浆的时间及深度、水泥用量、试块编号、水泥掺入比、水灰比。施工过程中质检员、技术负责人、监理工程师监督施工，施工记录报项目监理审批。

⑪ 拔除H型钢。

a. 在围护结构完成使用功能后，由总包方或监理方书面通知进场拔除。

b. 总包方应保证围护外侧满足履带吊车大于6m回转半径的施工作业面。型钢两面用钢板贴焊加强，顶升夹具将H型钢夹紧后，用千斤顶反复顶升夹具，直至吊车配合将H型钢拔除。

c. H型钢露出地面部分，不能有串连现象，否则必须用氧气、乙炔把连接部分割除，并用磨光机磨平。

d. 桩头两面应有钢板贴焊，增加强度，检查桩头ϕ100mm圆孔是否符合要求，若孔径不足必须改成ϕ100mm；如孔径超过则应该割除桩头并重新开孔，每根桩头必须待两面贴焊钢板后才能进行拔除施工。

2.3.2.6 地下连续墙

地下连续墙是利用特制的成槽机械在泥浆（又称稳定液，如膨润土泥浆）护壁的情况下进行开挖，形成一定槽段长度的沟槽；再将在地面上制作好的钢筋笼放入槽段内。采用导管法进行水下混凝土浇筑，完成一个单元的墙段，各墙段之间特定的接头（如用接头管或接头箱做成的接头）相互连接，形成一道连续的地下钢筋混凝土墙。

地下连续墙具有防渗、止水、承重、挡土、抗滑等各种功能，适用于深基坑开挖和地下建筑的临时性和永久性的挡土围护结构；用于地下水位以下的截水和防渗；可承受上部建筑的永久性荷载，兼有挡土墙和承重基础的作用；由于对邻近地基和建筑物的影响小，所以适合在城市建筑密集、人流多和管线多的地方施工。

1. 施工机械

（1）挖槽机械

挖槽是地下连续墙施工中的关键工序，常用的机械设备如下。

① 多钻头成槽机：主要由多头钻机（挖槽用）、机架（吊多头钻机用）、卷扬机（提升钻机头和吊胶皮管、拆装钻机用）、电动机（钻机架行走动力）和液压千斤顶（机架就位、转向顶升用）组成。

② 液压抓斗成槽机：主要由挖掘装置（挖槽用）、导架（导杆抓斗支撑、导向用）和起重机（吊导架和挖掘装置用）组成。

③ 钻挖成槽机：主要由潜水电钻（钻导孔用）、导板抓斗（挖槽及清除障碍物用）和钻抓机架（吊钻机导板抓斗用）组成。

④ 冲击成槽机：主要由冲击式钻机（冲击成槽用）和卷扬机（升降冲击锤用）组成。

（2）泥浆制备及处理设备

泥浆制备及处理设备主要有旋流器机架、泥浆搅拌机（制备泥浆用）、软轴搅拌机（搅拌泥浆用）、振动筛（泥渣处理分类用）、灰渣泵（与旋流器配套和吸泥用）、砂泵（供浆用）、泥浆泵（输送泥浆用）、真空泵（吸泥引水用）、孔压机（多头钻吸泥用）。

（3）混凝土浇筑设备

混凝土浇筑设备主要有混凝土浇筑架、卷扬机（提升混凝土漏斗及导管用）、混凝土料斗（装运混凝土用）、混凝土导管（带受料斗）（浇筑水下混凝土用）。

2. 施工程序

地下连续墙的施工是多个单元槽段的重复作业，每个槽段的施工过程如图2-35所示。大致可分为五步：首先在始终充满泥浆的沟槽中，利用专用挖槽机进行挖槽；随后在沟槽两端放入接头管；将已制备的钢筋笼下沉到设计高度；然后插入水下灌注混凝土导管，进行混凝土灌注；待混凝土初凝后，拔去接头管。其中修筑导墙、配制泥浆、开挖槽段、钢筋笼制作与吊装以及混凝土浇筑是地下连续墙施工中主要的工序。

（1）修筑导墙

① 导墙的作用。

a. 测量基准作用。由于导墙与地下墙的中心是一致的，所以导墙可作为挖槽机的导向，导墙顶面又作为机架式挖土机械导向钢轨的架设定位。

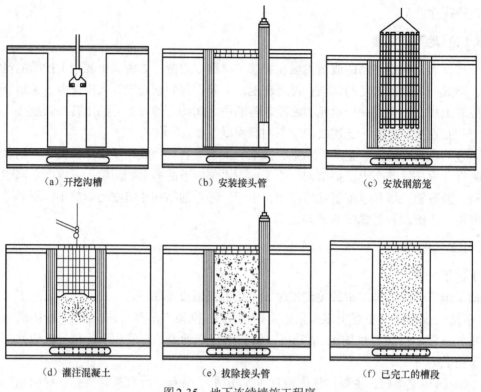

(a) 开挖沟槽　　　　　　　(b) 安装接头管　　　　　　　(c) 安放钢筋笼

(d) 灌注混凝土　　　　　　(e) 拔除接头管　　　　　　　(f) 已完工的槽段

图 2-35　地下连续墙施工程序

　　b. 挡土作用。地表土层受地面超载影响容易坍陷，导墙可起到挡土作用，保证连续墙孔口的稳定性。为防止导墙在侧向土压力作用下产生位移，一般应在导墙内侧每隔 1～2m 加设上下两道木支撑。

　　c. 承重物的支撑作用。导墙可作为重物支撑台，承受钢筋笼、导管、接头管及其他施工机械的静、动荷载。

　　d. 储存泥浆以及防止泥浆漏失，阻止雨水等地面水流入槽内的作用。为保证槽壁的稳定，一般认为泥浆液面要高于地下水位 1.0m。

　　② 导墙形式。导墙断面一般为└形、[形或┌形，如图 2-36 所示。└形和[形用于土质较差的土层，┌形用于土质较好的土层。

(a) └形　　　　　　　(b) [形　　　　　　　(c) ┌形

图 2-36　导墙形式

　　③ 导墙施工。导墙一般用钢筋混凝土浇筑而成，混凝土强度等级不宜低于 C20，配筋较少，多为 $\phi12@200$，水平钢筋按规定搭接；导墙厚度一般为 200～300mm，墙址长度宜为 300～500mm，深度为 1.0～2.0m，底部应坐落在原土层上，其顶面高出施工地面 50～100mm，并应高出地下水位 1.0m 以上。两侧墙净距中心线与地下连续墙中心线重合。每个槽段内的导墙应设 1 个以上的溢浆孔。

现浇钢筋混凝土导墙拆模后，应立即在两片导墙间加支撑，其水平间距为1.5～2.0m，竖向两层梅花状布置。在养护期间，严禁重型机械在附近行走、停置或作业。

导墙的施工允许偏差为：两片导墙的中心线应与地下墙纵向轴线相重合，允许偏差为±10mm。导墙内壁面垂直度允许偏差为1/300。导墙内净距允许偏差为±10mm，两面墙净距应根据地下连续墙设计厚度和成槽设备的工艺需要确定，使用抓斗成槽机时，宜大于设计墙厚40～60mm；使用回转式成槽机和冲击式成槽机时，宜大于设计墙厚60～100mm。

（2）配制泥浆

① 泥浆的作用。

a. 护壁作用。泥浆具有一定的密度，槽内泥浆液面高出地下水位一定高度，泥浆在槽内就对槽壁产生一定的侧压力，相当于一种液体支撑，可以防止槽壁倒坍和剥落，并防止地下水渗入。

b. 携渣作用。泥浆具有一定的黏度，它能将挖槽时挖下来的土渣悬浮起来，使土渣随泥浆一同排出槽外。

c. 冷却和润滑作用。泥浆可降低钻具连续冲击或回转而引起的升温，同时起到切土滑润的作用，从而减少机具磨损，提高挖槽效率。

② 泥浆制作。

a. 泥浆材料可选择膨润土、黏土或两者的混合料。应根据施工条件、地层特征、地下水状态、成槽工艺、经济技术指标等因素进行选择，宜优先选择膨润土。使用回转式成槽机成槽一般采用原土造浆，原土造浆性能指标应满足黏土造浆的要求。常用泥浆处理剂有分散剂、增黏剂、加重剂、防漏剂、稀释剂等，其品种的掺加率应通过实验确定。

新制备的膨润土泥浆性能控制指标应符合表2-11的规定。

表2-11　　　　　　　　　新制备的膨润土泥浆性能控制指标

测定项目	单位	性能指标	检验方法或检验仪器
重度	kN/m³	10.4～11.5	泥浆密度秤
漏斗黏度	s	20～30	500mL/700mL漏斗法
含砂量	%	< 4	含砂量测量计
失水量	mL/30min	< 20	失水量仪
泥皮厚度	mm/30min	1～3	失水量仪
pH值		8～10.5	pH试纸

b. 制备泥浆的方法及时间应通过试验确定。膨润土制备泥浆宜选用高速搅拌机搅拌。泥浆拌制后应存放24h以上，使之充分水化后方可使用。按规定的配合比配置泥浆，各种成分的加减量误差不得大于5%。储浆池和储浆灌内的泥浆应经常搅动，保持泥浆性能指标均一，储浆池和储浆灌容量应不小于所成槽段体积的2倍。

c. 泥浆处理。当泥浆受水泥污染时，黏度会急剧升高，可用Na_2CO_3和FCl（铁铬盐）进行稀释。当泥浆过分凝胶化或泥浆pH值大于10.5时，则应予废弃。废弃的泥浆不能任意倾倒或排入河流、下水道，必须用密封箱、真空车将其运至专用填埋场进行填埋或进行泥水分离处理。

（3）开挖槽段

成槽时间约占工期的一半，挖槽精度又决定了墙体制作精度，所以槽段开挖是决定施工进度和质量的关键工序。

挖槽前，预先将地下墙体划分成许多段，每一段称为地下连续墙的一个槽段（又称为一个单元），一个槽段是一次混凝土灌注单位。

挖槽的长度，理论上应取得长一些，这样可减少墙段的接头数量，不但可提高地下连续墙的防水性和整体性，而且也减少了循环作业的次数，提高施工效率；但实际上槽段的长度应根据设计要求、土层性质、地下水情况、钢筋笼的轻重大小、设备起吊能力、混凝土供应能力等条件确定，一般槽段长度为6m。

划分单元槽段时应注意合理设置槽段间的接头位置，一般情况下应避免将接头设在转角处、地下连续墙与内部结构的连接处，以保证地下连续墙有较好的整体性。

作为深基坑的支护结构或地下构筑物外墙的地下连续墙，其平面形状一般多为纵向连续一字形。但为了增加地下连续墙的抗挠曲刚度，也可采用工字形、L形、T形、Z形及U形。墙厚根据结构受力计算确定，现浇式一般为600～1 000mm，最大为1 200mm；预制式受施工条件限制，厚度一般不大于500mm。

挖槽过程中应保持槽内始终充满泥浆，根据挖槽方式的不同确定不同的泥浆使用方式。使用抓斗挖槽时，应采用泥浆静止方式，随着挖槽深度的增大，不断向槽内补充新鲜泥浆，使槽壁保持稳定。使用钻头或切削刀具挖槽时，应采用泥浆循环方式，用泵把泥浆通过管道压送到槽底，土渣随泥浆上浮至槽顶面排出称为正循环；泥浆自然流入槽内，土渣被泵管抽吸到地面上称为反循环，反循环的排渣效率高，宜用于容积大的槽段开挖。

非承重墙的终槽深度必须保证设计深度，同一槽段内，槽底深度必须一致且保持平整。承重墙的槽段深度应根据设计入岩深度要求，参照地质剖面图及槽底岩屑样品等综合确定，同一槽段开挖深度宜一致。

槽段开挖完毕，应检查槽位、槽深、槽宽及槽壁垂直度，合格后应尽快清槽，清槽可根据设备条件采用抓斗清渣法、泵吸法或气举法。清槽换浆完成1h后进行质量检验，合格后吊放钢筋笼并应于4h内开始灌注混凝土。

（4）钢筋笼的制作和吊放

① 钢筋笼的制作。钢筋笼按设计配筋图和单元槽段的划分来制作，一般每一单元槽段做成一个整体。受力钢筋一般采用Ⅱ级钢筋，直径不宜小于16mm，构造筋可采用Ⅰ级钢筋，直径不宜小于12mm。

钢筋笼宽度应比槽段宽度小300～400mm，钢筋笼端部与接头管或混凝土接头面间应留有150～200mm的空隙。主筋净保护层厚度为70～80mm，为了确保保护层厚度，可用钢筋或钢板定位垫块或预制混凝土垫块焊于钢筋笼上，保护层垫块厚50mm。

制作钢筋笼时要预留插放浇筑混凝土用导管的位置，在导管周围增设箍筋和连接筋进行加固；纵向主筋放在内侧，且其底端距槽底面100～200mm，横向钢筋放在外侧。

为防止钢筋笼在起吊时产生过大变形，要根据钢筋笼质量、尺寸以及起吊方式和吊点布置，在钢筋笼内布置一定数量（一般2～4榀）的纵向桁架及横向架立桁架，对宽度较大的钢筋笼在主筋面上增设ϕ25mm水平筋和斜拉条。

钢筋绑扎一般用铁丝先临时固定，然后用点焊焊牢，再拆除铁丝。为保证钢筋笼整体刚度，钢筋笼水平筋与桁架钢筋交叉点、吊点2m范围、钢筋笼口处及边框一定范围宜100%焊接牢固，其他部位点焊数不得少于交叉点总数的50%，同时必须满足钢筋笼起吊要求。

② 钢筋笼的吊放。起吊时，用钢丝绳吊住钢筋笼的四个角，为避免在空中晃动，钢筋笼下端可系绳索用人力控制。起吊时不能使钢筋笼下端在地面上拖引，以防造成下端钢筋弯曲变形。

插入钢筋笼时，一定要使钢筋笼和吊点中心都对准槽段中心，徐徐下降，垂直而又准确地插入槽内。此时须注意不要因起重臂摆动或其他影响而使钢筋笼产生横向摆动，造成槽壁坍塌。

钢筋笼插入槽内后，检查其顶端高度是否符合设计要求，在混凝土灌注过程中钢筋笼不得上浮。

（5）槽段接头

地下连续墙需承受侧向水压力和土压力，而它又是由若干个槽段连成的，那么各槽段之间的接头就成为连续墙的薄弱部位；此外，地下连续墙与内部主体结构之间的连接接头，要承受弯、剪、扭等各种内力，因此接头连接问题就成为了地下连续墙施工中的重点。

地下连续墙的接头形式大致可分为施工接头和结构接头两类。施工接头是浇筑地下连续墙时纵向连接两相邻单元墙段的接头。结构接头是已竣工的地下连续墙在水平方向与其他构件（地下连续墙内部结构的梁、柱、墙、板等）相连接的接头。

① 施工接头。施工接头应满足受力和防渗的要求，并要求施工简便、质量可靠。

a. 接头管接头。接头管接头使用接头管（也称锁口管）形成槽段间的接头。其施工的过程如图2-37所示。

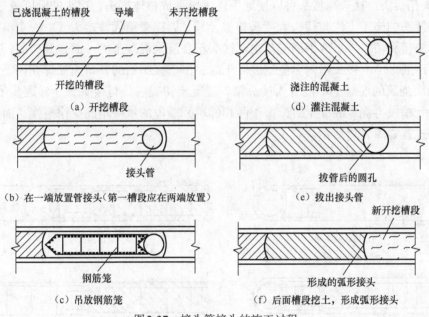

图2-37　接头管接头的施工过程

为了使施工时每一个槽段纵向两端受到的水压力、土压力大致相等，一般可沿地下连续墙纵向将槽段分为一期和二期两类槽段。先开挖一期槽段，待槽段内土方开挖完成后，在该槽段的两端用起重设备放入接头管，然后吊放钢筋笼和浇注混凝土。这时两端的接头管相当于模板的作用，将刚浇注的混凝土与还未开挖的二期槽段的土体隔开。待新浇混凝土开始初凝时，用机械将接头管拔起。这时，已施工完成的一期槽段的两端和还未开挖土方的二期槽段之间分别留有一个圆形孔。继续二期槽段施工时，与其两端相邻的一期槽段混凝土已经结硬，只需开挖二期槽段内的土方。当二期槽段完成土方开挖后，应对一期槽段已浇筑的混凝土半圆形端头表面进行处理，将附着的水泥浆与稳定液混合而成的胶凝物除去，否则接头处止水性就很差。胶凝物的铲除须采用专门设备，例如电动刷、刮刀等工具。

在接头处理后，即可进行二期槽段钢筋笼吊放和混凝土的浇筑。这样，二期槽段外凸的半圆形端头和一期槽段内凹的半圆形端头相互嵌套，形成整体。

除了上述将槽段分为一期和二期跳格施工外，也可按序逐段进行各槽段的施工。这样每个槽段的一端与已完成的槽段相邻，只需在另一端设置接头管，但地下连续墙槽段两端会受到不对称水压力、土压力的作用，所以两种处理方法各有利弊。

这种连接法是目前最常用的，其优点是用钢量少、造价较低，能满足一般抗渗要求。

接头管多用钢管，每节长度为15m左右，采用内销连接，即便于运输，又可使外壁平整光滑，易于拔管。值得注意的一个问题是如何掌握起拔接头管时间。如果起拔时间过早，新浇混凝土还处于流态，混凝土从接头管下端流入到相邻槽段，为下一槽段的施工造成困难。如果起拔时间太晚，新浇混凝土与接头管胶黏在一起，使起拔接头管变得困难，强行起拔有可能造成新浇混凝土的损伤。

接头管用起重机吊放入槽孔内。为了今后便于起拔，管身外壁必须光滑，还应在管身上涂抹黄油。开始灌注混凝土1h后，旋转半圆周，或提起10cm。一般在混凝土达到0.05 ~ 0.20MPa（浇筑后3 ~ 5h）开始起拔，并应在混凝土浇筑后8h内将接头管全部拔出。起拔时一般用3 000kN起重机，但也可另备10 000kN或20 000kN千斤顶提升架作应急之用。

b．接头箱接头。接头箱接头可以使地下连续墙形成整体接头，接头的刚度较好。

接头箱接头的施工方法与接头管接头相似，只是以接头箱代替接头管。一个单元槽段挖土结束后，吊放接头箱，再吊放钢筋笼。由于接头箱在浇筑混凝土的一面是开口的，所以钢筋笼端部的水平钢筋可插入接头箱内。浇筑混凝土时，由于接头箱的开口面被焊在钢筋笼端部的钢板封住，因而浇筑的混凝土不能进入接头箱。混凝土初凝后，与接头管一样逐步吊出接头箱，待后一个单元槽段再浇筑混凝土时，由于两相邻单元槽段的水平钢筋交错搭接，而形成刚性接头，其施工过程如图2-38所示。

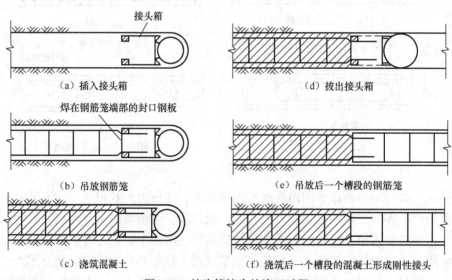

图2-38　接头箱接头的施工过程

② 结构接头。地下连续墙与内部结构的楼板、柱、梁连接的结构接头可分为直接连接接头和间接连接接头。

a．直接连接接头。在浇筑地下连续墙体以前，在连接部位预埋结构钢筋或接驳器（锥螺纹或直螺纹）。即将该连接筋一端直接与槽段主筋连接（焊接式搭接），另一端弯折后与地下连续墙墙面平行且紧贴墙面。待开挖地下连续墙内侧土体，露出此墙面时，凿去该处的墙面混凝土面层，露出预埋钢筋或接驳器，然后弯成所需的形状与后浇主体结构受力筋连接，预埋连接钢筋一般选用Ⅰ级钢、且直径不宜大于22mm。为方便弯折，预埋钢筋时可采用加热方法。如果能避免急剧加热并认真施工，钢筋强度几乎可以不受影响。但考虑到连接处往往是结构薄弱环节，故钢筋数量可比计算增加20%的余量。

采用预埋钢筋的直接连接接头，施工容易，受力可靠，是目前用得最广泛的结构接头。

b. 间接连接接头。间接连接接头是通过钢板或钢构件作媒介，连接地下连续墙和地下工程内部结构的接头。一般有预埋连接钢板和预埋剪力块两种方法。

预埋连接钢板法是将钢板事先固定于地下连续墙钢筋笼的相应部位，待浇筑混凝土以及内墙面土方开挖后，将面层混凝土凿去露出钢板，然后用焊接方法将后浇的内部构件中的受力钢筋焊接在该预埋钢板上。

预埋剪力块法与预埋连接钢板法是类似的。剪力块连接件也预埋在地下连续墙内，剪力钢筋弯折放置于紧贴墙面处。待凿去混凝土外露后，再与后浇构件相连。剪力块连接件一般主要承受剪力。

（6）水下混凝土浇筑

① 清底工作。槽段开挖到设计标高后，在插放接头管和钢筋笼之前，应及时清除槽底淤泥和沉渣，否则钢筋笼插不到设计位置，地下连续墙的承载力降低。清除淤泥和沉渣的工作称为清底。

清底可采用沉淀法或置换法进行。沉淀法是在土渣基本都沉淀到槽底之后再进行清底；置换法是在挖槽结束之后，对槽底进行认真清理，然后在土渣还没有沉淀之前就用新泥浆把槽内的泥浆置换出来。工程上一般常用置换法。

单元 2

② 混凝土浇筑。地下连续墙的混凝土是在护壁泥浆下浇筑，需按水下混凝土的方法配制和浇筑。混凝土强度等级一般不应低于C30；混凝土抗渗等级应不低于P6，用导管法浇筑的水下混凝土应具有良好的和易性和流动性，坍落度宜为180～220mm。

混凝土的配合比应通过试验确定，并应满足设计要求和抗压强度等级、抗渗性能及弹性模量等指标。水泥一般选用普通硅酸盐水泥或矿渣硅酸盐水泥，混凝土配比中水泥用量一般大于370kg/m³，并可根据需要掺入外加剂；粗骨料最大粒径不应大于25mm，宜选用中砂或粗砂，且拌和物中的含砂率不小于45%；水灰比不应大于0.6。

地下连续墙混凝土是用导管在泥浆中浇筑的。由于导管内混凝土密度大于导管外的泥浆密度，利用两者的压力差使混凝土从导管内流出，在管口附近一定范围内上升替换掉原来泥浆的空间。

导管的数量与槽段长度有关，槽段长度小于4m时，可使用1根导管；大于4m时，应使用2根或2根以上的导管。导管内径为粗骨料粒径的8倍左右，不得小于粗骨料粒径的4倍。导管间距根据导管直径决定，使用150mm导管时，间距为2m；使用200mm导管时，间距为3m；一般可取（8～10）d（d为导管的直径）。导管距槽段两端不宜大于1.5m。

开始灌注混凝土前，导管内应放入可浮起的隔离塞球或其他适宜的隔离物，灌注混凝土时宜先加入少量的水泥砂浆或水，随即灌入混凝土，挤出隔离塞球或隔离物并埋入导管底端。

在浇注过程中，混凝土的上升速度不得小于2m/h；且随着混凝土的上升，要适时提升和拆卸导管，导管下口插入混凝土深度应控制在2～6m，不宜过深或过浅。插入深度过大，混凝土挤推的影响范围大，深部的混凝土密实、强度高，但容易使下部沉积过多的粗骨料，而面层聚积较多的砂浆。导管插入太浅，则混凝土是摊铺式推移，泥浆容易混入混凝土，影响混凝土的强度。因此导管插入混凝土深度不宜大于6m，并不得小于1m，严禁把导管底端提出混凝土面。浇注过程中，应有专人每30min测量一次导管埋深及管外混凝土面高度，每2h测量一次导管内混凝土面高度。导管不能作横向运动，否则会使沉渣或泥浆混入混凝土内。混凝土要连续灌筑，不能长时间中断，一般可允许中断5～10min，最长只允许中断30min。为保持混凝土的均匀性，混凝土搅拌好之后，应在1.5h内灌注完毕。

在一个槽段内同时使用两根导管浇注时，其间距不应大于3m，导管距槽段端头不宜大于1.5m，混凝土面应均匀上升，各导管处的混凝土表面的高差不宜大于0.3m，在浇筑完成后的地下连续墙墙顶存在一层浮浆层，因此混凝土顶面应比设计标高超浇不小于1倍墙厚，凿去该层浮浆层后，地下连续墙墙顶才能与主体结构或支撑相关联成整体。

3. 地下连续墙施工质量验收

① 地下连续墙施工前宜先试成槽，以检验泥浆的配比、成槽机的选型并可复核地质资料。

② 作为永久结构的地下连续墙，其抗渗质量标准可按《地下防水工程质量验收规范》（GB 50208—2011）执行。

③ 地下墙槽段间的连接接头形式，应根据地下墙的使用要求选用，且应考虑施工单位的经验，无论选用何种接头，在浇注混凝土前，接头处必须刷洗干净，不留任何泥沙或污物。

④ 地下墙与地下室结构顶板、楼板、底板及梁之间连接可预埋钢筋或接驳器（锥螺纹或直螺纹），对接驳器也应按原材料检验要求，抽样复验。数量每500套为一个检验批，每批应抽查3件，复验内容为外观、尺寸、抗拉试验等。

⑤ 施工中应检查成槽的垂直度、槽底的淤积物厚度、泥浆密度、钢筋笼尺寸、浇注导管位置、混凝土上升速度、浇注面标高、地下墙连接面的清洗程度、商品混凝土的坍落度、接头管或接头箱的拔出时间及速度等。

⑥ 检查混凝土上升速度与浇注面标高均为确保槽段混凝土顺利浇注及浇注质量的监测措施。接头管（或称槽段浇注混凝土时的临时封堵管）拔得过快，入槽的混凝土将流淌到相邻槽段中，给该槽段成槽造成极大困难，影响质量；拔管过慢又会导致接头管拔不出或拔断，使地下墙构成隐患。

⑦ 成槽结束后应对成槽的宽度、深度及倾斜度进行检验，重要结构每段槽段都应检查，一般结构可抽查总槽段数的20%，每槽段应抽查1个段面。

⑧ 永久性结构的地下墙，在钢筋笼沉放后，应做二次清孔，沉渣厚度应符合要求。

⑨ 每50m³地下墙应做1组试件，每幅槽段不得少于1组，在强度满足设计要求后方可开挖土方。

⑩ 作为永久性结构的地下连续墙，土方开挖后应进行逐段检查，钢筋混凝土底板应符合《混凝土结构工程施工质量验收规范》（GB 50204—2002）的规定。

地下连续墙施工质量检验标准见表2-12。

表2-12 　　　　　　　　　　　地下连续墙施工质量检验标准

项目	序号	检验项目		允许偏差或允许值		检验方法
				单位	数值	
主控项目	1	墙体强度		设计要求		查试件记录或取芯试压
	2	垂直度	永久结构		1/300	用测声波测槽仪或成槽机上的监测系统测定
			临时结构		1/150	

项目	序号	检验项目		允许偏差或允许值		检验方法
				单位	数值	
一般项目	1	导墙尺寸	宽度	mm	$W+40$	用钢尺量，W为地下墙设计厚度
			墙面平整度	mm	<5	用钢尺量
			导墙平面位置	mm	±10	用钢尺量
	2	沉渣厚度	永久结构	mm	≤100	用重锤测或沉积物测定仪测定
			临时结构	mm	≤200	
	3	槽深		mm	+100	用重锤测定
	4	混凝土坍落度		mm	180~220	用坍落度测定器测定
	5	钢筋笼尺寸		mm	±100	用钢尺量
	6	地下墙表面平整度	永久结构	mm	<100	此为均匀黏土层，松散及易坍落土层由设计决定
			临时结构	mm	<150	
			插入式结构	mm	<20	
	7	永久结构的预埋件位置	水平向	mm	≤10	用钢尺量
			垂直向	mm	≤20	用水准仪测定

2.3.2.7 土钉墙支护

1. 土钉墙支护原理及构造

土钉墙支护技术是一种原位土体加固技术，其构造如图2-39所示。其原理是土体的抗剪强度较低，几乎不能承受拉力，但土体有一定的结构整体性。在土体内人为地放置一定长度和密集分布的钢筋或钢管（称为土钉），与土体共同作用，形成复合体，土钉墙支护充分利用土层介质的自承力，形成自稳结构，承受较小的变形压力，土钉承受主要压力，喷射混凝土面层调节表面应力分布，体现整体作用。同时由于土钉排列较密，通过高压注浆扩散后使土体性能提高。

最常用的土钉墙是在分层分段挖土的条件下，分层分段地做土钉（钻孔，内置螺纹钢筋，往孔内压注水泥浆）和配有钢筋网的喷射混凝土面层，挖土与土钉交叉作业，并保证每一施工阶段基坑的稳定。

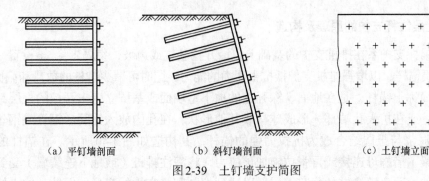

(a) 平钉墙剖面　　(b) 斜钉墙剖面　　(c) 土钉墙立面

图2-39　土钉墙支护简图

2. 土钉墙施工

（1）施工顺序

按设计要求开挖工作面，修整边坡，埋设喷射混凝土的控制标志→喷射第一层混凝土→安装土钉（钻孔、插肋、注浆）→绑扎、固定钢筋网，设置加强筋→喷射第二层混凝土至设计厚度→坡顶、坡面和坡脚的排水处理。

（2）施工要点

① 开挖边坡。基坑开挖应按设计要求自上而下分段分层进行，及时支护，严禁超挖；土方开挖用挖掘机作业，挖掘机开挖应离预定边坡线0.4m以上，以保证土方开挖少扰动边坡壁的原状土，一次开挖深度由设计确定，一般为1.0～2.0m，土质较差时应小于0.75m。正面宽度不宜过长，开挖后，用人工及时修整。边坡坡度不宜大于1：0.1。

② 成孔施工。按设计规定的孔径、孔距及倾角成孔，孔径宜为70～120mm。成孔方法有洛阳铲成孔和机械成孔。成孔后及时将土钉（连同注浆管）送入孔中，沿土钉长度每隔2.0m设置一对中支架。

③ 置入土钉。土钉的置入方式可分为钻孔置入、打入或射入。最常用的是钻孔注浆土钉。钻孔注浆土钉是先在土中成孔，置入钢筋，然后沿全长注浆填孔。打入土钉是用机械（如振动冲击钻、液压锤等）将角钢、钢筋或钢管打入土体。打入土钉不注浆，与土体接触面积小，钉长受限制，所以布置较密，其优点是不需预先钻孔，施工较为快速。射入土钉是用高压气体作动力，将土钉射入土体。射入钉的土钉直径和钉长受一定限制，但施工速度更快。注浆打入钉是将周围带孔、端部密闭的钢管打入土体后，从管内注浆，并透过壁孔将浆体渗到周围土体。

④ 注浆施工。注浆时先高速低压从孔底注浆，当水泥浆从孔口溢出后，再低速高压从孔口注浆。水泥浆、水泥砂浆应拌和均匀，随伴随用，一次拌和的浆液应在初凝前用完。注浆前应将孔内的杂土清除干净；注浆开始或中途停止超过30min时，应用水或稀水泥浆润滑注浆泵及其管路；注浆时，注浆管应插至距孔底250～500mm处，孔口宜设置止浆塞及排气管。

⑤ 绑钢筋网。焊接土钉头。层与层之间的竖筋用对钩连接，竖筋与横筋之间用扎丝固定，土钉与加强钢筋或垫板施焊。

⑥ 喷射混凝土面层。分段分片依次进行喷射混凝土作业，同一段内自下而上进行（喷射时应控制好水灰比，保持混凝土表面平整、湿润光泽）。

⑦ 喷射混凝土须达到设计强度的70%以上，继续向下开挖有限深度，并重复上述步骤。这里按此循环直至坑底标高，最后设置坡顶及坡底排水装置。

2.3.2.8 排桩土层锚杆支护

1. 排桩土层锚杆支护的原理及构造

排桩土层锚杆支护系在排桩支护的基础上，沿开挖基坑或边坡，每隔2～5m设置一层向下稍微倾斜的土层锚杆，以增强排桩支护抵抗土压力的能力，同时可减少排桩的数量和截面积。

土层锚杆简称土锚杆，是在地面、深开挖的地下室墙面或基坑立壁未开挖的土层钻孔，达到设计深度后，或在扩大孔端部，形成球状或其他形状，在孔内放入钢筋、钢管或钢丝束、钢绞线，灌入水泥浆与土层结合成为抗拉力强的锚杆，其构造如图2-40所示。在锚杆的端部通过横撑（钢横梁）借螺母连接或再张拉施加预应力，将灌注排桩（或地下连续墙）受到的侧压力通过拉杆施加给远离灌注桩的稳定土层，以达到控制基坑支护的变形，保持基坑土体和基坑外建筑物稳定的目的。

2. 排桩土层锚杆支护施工

排桩土层锚杆支护施工一般先将排桩施工完成，开挖基坑时每挖一层土，至土层锚杆标高，随设置一层施工锚杆，逐层向下设置，直至完成。

采用排桩土层锚杆支护的特点是：能与土体结合在一起承受很大的拉力，以保持支护的稳定；可用高强度钢材，并可施加预应力，可有效控制邻近建筑物的变形量；锚杆代替内支撑，它设置在围护墙背后，因而在基坑内有较大的空间，有利于挖土施工；锚杆施工机械及设备的作业空间不大，因此可适用于各种地形及场地。

土层锚杆适用于难以采用支撑的大面积深基坑、各种土层的基坑支护，不宜用于地下水多、含有化学腐蚀物的土层和松

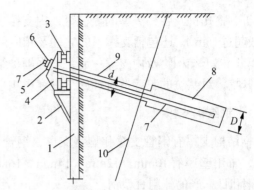

图2-40　土层锚杆的构造

1—挡墙；2—承托支架；3—横梁；4—台座；5—承压板；
6—锚具；7—钢拉杆；8—水泥浆或砂浆锚固体；
9—非锚固段；10—滑动面；D—锚固直径；d—拉杆直径

散软弱土层。例如一高层住宅，基坑周长约340m，开挖深度至-15.9m。场地地层自上而下依次为人工填土层、冲积层、残积层及白垩系页岩。基坑采用地下连续墙加锚杆支护方案，设计连续墙厚800mm，锚杆分别布置在-4.5m、-9.2m和-11.9m处，倾角30°，预应力400kN。锚杆自由段长度 $L_f \geqslant 5m$，锚固段长度（L_a）根据所穿过的地层分别为 $L_a = 15.0m$（坚硬粉质黏土层），$L_a = 8.00m$（强风化岩），$L_a = 5.00m$（中风化岩），锚杆平均长度约15m，水平间距2.0m，总计438条，计6 570m。锚杆杆体材料选用 $4 \times 7\phi5$ 钢绞线，钢绞线采用0.6″ 270级低松弛型，标准强度1 860MPa。

3. 锚杆及土钉墙支护工程施工质量验收

相同材料、工艺和施工条件的按每300 m²或300根划分为一个检验批，不足300 m²或300根也划分为一个检验批。

锚杆及土钉墙支护工程质量检验标准见表2-13。

表2-13　　　　　　　　　　　锚杆及土钉墙支护工程质量检验标准

项目	序号	检验项目	允许偏差或允许值		检验方法
			单位	数值	
主控项目	1	锚杆土钉长度	mm	±30	用钢尺量
	2	锚杆锁定力	设计要求		现场实测
一般项目	1	锚杆或土钉位置	mm	±100	用钢尺量
	2	钻孔倾斜度	（°）	±1	测钻机倾角
	3	浆体强度	设计要求		试样送检
	4	注浆量	大于理论计算浆量		检查计量数据
	5	土钉墙面厚度	mm	±10	用钢尺量
	6	墙体强度	设计要求		试样送检

2.3.2.9　钢、钢筋混凝土支撑工程

钢、钢筋混凝土支撑系统包括挡土结构物及内支撑两部分，挡土结构物包括地下连续墙、

灌注桩、挖孔桩及各种类型的板桩等，内支撑有钢结构支撑、混凝土结构支撑。当支撑较长时（一般超过15m），还包括支撑下的立柱及相应的立柱桩，立柱有格构式立柱、钢管立柱、型钢立柱等。挡土结构物及内支撑一起，增强围护结构的整体稳定，不仅直接关系到基坑的安全和土方开挖，对基坑的工程造价和施工进度影响也很大。

1. 钢结构支撑

钢结构支撑有钢管支撑和型钢支撑，钢管支撑一般采用ϕ609mm（或ϕ580mm、ϕ406mm）钢管，常用壁厚有10mm、12mm、14mm、16mm。型钢支撑主要采用H型钢，常用国产焊接H型钢和日本产的轧制H型钢。

钢管支撑的形式多为对撑或角撑，如图2-41所示。当为对撑时，为增大间距，在端部可加设钢管，以减少围檩的内力；当为角撑时，如间距较大、长度较长，亦可增设腹杆形成桁架式支撑。

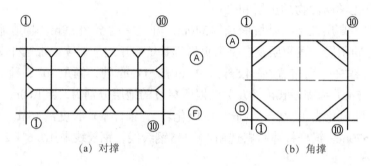

(a) 对撑   (b) 角撑

图2-41　钢管支撑的形式

对撑的纵横钢管交叉处，可以上下叠交，亦可增设特制的十字接头，纵横钢管都与十字接头连接，可使钢管支撑形成一个平面钢架，其刚度大，受力性能好。

用钢管支撑时，挡墙的围檩可用钢筋混凝土围檩，也可用型钢围檩。前者刚度大，承载能力高，可增大支撑的间距。挡墙与围檩之间的空隙宜用细石混凝土填实。

型钢支撑采用H型钢，用螺栓连接，为工具式钢支撑，现场组装方便，构件标准化，对不同的基坑能按照设计要求进行组合和连接，可重复使用。

2. 钢筋混凝土结构支撑

钢筋混凝土支撑多用土模或模板随着挖土的进行逐层现浇，截面尺寸和配筋根据支撑布置和杆件内力的大小而定。钢筋混凝土支撑的刚度大，变形小，能有效地控制挡墙变形和周围地面的变形，宜用于较深基坑和周围环境要求较高的地区。

钢筋混凝土支撑为现场浇筑，因而其形式可随基坑形状而变化，有对撑、角撑、圆形支撑、圆与桁架式支撑等形式，如图2-42所示。

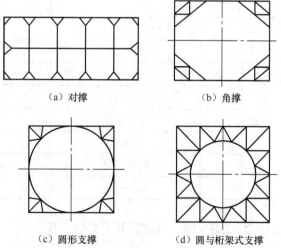

（a）对撑　　　　　　（b）角撑

（c）圆形支撑　　　　（d）圆与桁架式支撑

图2-42　钢筋混凝土支撑的形式

钢筋混凝土支撑的混凝土强度等级多为C30，截面经计算确定。围檩的截面尺寸（高×宽）常用600mm×800mm、800mm×1 000mm 和1 000mm×1 200mm，支撑的截面尺寸（高×宽）常用600mm×800mm、800mm×1 000mm、800mm×1 200mm和1 000mm×1 200mm。支撑的截面尺寸在高度方向要与围檩高度相匹配，配筋要经计算确定。

对平面尺寸大的基坑，在支撑交叉点处需设立柱。立柱可为四个角钢组成的格构式钢柱、圆钢管或型钢。立柱的下端最好插入作为工程桩使用的灌注桩内，插入深度不宜小于2m。如立柱不对准工程桩的灌注桩，就需要为立柱制作专用的灌注桩基础。格构式钢柱的平面尺寸要与灌注桩的直径相匹配。

对于多层支撑的深基坑，如要求挖土机上支撑挖土，则设计支撑时要考虑这部分荷载，施工时要铺设走道板，将走道板架空，不要直接压在支撑构件上。

在软土地区有时在同一基坑中，上述两种支撑同时应用。为了控制地面变形、保护好周围环境，上层支撑用钢筋混凝土支撑；基坑下部为了加快支撑的装拆、加快施工速度，采用钢结构支撑。

3. 钢、钢筋混凝土支撑工程施工质量验收

检验批的划分：按有关施工质量验收规范及现场实际情况划分。

钢、钢筋混凝土支撑工程质量检验标准见表2-14。

表2-14　　　　　　　　　钢、钢筋混凝土支撑工程质量检验标准

项目	序号	检验项目		允许偏差或允许值		检验方法
				单位	数值	
主控项目	1	支撑位置	标高	mm	30	水准仪
			平面	mm	100	用钢尺量
	2	预应力		kN	±50	油泵读数或传感器
一般项目	1	围檩标高		mm	30	水准仪
	2	立柱桩		参见本规范第5章		参见本规范第5章
	3	立柱位置	标高	mm	30	水准仪
			平面	mm	50	用钢尺量
	4	开挖超深（开槽放支撑不在此范围）		mm	<200	水准仪
	5	支撑安装时间		设计要求		用钟表估测

2.3.3 深基坑土方开挖

1. 深基坑土方开挖注意事项

① 深基坑开挖原则是开槽支撑、先撑后挖、分层开挖、严禁超挖。要严格按设计要求控制每个层面深度，在各处挖土面支撑体系全部施工完毕，混凝土支撑达到设计要求强度70%后，方可进行下一阶段土方开挖，先挖围檩支撑范围内土体并及时进行围檩支撑施工。

② 采用机械开挖时，地下水位应低于开挖底面0.5m。

③ 为防止超挖，机械开挖至设计坑底或边坡边界，应预留20cm厚土层用人工挖土清底。

④ 挖土期间严禁挖土设备撞击支撑体系，设计未允许严禁施工机械上支撑、围檩施工。

⑤ 坡度应根据土质情况由设计决定。

⑥ 严格按设计要求控制基坑周围地面超载，尤其是大型施工机械行走路线及停靠地点。

⑦ 弃土应及时运出。如需堆土或留作回填土，堆土坡脚至坑边距离及堆土高度应严格按设计要求执行。

⑧ 基坑挖至基坑底面后，应对坑底找平，如有小部分超挖，应用素填土、灰土或砾石回填，并整实至与地基土基本相同的密实度。

⑨ 基坑开挖至设计标高底面后，应及时施工排水沟和集水井及垫层，控制围护结构，无支撑暴露时间控制在48h内。充分利用土体结构的时空效应，减少支护墙体变形。

2. 深基坑土方开挖方案

深基坑土方开挖方案主要有放坡挖土、中心岛式挖土、盆式挖土和逐层挖土。第一种无围护结构，后三种有围护结构。

（1）放坡挖土

放坡挖土施工是最经济的挖土方案。当基坑开挖深度不大、周围环境又允许时，一般优先采用放坡开挖。

开挖深度较大的基坑，当采用放坡挖土时，宜设置多级平台分层开挖。

在地下水位较高的软土地区，应在降水达到要求后再进行土方开挖，应采用分层开挖的方式开挖。分层挖土厚度不宜超过2.5m。挖土时要注意保护工程桩，防止碰撞或因挖土过快、高度过大使工程桩受侧压力而倾斜。

放坡挖土应采取有效措施降低基坑内水位和排除地表水，特别是雨季，严防地表水或坑内排出的水倒流渗入基坑。

（2）中心岛式挖土

中心岛式挖土宜用于大型基坑，支护结构的支撑形式为角撑、环梁式或边桁（框）架式，中间具有较大空间情况下。此时可利用中间的土墩作为支点设栈桥，挖土机可利用栈桥下到基坑挖土，自卸汽车亦可利用栈桥进入基坑运土，这样可以加快挖土和运土的速度，如图2-43所示。

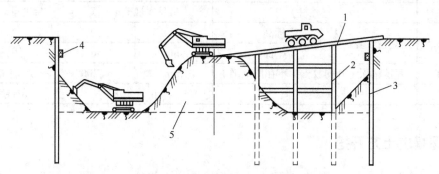

图2-43 中心岛式挖土示意图

1—栈桥；2—支架（尽可能利用工程桩）；3—围护墙；4—腰梁；5—土墩

中心岛式挖土，中间土墩的留土高度、边坡的坡度、挖土层次与高差都要经过仔细研究确定。由于在雨期遇到大雨土墩边坡易滑坡，必要时对边坡尚需加固。

挖土可分层开挖，先全面挖去第一层，然后中间部分留置土墩，周围部分分层开挖。开挖多用反铲挖土机，如基坑深度大，则用向上逐级传递方式进行装车外运。

整个的土方开挖顺序，必须与支护结构的设计工况严格一致，遵循开挖原则。除支护结构设计允许外，挖土机和运土车辆不得直接在支撑上行走和操作。

为减少时间效应的影响，挖土时应尽量缩短围护墙无支撑的暴露时间。一般对一、二级基坑，每一工况挖至规定标高后，钢支撑的安装周期不宜超过一昼夜，混凝土支撑的完成时间不宜超过两昼夜。

对面积较大的基坑，为减少空间效应的影响，基坑土方宜分层、分块、对称、限时进行开挖，土方开挖顺序要为尽可能早地安装支撑创造条件。

土方挖至设计标高后，对有钻孔灌注桩的工程，宜边破桩头边浇混凝土垫层，尽可能早一些浇筑垫层（必要时可做加厚配筋垫层）对围护墙起支撑作用，以减少围护墙的变形。

挖土机挖土时严禁碰撞工程桩、支撑、立柱和降水的井点管。分层挖土时，层高不宜过大，以免土方侧压力过大使工程桩变形倾斜，在软土地区尤为重要。

同一基坑当深浅不同时，土方开挖宜先从浅基坑处开始，如条件允许可待浅基坑处底板浇筑后，再挖基坑较深处的土方。

（3）盆式挖土

盆式挖土是先开挖基坑中间部分的土方，周围四边预留反压土土坡，做法参照土方放坡，待中间位置土方开挖以及垫层封底或者底板完成后具备周边土方开挖条件时，进行周边土坡开挖，如图2-44所示。

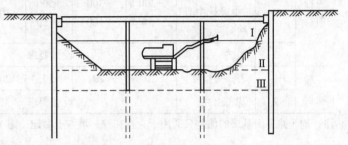

采用盆式挖土，周边的预留土坡对支护结构（如围护墙、钢板桩、排桩等）有内支撑反压作用，有利于支护结构的安全性，可减少支护结构变形；另外，采用盆式挖土时，可以在支护结构不完善的情况下提前进行中心部分土方开挖，特别是

图2-44　盆式挖土示意图

塔楼及裙楼连接体的地下室等土方开挖施工，可以确保中心塔楼部分先起，有利于预售。其缺点是大量的土方不能直接外运，需集中提升后装车外运，道路运输需要另外考虑。

（4）逐层挖土

开挖深度超过挖土机最大挖掘深度（5m）时，宜分2～3层开挖，一般有两种做法，一种是一台大型挖掘机挖上层土，用起重机运一台小型挖掘机挖下层土，小型挖掘机边挖边将土转运到大型挖掘机的作业范围内，由大型挖掘机将土全部挖走，最后再用起重机械将小型挖掘机吊上来，如图2-45所示；另一种做法是修筑10%～15%的坡道，利用坡道作为挖掘机分层施工的道路。

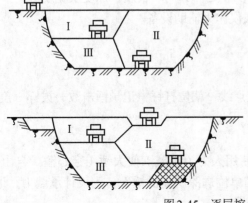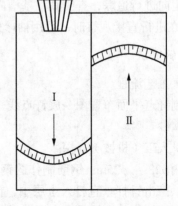

图2-45　逐层挖土示意图

2.3.4 验槽

施工单位在土方开挖后，应对土方开挖工程质量进行检验。

一般情况下，土方开挖都是一次完成的，然后进行验槽，故大多土方开挖分项工程都只有一个检验批。但也有部分工程土方开挖分为两段施工，要进行两次验收，形成两个或两个以上检验批。在施工中，虽然形成不同的检验批，但各检验批检查和验收的内容以及方法都是一样的。

土方开挖工程质量检验标准见表2-15。

表2-15　　　　　　　　　　　　　　　土方开挖工程质量检验标准　　　　　　　　　　　　（mm）

项目	序号	检验项目	允许偏差或允许值					检验方法
			柱基基坑基槽	挖方场地平整		管沟	地（路）面基层	
				人工	机械			
主控项目	1	标高	−50	± 30	± 50	−50	−50	水准仪
	2	长度、宽度（由设计中心线向两边量）	+200 −50	+300 −100	+500 −150	+100		经纬仪，用钢尺量
	3	边坡	设计要求					观察或用坡度尺检查
一般项目	1	表面平整度	20	20	50	20	20	用2m靠尺和楔形塞尺检查
	2	基底土性	设计要求					观察或土样分析

注：地（路）面基层的偏差只适用于直接在挖、填方上做地（路）面的基层。

合格后应由设计、监理、建设和施工部门共同进行验槽，核对地质资料，检查地基与工程地质勘察报告、设计图纸是否相符，有无破坏原状土结构或发生较大的扰动现象。验槽方法通常采用观察法为主，而对于基底以下的土层不可见部位，要先辅以钎探法配合共同完成。

1. 观察法

① 观察槽壁、槽底的土质情况，验证基槽开挖深度，初步验证基槽底部土质是否与勘察报告相符，观察槽底土质结构是否被人为破坏。

② 观察基槽边坡是否稳定，是否有影响边坡稳定的因素存在，如地下渗水、坑边堆载或近距离扰动等（对难于鉴别的土质，应采用洛阳铲等工具挖至一定深度仔细鉴别）。

③ 观察基槽内有无旧的房基、洞穴、古井、掩埋的管道和人防设施等。如存在上述问题，应沿其走向进行追踪，查明其在基槽内的范围、延伸方向、长度、深度及宽度。

④ 在进行直接观察时，可用袖珍式贯入仪作为辅助设备。

2. 钎探法

（1）工艺流程

绘制钎点平面布置图→放钎点线→核验点线→就位打钎→记录锤击数→拔钎→盖孔保护→验收→灌砂。

（2）人工（机械）钎探

采用φ22 ~ φ25mm钢筋制作的钢钎，使用人力（机械）使大锤（穿心锤）自由下落规定的高度，撞击钎杆垂直打入土层中，记录其单位进深所需的锤数，为设计承载力、地勘结果、地基土土层的均匀度等质量指标提供验收依据。

（3）作业条件

人工挖土或机械挖土后由人工清底到基础垫层下表面设计标高，表面人工铲平整，基坑（槽）宽、长均符合设计图纸要求；钎杆上预先用钢锯锯出以300mm为单位的横线，0刻度从钎头开始。

（4）主要机具

钎杆：用$\phi22 \sim \phi25mm$的钢筋制成，钎头呈60°尖锥形状，钎长2.1 ~ 2.6m。

大锤：普通锤子，质量8 ~ 10kg。

穿心锤：钢质圆柱形锤体，在圆柱中心开孔$\phi28 \sim \phi30mm$，穿于钎杆上部，锤重l0kg。

钎探机械：专用的提升穿心锤的机械，与钎杆、穿心锤配套使用。

（5）根据基坑平面图，依次编号绘制钎点平面布置图

按钎点平面布置图放线，孔位撒上白灰点，用盖孔块压在点位上做好覆盖保护。盖孔块宜采用预制水泥砂浆块、陶瓷锦砖、碎磨石块、机砖等。每块盖孔块上面必须用粉笔写明钎点编号。

（6）就位打钎

钢钎的打入分人工和机械两种。

① 人工打钎。将钎尖对准孔位，一人扶正钢钎，一人站在操作凳子上，用大锤打钢钎的顶端；锤举高度一般为50cm，自由下落，将钎垂直打入土层中。也可使用穿心锤打钎。

② 机械打钎。将触探杆尖对准孔位，再把穿心锤套在钎杆上，扶正钎杆，利用机械动力拉起穿心锤，使其自由下落，锤距为50cm，把触探杆垂直打入土层中。

（7）记录锤击数

钎杆每打入土层30cm时，记录一次锤击数。钎探深度以设计为依据；如设计无规定时，一般钎点按纵横间距1.5m梅花形布设，深度为2.1m。

（8）拔钎、移位

用麻绳或钢丝将钎杆绑好，留出活套，套内插入撬棍或钢管，利用杠杆原理，将钎拔出。每拔出一段将绳套往下移一段，依此类推，直至完全拔出为止；将钎杆或触探杆搬到下一孔位，以便继续打钎。

（9）灌孔

钎探后的孔要用砂灌实。打完的钎孔，经过质量检查人员和有关工长检查孔深与记录无误后，用盖孔块盖住孔眼。在设计、勘察和施工方共同验槽办理完验收手续后，方可灌孔。

（10）钎探结果分析

全部钎探完，逐层分析研究钎探记录，逐点进行比较，将锤击数显著过多或过少的钎孔在钎探平面图上做上记号，然后在该部位进行重点检查，如有异常情况，要认真进行处理。

2.3.5　土方回填

1. 回填土的选择

填土土料应符合以下要求：含水量符合压实要求的黏性土，可用作各层填料；碎石类土、爆破石渣和砂土，可用作表层以下的填料，但其最大粒径不得超过每层铺填厚度的2/3；碎块草皮和有机物含量大于8%的腐殖土，石膏或含水溶性硫酸盐大于5%的酸性土，冻结或液化状态的泥炭、黏土或粉状砂质黏土等，均不能用作回填的土料；淤泥和淤泥质土一般不能用作填料，但在软土或沼泽地区，经过处理使含水量符合要求后，可用于填方中的次要部位。对于

无压实要求的填方所用的土料，则不受上述限制。此外，当地下结构外防水层为卷材时，则对填土土料的细度有更高要求，并应采用相应的压实方法，以防破坏防水层。

2. 影响回填土压实质量的因素

试验和实践都证明，影响回填土压实质量的因素有下列几项。

（1）含水量的影响

压实施工时土的含水量要适当，才有可能压到最实。含水量不能过大也不能过小，这时的含水量称为这种土的最佳含水量，由实验确定。土的干密度与含水量的关系如图2-46所示。

回填土的最佳含水量和最大干密度参考值见表2-16。

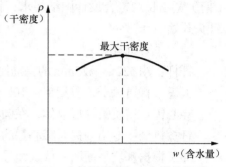

图2-46 土的干密度与含水量的关系

表2-16　　　　　　　　　　回填土的最佳含水量和最大干密度参考值

项次	土的种类	变动范围	
		最佳含水量/%	最大干密度/（kN/m³）
1	砂土	8 ~ 12	18. ~ 18.8
2	黏土	19 ~ 23	15.8 ~ 17.0
3	粉质黏土	12 ~ 15	18.5 ~ 19.5
4	粉土	16 ~ 22	16.1 ~ 18.0

（2）压实程度的影响

土的压实程度与压实机械所做的功有关，压实机械来回滚压的次数越多，压实机械所做的功就越大，土就压得越实，如图2-47所示。

试验证明，压实机具对土层的压实作用，对土层的深度影响很有限。表面的压实作用最大，离开土层表面越深压实作用越小，超过一定深度就没有任何影响，如图2-48所示。因此，施工时每层铺松土的厚度要适当，厚度不能太厚，这与压实机具和每层的压实遍数有关。不同的压实机具、分层填土虚铺厚度所需的压实遍数见表2-17。

（3）铺土厚度的影响

铺土厚度应小于压实机械压土时的有效作用，铺土厚度有一个最优厚度范围，在此范围内，可使土料在获得设计要求密度值的条件下压实机械所需的压实遍数最少，功耗费最低。铺土厚度参照表2-17。

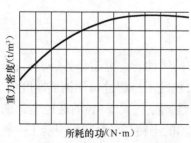

图2-47 土的密度与压实功的关系

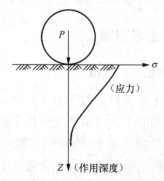

图2-48 土的压实随深度的变化

表2-17	不同压实机具、分层填土虚铺厚度所需的压实遍数	
压实机具	分层填土虚铺厚度/mm	压实遍数
平碾	250 ~ 300	6 ~ 8
振动压实机	250 ~ 350	3 ~ 4
蛙式打夯机	200 ~ 250	3 ~ 4
人工打夯	<200	3 ~ 4

3. 填筑的方法和要求

（1）填筑的方法

按照场地的宽窄情况、工程量的大小，填筑的方法有碾压法（利用钢或混凝土碾滚的自重来回碾压）、夯实法（利用重锤从一定高度上自由落下夯实）和振动法（利用一定重量的锤振动产生的冲击力振实），如图2-49所示。

① 大面积的填土可利用运土工具（如自卸汽车等）自身的重量来回压实，也可用专门的压路机碾压。

② 小面积的填土可用电动或振动打夯机夯实。

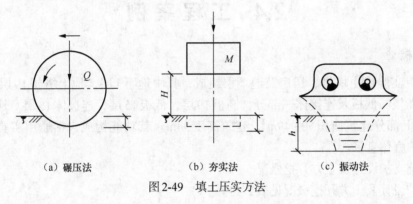

（a）碾压法　　　　（b）夯实法　　　　（c）振动法

图2-49　填土压实方法

（2）填筑的要求

尽量采用相同的土来填筑，至少同一层土要相同，不同的土不要混填。分层铺摊，分层压实。把透水性大的土放在下层，透水性小的土放在上层，使下层土的含水量变化较少。

4. 回填土施工质量检查与验收

（1）检验批划分

土方回填分项工程检验批的划分可根据工程实际情况按施工组织设计进行确定，可以按室内与室外划分为两个检验批，也可以按轴线分段划分为两个或两个以上检验批，若工程项目较小，也可以将整个填方工程作为一个检验批。

（2）检验标准

填方施工结束后，应检查标高、边坡坡度、压实程度等，检验标准见表2-18。

① 取样数量：基坑和室内回填土，每层按 $100 \sim 500\text{m}^2$ 面积取样一组，取样部位在每层压实后的下半部。

② 在压实填土的过程中，应分层取样检验土的干密度和含水量。一般采用环刀法取样，测定土的干密度，求得填土的压实系数 λ_c（密实度），压实系数 λ_c 为土的控制干密度 ρ_d 与最大

干密度 ρ_{dmax} 的比值。

表2-18 填土工程质量检验标准 （mm）

项目	序号	检验项目	允许偏差或允许值					检验方法
			柱基基坑基槽	场地平整		管沟	地（路）面基础层	
				人工	机械			
主控项目	1	标高	−50	±30	±50	−50	−50	水准仪
	2	分层压实系数	设计要求					按规定方法
一般项目	1	回填土料	设计要求					观察或土样分析
	2	分层厚度及含水量	设计要求					水准仪及抽样检查
	3	表面平整度	20	20	30	20	20	用靠尺或水准仪

③ 填土压实后的干密度应有90%以上符合设计要求，其余10%的最低值与设计值之差，不得大于0.08t/m³，且不应集中。

2.4 工程案例

1. 工程概述

某研究院实验楼由塔楼、裙房及地下层组成，其中地下1层，地上塔楼19层，裙房3层。塔楼又分为高板、低板及连接体三部分，高板19层，低板15层，连接体15层。地下建筑面积5 223m²，地上部分建筑面积50 949m²，建筑高度94m。其功能构成包括通用实验室、公用设备实验室及中庭休息区。

（1）基坑支护设计及土方开挖概况

基坑支护设计及土方开挖概况见表2-19。

表2-19 基坑支护设计及土方开挖概况

序号	项目			内容
				实验楼
1	基坑体形			不规则多边形（有弧形边）
2	平面尺寸/m			（66～88）×（70～83）
3	基坑面积/m²			约6 200
4	场地自然地坪标高/m			−1.3m（大沽标高3.75～3.53）
5	设计坑底标高/m			−6；−7.5
6	基坑深度/m			4.7～6.2
7	支护结构	结构体系		支护桩＋钢筋混凝土环帽梁支撑
		护坡	坡度	1：1
			深度/m	1.8
			护坡做法	30mm厚喷射水泥浆内加钢丝网护坡

序号	项目			内容	
				实验楼	
7	支护结构	支护桩	名称	灌注桩3	灌注桩2
			规格及间距/mm	$\phi700@1000$	$\phi600@1000$
			桩长/m	10.95	7.95
			数量/根	160	140
		支撑柱	名称	灌注桩5	
			规格/mm	$\phi700$	
			桩长/m	15	
			格构柱 截面尺寸/mm	400×400	
			格构柱 长度/m	5.9	4.4
			格构柱 数量/根	6	3
		止水帷幕	桩型	双头水泥搅拌桩	
			规格及间距/mm	$\phi700@500$	
			参数要求	PO32.5普通硅酸盐水泥，水泥掺入比16%，水灰比0.55。	
			工艺要求	二次复搅，提升喷浆成桩	
	混凝土强度等级			灌注桩C25；帽梁、环梁、连梁及板C30	

序号	项目		内容			
8	降水井	管井类型	无砂混凝土管			
		管井规格/mm	$\phi500$，钻孔直径700			
		坑内降水井数量/口	29			
		坑外降水井（观察井）数量/口	4			

序号	项目		内容			
9	工程桩	桩型	工程桩1	工程桩2	电梯基坑	试桩
		数量/根	340	66	5	7
		桩径/mm	800	800	800	800
		有效桩长/m	约43			
		桩顶标高	详见图纸			
		配筋规格/mm	12 16	12 16	12 16	12 16
		混凝土强度等级	C30	C30	C30	C40
		后压浆	√	×	√	

序号	项目			内容		
10	土方开挖	第一次挖土（环帽梁）	方式	槽式		
			深度/m	1.8		
			工程量/m³	8100		
		第二次挖土（至坑底）	方式	阶梯式（三级）		
			深度/m	一级		2
				二级		2
				三级	浅坑	0.7
					深坑	2.2
			工程量/m³	约3.3万		
11	弃土位置			二期规划空地，运距约500m		

（2）工程地质及水文地质条件

本工程场地原为晒盐用地，后来进行了人工填垫，填垫厚度约1.0m，地势较为平坦。场地自然地坪标高介于3.75～3.53m（大沽标高），相对工程标高约为-1.3m。根据《勘察报告》，场地70.00m深度范围内各主要土层岩土概述如下。

① 人工填土层：全场地均有分布，厚度为0.90～1.50m，底板标高为2.68～2.04m，主要由素填土组成，呈褐色，软塑至可塑状态为主，粉质黏土质，含少量砖渣、石子等，底部含大量有机质、腐殖物，土质结构性差，欠均匀。

② 第四系全新统上组陆相冲积层：埋深2.50m以上，厚度一般为0.80～1.60m，顶板标高为2.68～2.04m，主要由黏土组成，呈褐黄色，软塑状态，无层理，含铁质，属高压缩性土。本层土水平方向上土质较均匀，分布较稳定。

③ 第四系全新统中组海相沉积层：埋深2.50～18.00m段，厚度一般为14.70～16.40m，顶板标高为1.75～1.04m，该层从上而下分为5个亚层，属高压缩性土至中压缩性土。

④ 全新统下组沼泽相沉积层：埋深18.00～20.50m段，厚度一般为1.50～3.70m，顶板标高为-12.95～-15.32m，主要由粉土组成，呈浅灰色，中密状态，无层理，属中（偏低）压缩性土。本层土水平方向上土质砂黏性有所变化，分布尚稳定。

⑤ 全新统下组陆相冲积层：埋深20.5～25.00m段，厚度一般为3.40～5.60m，顶板标高一般为-15.75～-17.40m，主要由粉质黏土组成，呈灰黄色，可塑状态，无层理，属中压缩性土。局部分布薄层黏土透镜体，部分土层底部砂性较大。本土层水平方向上分布尚稳定，土质砂黏性有所变化，从上而下土质总体上砂性渐大。

⑥ 上更新统第五组陆相冲积层：埋深约25.00m，厚度一般为6.30～8.40m，顶板标高一般为-20.55～-21.47m，该层主要由粉质黏土组成，呈褐黄色，可塑状态，无层理，含铁质，属中压缩性土，局部夹黏土透镜体。本层土水平方向上土质尚均匀，总体分布尚稳定，底板埋深有所变化。

⑦ 上更新统第四组滨海潮汐带沉积层：埋深约32.5m，厚度一般为1.80～4.50m，顶板标高一般为-27.76～-29.87m，该层主要由黏土组成，呈灰色，软塑至可塑状态，无层理，含贝壳、砺石，属中压缩性土。该亚层土土质相对较软，强度相对较低，局部夹薄层粉质黏土透镜体。本层土水平方向上土质尚均匀，在整个场地内分布不稳定，局部地段缺失。

⑧ 上更新统第三组陆相冲积层：厚度一般为18.70～20.00m，顶板埋深变化较大，顶板标高为-27.55～-33.77m，该层从上而下可分为4个亚层，由粉土、粉质黏土、黏土组成。该层土土质好，强度高。

⑨ 上更新统第二组海相沉积层：勘察最低标高为-66.47m，未穿透此层，揭露最大厚度14.60m，顶板标高一般为-67.87～-69.44m，该层从上而下可分为3个亚层。该层土厚度大，土质好，强度高，水平方向分布尚稳定。

（3）场地水文地质条件

静止水位埋深1.60～1.70m，相等于标高1.11～0.90m。表面地下水属潜水类型，主要由大气降水补给，以蒸发形式排泄。水位随季节有所变化，一般年变幅在0.50～1.00m；最大冻结深度0.6m。

2. 施工准备

（1）现场布置

本工程场地平整，周边道路设施完善，邻接市政道路处有市政预留的电气管井。场地标高较市政路牙石相比，低约 0.5m，其工程相对标高约为 -1.0m。

场地内沿建筑四周已形成混凝土硬化环形道路。生产临建布置于两个区域内，一是位于邻接市政道路一侧 35m 宽的空地，二是位于综合服务楼与实验楼两"单体"之间近 6 000m² 的空地。生产临建主要为材料、半成品堆场，加工房等。

场地内因灌注桩、水泥搅拌桩及降水井等施工，泥浆坑、槽以及桩孔较多，挖土前需对机械及车辆行进道路回填、平整。

（2）临时水、电

现场临水接入点位于洞庭路中段；临电接入点位于海通街一侧，电源为 2 台 613kVA 变台；排水接出点位于北侧环形路中段，出水口底相对标高约为 -1.0m。

（3）测量放线

第一次土方开挖（支撑结构），依据开发区测量大队交付的测量成果书、设计院提供的基坑支护结构平面图，由本单位测量小组测放开挖控制线，撒灰线并设置"标旗"进行标记。会同监理工程师验线。

3．土方工程主要施工方案

（1）基坑降水、排水

本工程基坑降水采用 ϕ500mm 无砂混凝土管，钻孔直径 700mm。实验楼基坑内布置降水井 29 口，坑外观察井 4 口。

坑内排水：基坑开挖时，沿基坑四周设置碎石排水盲沟，基坑四角及中间设置集水井。盲沟和集水井内随挖随填碎石，碎石必须充填密实。

坑外排水：基坑土方开挖后需将基坑周边场地硬化，设置挡水台、排水沟和集水井，防止坑外场地水流入坑内。

（2）基槽挖土

① 第一次土方开挖。开挖按"外围"工程桩施工进度，分为Ⅰ、Ⅱ、Ⅲ、Ⅳ四个施工区段。按Ⅰ段→Ⅱ段→Ⅲ段→Ⅳ段的顺序流水施工。施工区段划分如图 2-50 所示。

施工时，部署一台挖土机，沿支护帽梁行进"开槽"，如图 2-51 所示。

② 第二次土方开挖。场地内的工程桩施工、试桩检测完成，且支撑帽梁混凝土强度达到设计要求后，进行基坑内土方开挖。基坑内采用工程渣土换填一条运土车辆通行道路，布置两台挖土机位于"坑边"退行挖土，如图 2-52 所示，剖面如图 2-53 所示。

③ 坡道根部残留土方挖土。挖掘机位于基坑边缘，换用长臂将坡道根部残留土方挖出，装车运走，如图 2-54 所示。

（3）弃土

弃土地点拟设置在二期工程规划用地内，运距约 500m。自场地东侧围墙开设运土临时出入口，运土通道换填渣土加固。弃土需用密目网苫盖，避免大风天气形成扬尘。

4．质量要求和技术组织措施

本工程基坑土方开挖的工程质量应满足《建筑地基基础工程施工质量验收规范》（GB 50202—2002）中的要求。为保证施工质量要求和安全，应做好以下协调工作。

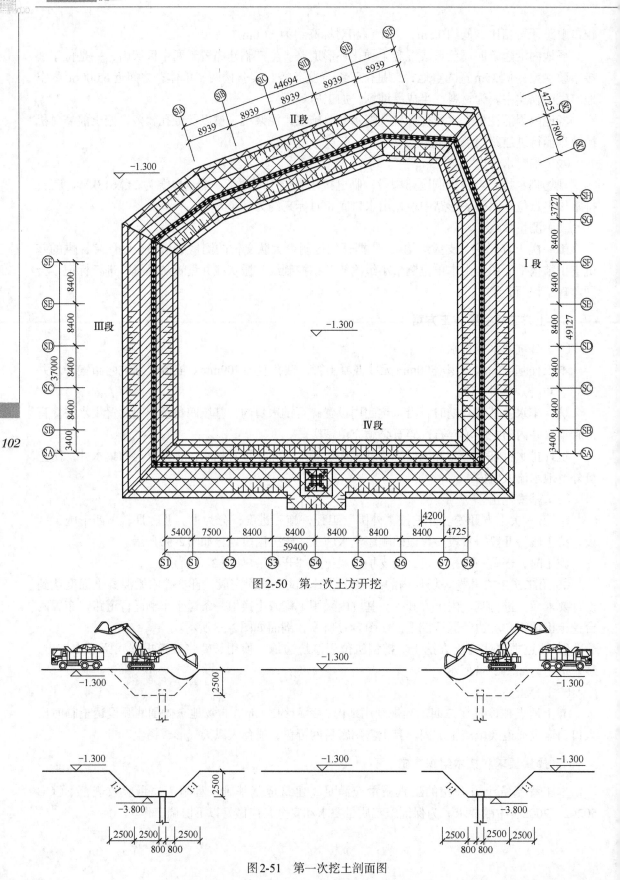

图 2-50　第一次土方开挖

图 2-51　第一次挖土剖面图

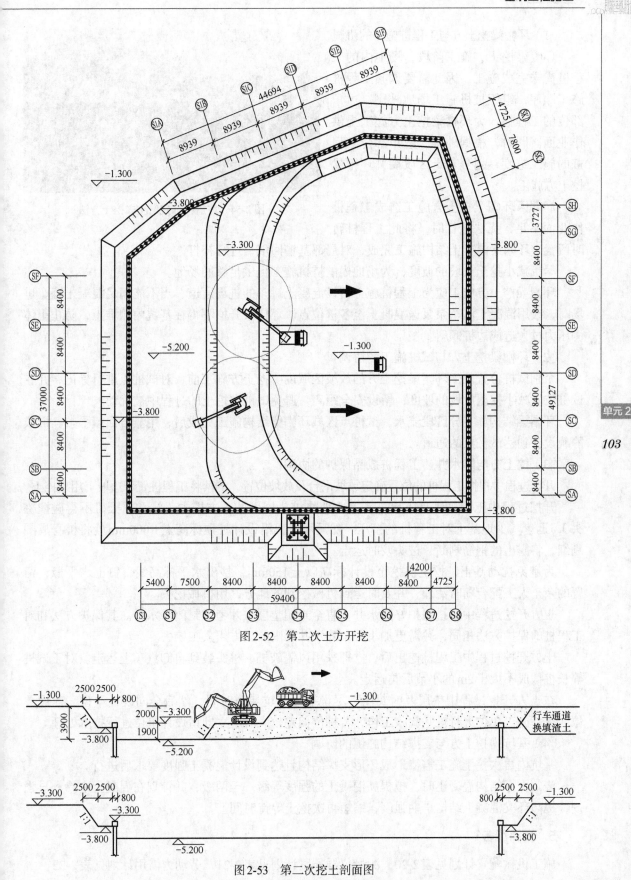

图 2-52　第二次土方开挖

图 2-53　第二次挖土剖面图

（1）环帽梁挖土方与工程桩施工的协调

环帽梁挖土方施工阶段，场地内的工程桩尚未完成施工。因此需要调整工程桩施工顺序，组织桩机施工场地外围、边角部位的工程桩，为环帽梁挖土方施工提供作业面。同时，根据外围、边角部位工程桩的施工进度，划分若干区段展开环帽梁挖土方施工。

图2-54　坡道根部残留土方挖土方法

局部因环帽梁挖土方施工造成工程桩作业面不足，无法施打时，将此工程桩暂时留置。环帽梁混凝土结构施工完成，对局部基槽回填，进行补打。

尽量减小挖土放坡的坡度，为场地内的桩机施工提供足够的场地。

环帽梁挖土方施工应为工程桩施工留设混凝土罐车的进场通道，当不能满足混凝土罐车进场时，改用混凝土汽车泵泵送混凝土至各桩位点。环帽梁开槽不得在基坑内侧堆土，防止土体侧压力过大造成边桩倾斜。

（2）环帽梁挖土方与试桩施工的协调

个别试桩位置位于环帽梁挖土方的放坡区域内。挖土方施工前，对试桩点进行标记，并在试桩位置减小挖土放坡的坡度，留设安全距离，避免试桩在挖土的过程中被扰动。

环帽梁结构施工分区段流水，试桩点区域环帽梁结构施工完成后，用渣石回填平整，形成静载设备到达试桩点的通道。

（3）挖土方与降水井、工程桩成品保护的协调

开挖过程中根据工程桩的位置确定放坡平台及放坡位置，严禁将工程桩置于边坡上用来挡土。

开挖过程中工程桩一旦露出桩头，立即将桩头周围的土方挖去（注意挖土机不得碰撞桩头），迅速减少地基土对工程桩的挤压。然后用风镐沿设计桩顶标高上1 000mm处将桩身周圈剔细，将露出的钢筋割断，桩头及时运走。

为避免扰动基土，挖土机挖至设计标高以上150mm，抄出水平标高线，钉上水平橛，留置的余土人工配合随时清理，并及时运到机械挖到的地方，用机械挖去。

土方开挖过程中尽量保护好降水井，直至封闭垫层方才考虑封闭降水井。其保护方法和对工程桩的保护方法相同，并需更加小心，降水井周围的土方用人工挖去。

土方开挖过程中工程桩挖出后，立即采用风镐破桩，桩头装到自卸汽车上运走。对于试桩等长桩截成不大于2m的小节后再运走。

在土方开挖过程中垫层及时封闭，尽量缩短基坑暴露时间，然后会同设计单位、建设单位、桩基施工单位进行桩基验收工作，若桩位偏差较大时应立即请设计单位进行技术处理。

（4）基坑内挖土方与支撑结构施工的协调

基坑内再次挖土施工需待形成环形支撑结构且达到设计混凝土强度要求后进行。

浇筑支撑结构混凝土时，拟提高混凝土的强度等级一至两级，并计划在混凝土中掺入早强剂，提高环梁混凝土结构早期强度，缩短再次挖土等待时间。

5. 资源配备

施工机械配置计划见表2-20，测量仪器配置计划见表2-21，劳动力需用计划见表2-22。

表2-20　　　　　　　　　　　　施工机械配置计划

序号	机械设备名称	规格与型号	数量	进场日期	备注
1	挖土机	PC200	1	2008/04/17	支撑结构挖土方
2	空压机	—	2	2008/04/17	支撑结构挖土方
3	载重汽车	10t	3	2008/04/18	支撑结构挖土方
4	挖土机	PC200	2	2008/05/02	基坑内挖土
5	空压机	—	5	2008/05/02	基坑内挖土
6	载重汽车	10t	6	2008/05/03	基坑内挖土

表2-21　　　　　　　　　　　　测量仪器配置计划

序号	仪器名称	型号	数量
1	电子全站仪	TC802	1
2	光学经纬仪	TDJ2E	1
3	自动安平水准仪	DS3200	1

表2-22　　　　　　　　　　　　劳动力需用计划

序号	工种	数量	开始日期	工作范畴	备注
1	测量工	3	2008/04/17	支撑结构挖土方	白班
2	机操工（挖土机）	2	2008/04/18	支撑结构挖土方	白班/夜班
3	汽车司机	6	2008/04/18	支撑结构挖土方	白班/夜班
4	杂工	20	2008/04/18	支撑结构人工清槽	白班/夜班
5	测量工	2	2008/05/02	基坑内挖土	白班
6	机操工（挖土机）	4	2008/05/03	基坑内挖土	白班/夜班
7	汽车司机	12	2008/05/03	基坑内挖土	白班/夜班
8	杂工	40	2008/05/03	基坑内人工清槽	白班/夜班

思考与练习

1. 在土方工程中是如何定义边坡坡度和坡度系数的？

2. 如何计算基坑和基槽土方量？

3. 如何选择基坑降排水方案？

4. 什么是井点降水？井点降水有哪些降水方法？

5. 工程中什么情况下采用深井井点降水法？深井井点的施工工艺是什么？

6. 正铲挖掘机的特点是什么？适用于什么工程情况？

7. 反铲挖掘机的特点是什么？反铲的开挖方式有哪些？适用于什么工程情况？

8. 拉铲挖掘机的特点是什么？适用于什么工程情况？

9. 抓铲挖掘机的特点是什么？适用于什么工程情况？

10. 基坑（槽）开挖的一般要求是什么？

11. 如何定义深基坑？按基坑侧壁安全如何划分深基坑的等级？

12. 深层搅拌水泥土桩墙工程施工工艺是什么？

13. 钢板桩支护的优缺点和适用的工程情况是什么？

14. 什么是劲性水泥土搅拌连续墙（SMW工法）？ SMW工法的施工工艺流程是什么？

15. 地下连续墙支护的特点是什么？地下连续墙单元槽段的施工程序有哪些？

16. 泥浆的作用和泥浆的材料是什么？

17. 地下连续墙的混凝土浇筑方法和要求是什么？

18. 土钉墙施工顺序和施工要点是什么？

19. 排桩土层锚杆支护的特点是什么？

20. 钢、钢筋混凝土支撑系统包括哪些工程内容？

21. 深基坑土方开挖注意事项是什么？

22. 深基坑土方开挖方案有哪些？各自适用于什么工程情况？

23. 土方开挖工程质量检验标准是什么？有哪些检验方法？

24. 回填土土料应符合哪些要求？

25. 影响回填土压实质量的因素有哪些？填筑的方法有哪些？

26. 填方施工结束后，应检查哪些内容，如何评价？

单元实训

1. 实训名称：编制一单位工程深基础土方工程施工方案。

2. 实训目的：本实训培养学生完成"编制施工方案"的职业能力，需要学生根据所要完成工程的地质勘察报告中的土层分布、地下水位及土的其他相关指标，考虑周边建筑及设施分布、远近，选择基础土方工程施工方法。

3. 参考资料：教材、《土木工程施工组织设计精选系列》（中国建筑工业出版社2007版）、《建筑施工手册》（中国建筑工业出版社第四版第一册）、《建筑地基基础工程施工质量验收规范》（GB 50202—2002）。

4. 实训任务：选择一单位工程，基础占地面积600～1 500 m²，深度6～10m，有地下室。每6～8人为一组，共同完成深基础土方施工方案的编写工作，每小组的课业内容不能相同。教师可以给定若干份实际工程基础施工图或从专业资料库调用CAD基础施工图。要求学生完成下列内容。

（1）描述工程概括和工程特点。

（2）进行施工准备。

（3）确定主要施工方法。

（4）根据图纸写出施工质量检验评定。

5. 实训要求：

（1）完成实训任务时，小组成员要团结合作、协作工作，培养团队精神。

（2）完成实训任务时，要会运用图书馆教学资源和网上资源进行知识的扩充，积累素材，提高专业技能。

（3）结合施工图正确进行图纸交底，能提出合理的意见和建议。

（4）计算正确，满足施工、经济技术性和安全要求。

（5）编制的施工方案技术措施、工艺方法正确合理，满足实用性要求。

（6）语言文字简洁，技术术语引用规范、标准。

（7）按照教师要求的完成时间按时上交实训成果。

单元 3

基础工程施工

引言：地基与基础工程施工是建筑工程施工的一个主导的施工阶段，也是建筑施工技术最为复杂、难度最大、工期最长、占投资最多的分部工程。它的施工质量好坏，直接影响到建筑物的安危和寿命，以及施工成本和工程整体的顺利进行。基础工程由基础模板工程、基础钢筋工程、基础混凝土工程等多个分项工程组成。施工时必须制定科学的施工方案，按工程施工质量验收规范要求认真、精心组织，以确保优质、安全、高速、低耗、高效益地顺利完成工程施工任务。

学习目标：能够识读钢筋混凝土独立基础、条形基础、筏形基础、地下室外墙的施工图，编制钢筋混凝土基础施工方案和进行施工质量检验。通过施工录像、现场参观、案例教学、任务驱动教学、操作实训等强化学生对常见浅基础施工技能的掌握。

3.1 独 立 基 础

3.1.1 独立基础图纸识读

在《混凝土结构施工图平面整体表示方法制图规则和构造详图》11G101-3（以下简称图集）中，独立基础分为普通独立基础和杯口独立基础（一般出现在装配式工业厂房中，一般不常见）两类。普通独立基础又分为单柱独立基础、两柱无梁广义独立基础、两柱有梁广义独立基础和多柱双梁广义独立基础4种类型，本部分仅介绍普通独立基础有关知识。图3-1所示为独立基础平法设计施工图示意。

1. 独立基础的平法表示方法

① 单柱独立基础平面标注，分为集中标注和原位标注，如图3-2所示。集中标注内容为基础编号、截面竖向尺寸、配筋三项必注值和基础底面标高与基准标高的相对高差以及必要的文字说明两项选注值。基础底板截面形状又分为阶形和坡形，各种独立基础编号见表3-1。

表3-1　　　　　　　　　　　　　　独立基础编号

类型	基础底板截面形状	代号	序号	说明
普通独立基础	阶形	DJ_J	× ×	1. 单阶截面即为平板独立基础 2. 坡形截面基础底板可分为四坡、三坡、双坡和单坡
普通独立基础	坡形	DJ_P	× ×	
杯形独立基础	阶形	BJ_J	× ×	
杯形独立基础	坡形	BJ_P	× ×	

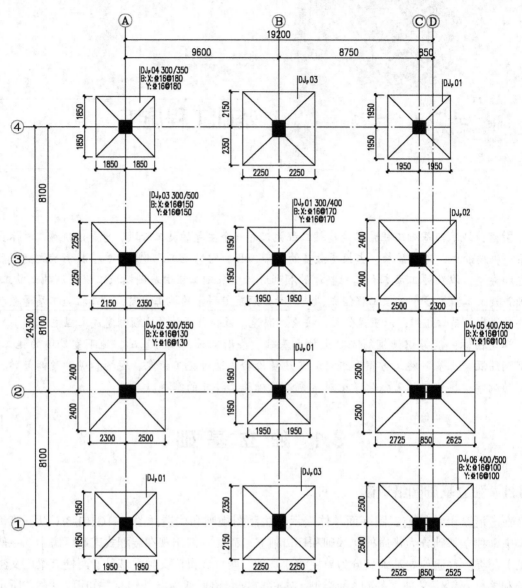

图 3-1　独立基础平法设计施工图示意

　　基础截面竖向尺寸为 h_1、h_2、h_3，表示自下而上，如图 3-3 所示。基础底板配筋以 B 打头表示，X 向配筋以 X 打头，Y 向配筋以 Y 打头注写；当两向配筋相同时，则以 $X\&Y$ 打头注写。

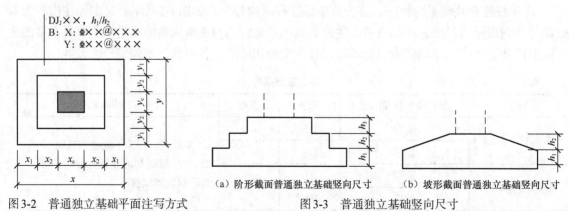

图 3-2　普通独立基础平面注写方式

（a）阶形截面普通独立基础竖向尺寸　（b）坡形截面普通独立基础竖向尺寸

图 3-3　普通独立基础竖向尺寸

原位标注 x、y，x_c、y_c，x_i、y_i，$i = 1$，2，3，$\cdots$ 其中 x、y 为独立基础两向边长，x_c、y_c 为柱截面尺寸，x_i、y_i 为阶宽或坡形平面尺寸。

② 双柱无梁独立基础平面标注方法与单柱独立基础基本相同，基础配筋除底板配筋外，双柱无梁独立基础的顶部钢筋，通常对称分布在双柱中心线两侧，注写为"基础顶部纵向受力钢筋/分布钢筋"（图3-4），当纵向受力钢筋在基础底板顶面非满布时，应注明其总根数。T：11$\underline{\Phi}$ 18@100/ϕ10@200：表示独立基础顶部配置纵向受力钢筋 HRB400 级，直径 18mm，设置 11 根，间距 100mm；分布筋为 HPB300 级，直径 10mm，间距 200mm。

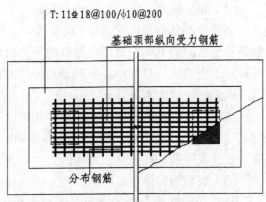

图3-4　双柱独立基础顶部配筋示意

③ 当双柱独立基础底板与基础梁结合时，形成双柱有梁独立基础，如图3-5所示。此时基础底板一般有短向的单向受力筋和长向的分布筋，基础底板的标注与前相同。基础梁应标注梁编号、几何尺寸和配筋。分为集中标注和原位标注。一般情况，双柱独立基础宜采用端部有外伸的梁，基础梁宽度一般比柱截面宽至少100mm（每边至少50mm）。当具体设计不满足以上要求时，施工时增设梁包柱侧腋，具体做法参照条形基础施工部分。

④ 当多柱独立基础设置两道平行的基础梁时，与双柱有梁独立基础相比，除在双梁之间及梁长度范围内配置基础顶部钢筋不同外，其余完全相同。双梁之间及梁长度范围内基础顶部钢筋注写为"T：梁间受力钢筋/分布钢筋"，如图3-6所示。基础顶板钢筋有关构造与双柱无梁独立基础顶部钢筋类似。

T：16$\underline{\Phi}$16@120/ϕ10@200：表示四柱独立基础顶部两道基础梁之间配置受力钢筋 HRB400 级，直径 16mm，间距 120mm；分布筋为 HPB300 级，直径 10mm，间距 200mm。

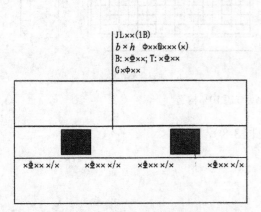

图3-5　双柱独立基础的基础梁配筋示意

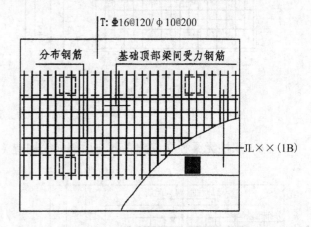

图3-6　四柱独立基础底板顶部基础梁间配筋注写示意

2. 独立基础底板施工构造

（1）底板钢筋位置

普通独立基础底部双向交叉钢筋长向设置在下，短向设置在上。

说明：普通独立基础在设计阶段按照双向板理论进行设计，双向钢筋均为受力钢筋。在独立基础配筋计算中，按照悬臂构件计算，悬挑长的弯矩大，配筋大，所以长向钢筋设置在下。

（2）底板配筋长度减短10%的规定

当独立基础底板的X向或Y向宽度≥2.5m时，除基础边缘的第一根钢筋外，X向或Y向的钢筋长度可减短10%。对偏心基础的某边自柱中心至基础边缘尺寸＜1.25m时，沿该方向的钢筋长度不应减短，自柱中心至基础边缘尺寸＞1.25m时，除最外侧钢筋一根钢筋外，内部钢筋隔一根缩短，如图3-7所示。

说明：按照我国现行《建筑地基基础设计规范》第8.2.3第5款规定，当柱下钢筋混凝土独立基础的边长和墙下钢筋混凝土条形基础的宽度大于或等于2.5m时，底板受力钢筋的长度可取边长或宽度的0.9倍。

（3）底板钢筋排布范围

独立基础底板钢筋的排布范围是底板边长减2min（75，$S/2$），如图3-7所示，其中S为底板钢筋间距。

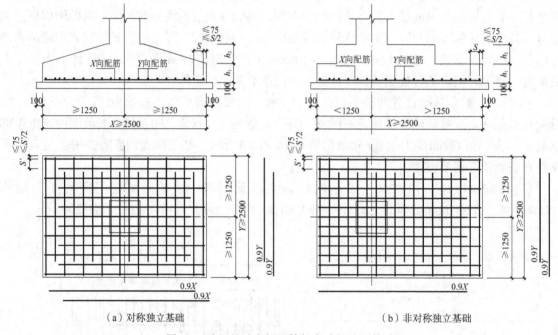

（a）对称独立基础　　　　　　　　　（b）非对称独立基础

图3-7　独立基础底板配筋长度减短10%构造

（4）双柱无梁独立基础底部与顶部配筋构造（见图3-8）

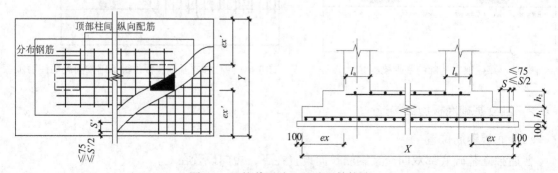

图3-8　双柱普通独立基础配筋构造

① 双柱独立基础底部双向交叉钢筋，施工时何在上，何在下，根据基础两个方向从柱外缘至基础外缘的延伸长度ex和ex'的大小确定，两者中较大方向的钢筋在下，较小方向的钢筋在上。

② 双柱独立基础顶部双向交叉钢筋，纵向受力筋在下，横向分布筋在上。这样既可使施工方便，又能提高混凝土对受力钢筋的黏结强度。

③ 顶部配置的钢筋长度确定。顶部配置的纵向受力钢筋长度是两柱内皮间净距$+2l_a$。

（5）双柱有梁独立基础

在施工时，双柱有梁独立基础底部短向受力钢筋设置在基础梁纵筋之下，与基础梁箍筋的下水平段位于同一层面，梁筋范围不再布置基础底板分布钢筋，分布钢筋不得缩短，如图3-9所示。基础梁外伸部位上下纵向钢筋锚固长度为12d。

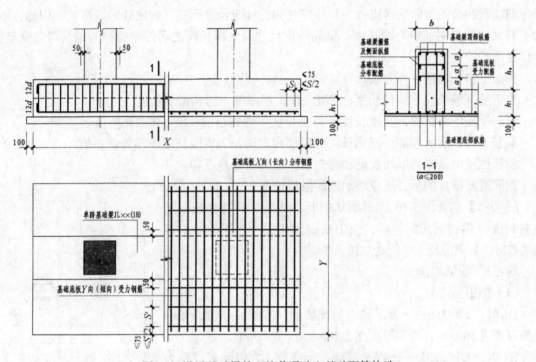

图3-9　设置基础梁的双柱普通独立基础配筋构造

3. 钢筋配料单和钢筋下料长度

（1）钢筋配料单

钢筋配料单是根据施工图纸中钢筋的品种、规格及外形尺寸进行编号，同时计算出每一编号钢筋的需用数量及下料长度，并用表格形式表达的单据或表册。表3-2为某办公楼L1梁钢筋配料单。编制钢筋配料单的步骤如下。

表3-2　　　　　　　　　　　　钢筋配料单

构件名称	钢筋编号	简图	直径/mm	钢号	长度/mm	根数	合计根数	质量/kg
某办公楼L1梁共5根	1	5950	18	⊈	6180	2	10	
	2							

① 熟悉图纸，识读构件配筋表，弄清每一编号钢筋的品种、规格、形状和数量及在构件中的位置和相互关系。

② 熟悉有关国家规范和施工图集对钢筋混凝土构件配筋的一般规定（如保护层厚度、钢筋接头及钢筋弯钩、施工构造等）。

③ 钢筋锚固长度。

④ 绘制钢筋简图，计算每种编号钢筋的下料长度。

⑤ 计算每种编号钢筋的需用数量。

⑥ 填写钢筋配料单。

（2）钢筋下料长度

在结构施工图纸中钢筋尺寸是钢筋外缘到外缘之间的长度，即外皮尺寸。在钢筋加工时钢筋弯曲或弯钩会使弯曲处内皮收缩、外皮延伸，轴线长度不变，弯曲处形成弯弧。因此，钢筋的下料尺寸就是钢筋中心线长度。钢筋外皮尺寸与下料长度之间的差值称为钢筋弯曲调整值，简称量度差值。

钢筋下料长度按下列方法计算。

直钢筋下料长度 ＝ 构件长度 － 混凝土保护层厚度 ＋ 弯钩增加长度

弯起钢筋下料长度 ＝ 直段长度 ＋ 斜段长度 ＋ 弯钩增加长度 － 弯曲调整值

箍筋下料长度 ＝ 箍筋外皮周长（或箍筋内皮周长）直段长度 ＋ 箍筋调整值

箍筋调整值是弯钩增加长度和弯曲调整值两项之差或和。

钢筋需要搭接的话，还应增加钢筋搭接长度。

【例3-1】 结合图3-10，识读 DJ_p01 标注内容，计算底板钢筋下料长度并编制钢筋配料单，图中基础设垫层，垫层混凝土等级为C15，基础混凝土等级为C30。

解：1. 图纸识读

（1）集中标注

DJ_p01，300/350——表示独立基础坡形；基础编号01，基础端部厚度为300mm，根部厚度为300 ＋ 350 ＝ 650mm。

B：X：Φ16@200——表示基础底板钢筋X方向配置直径为16mm间距为200mm的HRB400级钢筋。

Y：Φ16@150——表示基础底板钢筋Y方向配置直径为16mm间距为150mm的HRB400级钢筋。

（2）原位标注

基础底板X、Y向边长分别为3 300mm、3 900mm；X向坡形平面尺寸为1 400mm，柱子尺寸为500mm，Y向坡形平面尺寸为1 700mm，柱子尺寸为500mm。

2. 钢筋下料长度计算

有基础做垫层，则保护层厚度为40mm。

（1）X向

因为X向的尺寸3 300mm＞2 500mm，除基础边缘第一根外，内部钢筋长度可减短10%交错排布。

X向外侧钢筋下料长度为

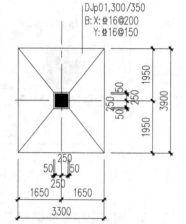

图3-10　DJ_p01 基础

$$l = 底板边长 - 2倍保护层厚度 = 3\ 300 - 2 \times 40 = 3\ 220（mm）（2根）$$

内部钢筋长度为

$$l' = 0.9 \times 3\ 300 = 2\ 970（mm）$$

根数为

$$n = \frac{L}{@} - 1 = \frac{3900 - 2\min(75\ 200/2)}{200} - 1 = 17.75（取18根）$$

（2）Y向

因为Y向的尺寸3 900mm > 2 500mm，除基础边缘第一根外，内部钢筋长度可减短10%交错布置。

Y向外侧钢筋下料长度为

$$l = 底板边长 - 2倍保护层厚度 = 3\ 900 - 2 \times 40 = 3\ 820（mm）（2根）$$

内部钢筋长度为

$$l' = 0.9 \times 3\ 900 = 3\ 510（mm）$$

根数为

$$n = \frac{L}{@} - 1 = \frac{3300 - 2\min(75\ 150/2)}{150} - 1 = 20（根）$$

DJ_p01钢筋配料单见表3-3。

表3-3 DJ_p01钢筋配料单

构件名称	钢筋编号	简图	直径/mm	钢筋级别	长度/mm	根数
DJ_p01	1	3220	16	HRB400	3 220	2
DJ_p01	2	2970	16	HRB400	2 970	18
DJ_p01	3	3820	16	HRB400	3 820	2
DJ_p01	4	3510	16	HRB400	3 510	20

3．基础插筋构造

为了便于施工，底层柱中的纵筋在基础施工时，预先在基础中留设一定长度的钢筋，称为基础插筋。

（1）基础顶面以上插筋长度

柱插筋在基础顶面以上的长度，要依据基础顶面以上结构抗震等级、基础顶面到上层梁底面柱的净高、钢筋直径、钢筋连接方式、接头百分率等因素综合确定。一般最短钢筋为柱净高的1/3，即$H_n/3$。H_n为基础顶面到上层梁底面的垂直高度。

考虑抗震设计时，基础顶面以上插筋长度要考虑钢筋连接方式、接头百分率综合确定，如图3-11所示。

钢筋连接方式有绑扎搭接、焊接、机械连接。一般施工现场直径较小的钢筋才使用绑扎搭接，直径较大的钢筋都采用机械连接或焊接。当两根不同直径的钢筋进行连接时，钢筋直径在两个级差以内时采用机械连接或焊接，只有钢筋直径在两个级差以上时才使用绑扎连接。

（2）基础顶面以下插筋长度

柱纵向钢筋在基础内按基础形式的不同要求锚固，现浇柱在基础中插筋的数量、直径及钢筋种类与基础以上柱纵向受力钢筋相同。

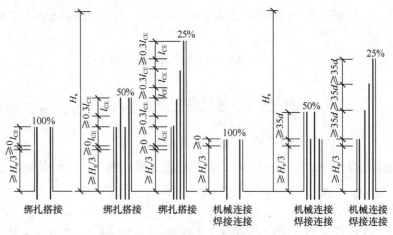

图 3-11　基础顶面以上插筋长度示意

① 当基础高度满足直锚要求时，柱插筋的锚固长度应 $\geq l_{aE}$（$\geq l_a$），插筋的下端宜做 $6d$ 且 $\geq 150mm$ 直钩放在基础底部钢筋网片上，如图 3-12（a）所示。

② 当基础高度不满足直锚要求时，柱插筋伸入基础内直段长度应 $\geq 0.6l_{abE}$（$\geq 0.6l_{ab}$），插筋的下端弯折 $15d$ 放在基础底部钢筋网片上，如图 3-12（b）所示。

③ 当基础高度较高 $h_j \geq 1\,400mm$（或经设计判定柱为轴心受压或小偏心受压构件，$h_j \geq 1\,200mm$）时，可仅将四角的插筋伸至基础底部，其余插筋锚固在基础顶面下 $\geq l_{aE}$（$\geq l_a$），如图 3-12（c）所示。

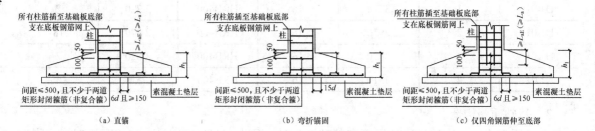

图 3-12　柱插筋在独立基础中锚固构造

【例3-2】已知某柱抗震等级为二级，基础顶面到首层梁底面净高 $H_n = 4\,200mm$，柱混凝土等级为C40，配置 $8 \oplus 25mm$ 的钢筋，机械连接，接头面积百分率为50%。独立基础高度为750mm，基础混凝土强度等级为C30，基础垫层厚度100mm。基础底板配置双向HRB400级直径16mm钢筋，计算基础插筋长度。

解：1. 基础顶面以上插筋长度

$$H_n/3 = 4\,200/3 = 1\,400（mm）$$

接头面积百分率为50%，基础顶面以上两种插筋长度分别为

短筋：　　　　　　$H_n/3 = 4\,200/3 = 1\,400（mm）$

长筋：　　　$H_n/3 + 35d = 4\,200/3 + 35 \times 25 = 2\,275（mm）$

2. 基础顶面以下插筋长度

柱抗震等级为二级，HRB400级钢筋，基础混凝土强度等级为C30，直径25mm的抗震锚固长度 $l_{aE} = 40d = 40 \times 25 = 1\,000（mm）> 750mm$，基础高度不满足直锚要求。

伸入到基座底板钢筋网上表面的竖直段高度为

$$750-40-2 \times 16 = 678（mm）> 0.6l_{abE} = 0.6l_{aE} = 600（mm）\quad 满足要求$$

水平段长度为

$$15d = 15 \times 25 = 375（mm）$$

则基础顶面以下插筋长度为

$$678（竖直）+ 375（水平）= 1\ 053（mm）$$

3. 插筋长度

短筋：$1\ 400 + 1\ 053 - 2d = 1\ 400 + 1\ 053 - 2 \times 25 = 2\ 403（mm）（4根）$

长筋：$2\ 275 + 1\ 053 - 2d = 1\ 400 + 875 + 1\ 053 - 2 \times 25 = 3\ 278（mm）（4根）$

3.1.2 独立基础工程施工

独立基础施工工艺流程：清理基槽→浇筑混凝土垫层→基础放线→绑扎钢筋→支设基础模板→清理工作面→混凝土浇筑、振捣、找平→混凝土养护→拆除模板。

1. 独立基础钢筋绑扎

（1）施工工艺

单层钢筋网施工工艺：基础垫层清理→划线（底板钢筋位置线、中线、边线、洞口位置线）→钢筋半成品运输到位→布放钢筋→钢筋绑扎→垫块→插筋设置→钢筋质量检查→下道工序。

双层钢筋网施工工艺：基础垫层清理→划线（底板钢筋位置线、中线、边线、洞口位置线）→钢筋半成品运输到位→绑扎下层钢筋网→放钢筋撑脚→绑扎上层钢筋网→垫块→插筋设置→钢筋质量检查→下道工序。

（2）施工要点

① 普通单柱独立基础为双向弯曲，其底面短边的钢筋放在长边钢筋的上面。

② 钢筋的弯钩应朝上，不要倒向一边；但双层钢筋网的上层钢筋弯钩应朝下。

③ 钢筋网的绑扎：四周两行钢筋交叉点应每点扎牢，中间部分交叉点可相隔交错扎牢，但必须保证受力钢筋不发生位移。双向主筋的钢筋网，则须将全部钢筋相交点扎牢。绑扎时应注意相邻绑扎点的钢丝扣要成八字形，以免网片歪斜变形。

④ 基础底板采用双层钢筋网时，当板厚小于1m时，在上层钢筋网下面应设置马凳筋，以保证钢筋位置正确。

马凳筋的形式与尺寸如图3-13所示，每隔1m放置一个。其直径选用：当板厚$h \leqslant 300mm$时为8～10mm；当板厚$h = 300～500mm$时为12～14mm；当板厚$h > 500mm$时为16～18mm。

⑤ 现浇柱与基础连接用的插筋一般与底板钢筋绑扎在一起，插筋位置一定要固定牢靠，以免造成柱轴线偏移。

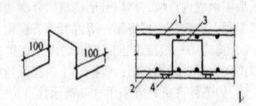

（a）马凳筋尺寸和形状　　（b）马凳筋位置

图3-13　马凳筋

1—上层钢筋网；2—下层钢筋网；3—马凳筋；4—垫块

2. 独立基础模板施工

独立基础采用的模板以多层板、竹胶板或小钢模为主，背楞采用50mm×100mm木方或

ϕ48mm钢管。独立基础模板支设构造如图3-14所示。

独立基础每一台阶用4块侧板和方木拼装而成，在垫层上弹出基础中线，再拼装侧板。在侧板内表面弹出中线，再将各台阶的4块侧板组拼成方框，并校正尺寸及角部方正。安装时，先把下阶模板放在基坑底，两者中线互相对准，用水平尺校正其标高，在模板周围钉上木桩，用平撑与斜撑支撑顶牢，然后把上阶模板放在下阶模板上，两者中线互相对准，并用斜撑与平撑加以钉牢。

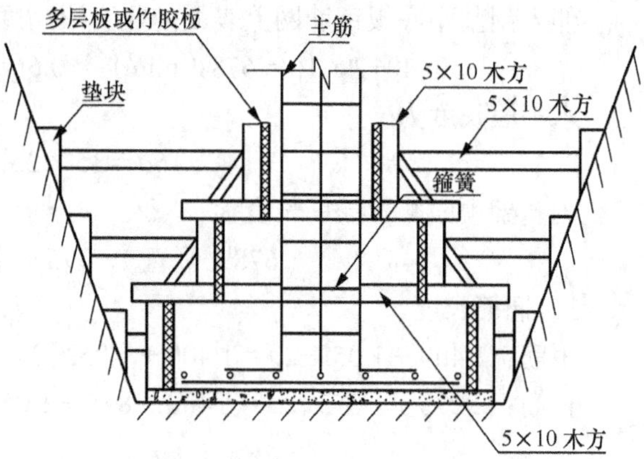

图3-14 独立基础模板

地梁模板施工先在砂浆面层弹出基础边线，再把侧板对准边线垂直竖立，用水平尺寸校正侧板顶面水平后，再用斜撑和平撑钉牢。加固方法与柱下独立基础加固方法相同。

基础的侧面模板在混凝土强度能保证其棱角不因拆模板而受损坏时方可拆模，拆模前设专人检查混凝土强度，拆除时采用撬棍从一侧顺序拆除，不得采用大锤砸或撬棍乱撬，以免造成混凝土棱角破坏。

3. 独立基础混凝土施工

在地基上浇筑混凝土前，对地基应事先按设计标高和轴线进行校正，并应清除淤泥和杂物，同时注意排除开挖出来的水和开挖地点的流动水，以防冲刷新浇筑的混凝土。其施工要点如下。

① 台阶式基础施工时，可按台阶分层一次浇筑完毕（预制柱的高杯口基础的高台部分应另行分层），不允许留设施工缝。每层混凝土要一次卸足，顺序是先边角后中间，务必使混凝土充满模板。

② 浇筑台阶式柱基时，为防止垂直交角处可能出现吊脚（上层台阶与下口混凝土脱空）现象，可采取如下措施。

a. 在第一级混凝土捣固下沉2～3cm后暂不填平，继续浇筑第二级。先用铁锹沿第二级模板底圈做成内外坡，然后分层浇筑，外圈边坡的混凝土在第二级振捣过程中自动摊平。待第二级混凝土浇筑后，再将第一级混凝土齐模板顶边拍实抹平。

b. 捣完第一级混凝土后拍平表面，在第二级模板外先压以20cm×10cm的压角混凝土并加以捣实，再继续浇筑第二级混凝土。待压角混凝土接近初凝时，将其铲平重新搅拌利用。

c. 如条件许可，宜采用柱基流水作业方式，即顺序先浇一排杯基第一级混凝土，再回转依次浇第二级混凝土。这样给已浇好的第一级混凝土一个下沉的时间，但必须保证每个柱基混凝土在初凝之前连续施工。

③ 锥式（坡形）基础，应注意斜坡部位混凝土的捣固质量，在振捣器振捣完毕后，用人工将斜坡表面拍平，使其符合设计要求。

④ 现浇柱下基础时，要特别注意连接钢筋的位置，防止位移和倾斜，发生偏差及时纠正。

⑤ 为保证杯形基础杯口底标高的正确性，宜先将杯口底混凝土振实并稍停片刻，再浇筑振捣杯口模四周的混凝土，振动时间尽可能缩短。同时还应特别注意杯口模板的位置，应在两侧对称浇筑，以免杯口模板挤向一侧或由于混凝土泛起而使芯模上升。

⑥ 混凝土振捣宜采用振捣棒，操作时要做到快插慢拔。在振捣上层混凝土时应插入下层混凝土中50mm左右，混凝土应振捣密实，每一插点振捣时间宜为20 ~ 30s，视其混凝土表面呈水平不再显著下沉、不再出气泡、表面泛浆为准。振捣棒插点要均匀排列，移动间距不大于振捣棒作用半径的1.5倍（一般为400 ~ 500mm）。振捣棒与模板的距离不应大于其作用半径的0.5倍，且应避免碰撞钢筋、模板、预埋管件。

⑦ 混凝土养护在混凝土表面二次压实后及时进行，养护不小于7天。混凝土养护可采用混凝土表面浇水或覆盖塑料薄膜后再覆盖草帘的保温保湿养护方法。塑料薄膜内应保持有凝结水，使混凝土正常凝固。

3.2 条 形 基 础

3.2.1 条形基础图纸识读

条形基础整体上可分为梁板式条形基础和板式条形基础两类，如图3-15所示。

梁板式条形基础适用于钢筋混凝土框架结构、框架-剪力墙结构、框支结构和钢结构。平法施工图将梁板式条形基础分解为基础梁和条形基础底板分别进行表达。

板式条形基础适用于钢筋混凝土剪力墙结构和砌体结构。

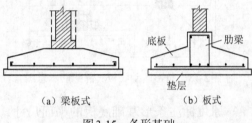

（a）梁板式　　（b）板式

图3-15　条形基础

1. 条形基础底板平法表示方法及施工构造

（1）条形基础底板平法表示方法

条形基础底板平法标注分为集中标注和原位标注。

集中标注内容为条形基础底板编号、截面竖向尺寸、基础底板底部与顶部配筋三项必注内容，以及条形基础底板底面相对标高高差、必要的文字注解两项选注内容。素混凝土条形基础底板的集中标注，除无底板配筋内容外，其形式、内容与钢筋混凝土条形基础底板相同。

条形基础底板编号见表3-4。条形基础底板截面竖向尺寸标注为$h_1/h_2/h_3$，表示自下而上的尺寸，如图3-16、图3-17所示。

表3-4　　　　　　　　　　　　条形基础底板编号

类型	基础底板截面形状	代号	序号	跨数及有无外伸
条形基础底板	坡形 阶形	TJB_P TJB_J	××	（××）端部无外伸 （××A）一端有外伸 （××B）两端有外伸

注：条形基础采用坡形截面或单阶形截面。

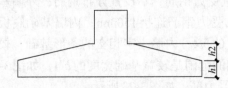

图3-16　条形基础底板坡形截面竖向尺寸

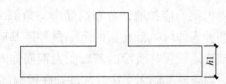

图3-17　条形基础底板阶形截面竖向尺寸

以B打头注写条形基础底板底部横向受力钢筋与分布筋，注写时，用"/"分隔横向受力筋与分布筋，如图3-18所示；当为双梁（或双墙）条形基础底板时，除在底板底部配置钢筋外，一般尚需在两根梁或两道墙之间的底板顶部配置钢筋，标注时以T打头，注写条形基础底板顶部的横向受力筋与分布筋，用"/"分隔受力筋与分布筋，如图3-19所示。

当条形基础底板配筋标注为B：Φ14@150/φ8@250，表示条形基础底板底部配置HRB400级横向受力钢筋，直径为14mm，分布间距150mm；配置HPB300级构造钢筋，直径为8mm，分布间距250mm。

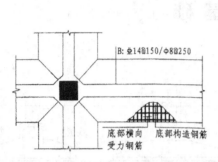
图3-18 条形基础底板底部配筋示意图

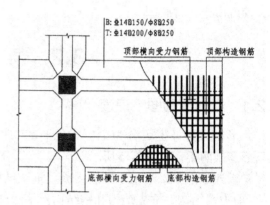
图3-19 双梁条形基础底板底部配筋示意图

原位标注条形基础底板的平面尺寸，用b、b_i，$i = 1$，2，…其中b为基础底板总宽度，b_i为基础底板台阶的宽度，如图3-20所示。除此之外，当集中标注内容不适用于某跨或某外伸部位时，可将其修正内容原位标注在该跨或该外伸部位，施工时"原位标注取值优先"。

（2）条形基础底板施工构造

① 条形基础底板的宽度不小于2.5m时，除条形基础端部第一根钢筋和交接部位的钢筋外，底板受力钢筋的长度可减少10%，按照长度的0.9倍交错排布。但非对称条形基础梁中心至基础边缘的尺寸小于1.25m时，朝该方向的钢筋长度不应减短，如图3-21所示。

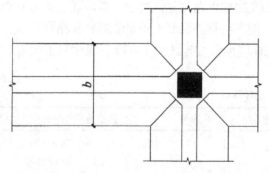
图3-20 条形基础底板平面尺寸原位标注

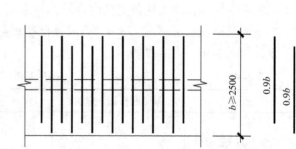
图3-21 条形基础底板配筋长度减少10%构造

② 条形基础钢筋排布。转角两个方向均应布置受力钢筋，不设置分布钢筋；外墙基础底板受力钢筋应拉通，分布钢筋应与角部另一方向的受力钢筋连接150mm；内墙基础底板受力钢筋伸入外墙基础底板的范围是外墙基础底板宽度的$b/4$；内墙十字相交的条形基础，较宽的基础连通设置，较窄的基础受力钢筋伸入较宽基础的范围是较宽基础宽度的$b/4$，如图3-22所示。当条形基础无交接时，基础底板端部设置双向受力筋，如图3-23所示。

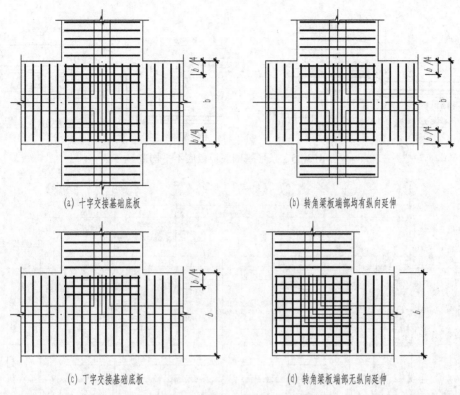

(a) 十字交接基础底板　　　　　(b) 转角梁板端部均有纵向延伸

(c) 丁字交接基础底板　　　　　(d) 转角梁板端部无纵向延伸

图3-22　条形基础底板配筋构造

③ 当条形基础设置有基础梁或基础圈梁时，基础底板的分布钢筋在梁宽范围内不设置，如图3-24所示。

④ 根据条形基础底板的力学特征，底板短向是受力钢筋，先铺在下；长向是不受力的分布钢筋，后铺在受力钢筋的上面。

⑤ 当条形基础底板出现高差时，要根据基础底板底面高差是否大于或小于底板厚度来确定施工构造，如图3-25所示。

【例3-3】结合图3-26，识读条形基础标注内容，计算底板钢筋下料长度，并编制钢筋配料单。基础设垫层，垫层混凝土等级为C15，基础混凝土等级为C30。

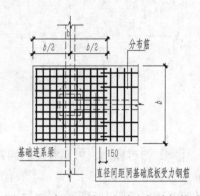

图3-23　条形基础无交接底板端部构造

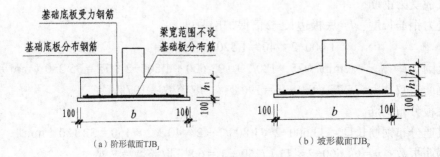

（a）阶形截面TJB$_J$　　　　（b）坡形截面TJB$_P$

图3-24　条形基础梁板交接区构造

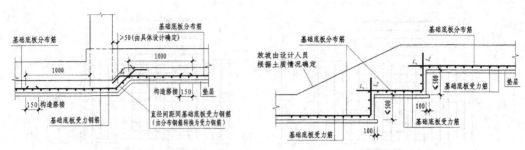

图3-25 条形基础底板板底不平构造

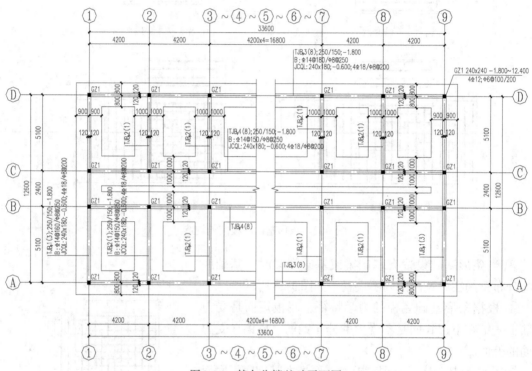

图3-26 某办公楼基础平面图

解：通过读图，可以看到纵向A轴和D轴都是TJB$_p$3（8），B、C轴都是TJB$_p$4（8），①轴和⑨轴各有一道TJB$_p$1（3），②~⑧轴有14道TJB$_p$2（1），总共4个型号20道条形基础。本工程计算中，外墙基础底板受力钢筋全部通过，内墙在交接区钢筋布置为伸入外墙基础b/4。内横墙基础底板在交接区受力钢筋全部通过，内纵墙伸入内横墙基础b/4。计算中分布钢筋不考虑做180°弯钩。

1. A、D轴2道TJB$_p$3（8）钢筋计算（外墙）

（1）底板受力钢筋

底板受力钢筋长度：l = 底板边长 - 2倍保护层厚度

$$= 1\,600 - 2 \times 40 = 1\,520（mm）$$

排布范围：L = 总长 $-2\min/（75,180/2）= 33\,600 + 1\,800 - 2 \times 75 = 35\,250（mm）$

受力钢筋根数：$n = 35\,250/180 + 1 = 196.8$ 取整数 = 197根

（2）底板分布钢筋

底板贯通分布钢筋长度：$33\,600 - 2 \times 1\,800/2 + 2 \times 40 + 2 \times 150 = 32\,180（mm）$

分布钢筋根数：$n =（1\,600 - 2 \times 75）/250 + 1 = 6.8$ 取整数 = 7根

分布钢筋实际间距：（1 600-150）/（7-1）= 241.67（mm）

正交方向②~⑧轴TJB$_p$2（1）的范围：1 600/4 = 400（mm）

与正交方向②~⑧轴TJB$_p$2（1）底板受力钢筋搭接150mm的A轴TJB$_p$3（8）分布钢筋根数为

$$n = （400-75）/241.67 + 1 = 2.3 \quad 取整数 = 2根$$

则底板贯通分布钢筋共有5根，长度为32 180mm。

交接区分布钢筋长度在①~②和⑧~⑨轴之间的长度为

$$4 200-1 800/2-2 000/2 + 2 × 40 + 2 × 150 = 2 680（mm）\quad 共4根$$

交接区分布钢筋长度在②~⑧各相邻轴线之间的长度均为

$$4 200-2 000/2-2 000/2 + 2 × 40 + 2 × 150 = 2 580（mm）\quad 共14根$$

2．①、⑨轴2道TJB$_p$1（3）钢筋计算（外墙）

（1）底板受力钢筋

底板受力钢筋长度：l = 底板边长-2倍保护层厚度

$$= 1 800-2 × 40 = 1 720（mm）$$

排布范围：L = 总长-2min/（75 160/2）= 12 600 + 2 × 1 600/2-2 × 75 = 14 050（mm）

受力钢筋根数：n = 14 050/160 + 1 = 88.8 \quad 取整数 = 89根

（2）底板分布钢筋

底板贯通分布钢筋长度：12 600-2 × 1 600/2 + 2 × 40 + 2 × 150 = 11 380（mm）

分布钢筋根数：n =（1 800-2×75）/250 + 1 = 7.6 \quad 取整数 = 8根

分布钢筋实际间距：（1 800-150）/（8-1）= 235.71（mm）

正交方向B、C轴TJB$_p$4（8）底板受力钢筋伸入①轴TJB$_p$1（3）的范围：

$$1 800/4 = 450（mm）$$

与正交方向B、C轴TJB$_p$4（8）底板受力钢筋搭接150mm的①轴TJB$_p$1

（3）分布钢筋根数为

$$n =（450-75）/235.71 + 1 = 2.6 \quad 取整数 = 2根$$

则底板贯通分布钢筋共6根，长度为11 380mm。

交接区分布钢筋长度在A-B、C-D各轴线之间的长度均为

$$5 100-1 600/2-2 000/2 + 2 × 40 + 2 × 150 = 3 680（mm）\quad 共4根$$

交接区分布钢筋长度在B-C各轴线之间的长度均为

$$2 400-2 000/2-2 000/2 + 2 × 40 + 2 × 150 = 780（mm）\quad 共2根$$

3．B、C轴2道TJB$_p$4（8）钢筋计算（内墙）

（1）底板受力钢筋

底板受力钢筋长度：l = 底板边长-2倍保护层厚度

$$= 2 000-2 × 40 = 1 920（mm）$$

排布范围：L = 33 600-2 × 1 800/2 + 2 × 1 800/4 = 32 700（mm）

受力钢筋根数：n = 32 700/150 + 1 = 219 \quad 共219根

（2）底板分布钢筋

底板贯通分布钢筋长度：33 600-2 × 1 800/2 + 2 × 40 + 2 × 150 = 32 180（mm）

分布钢筋根数：n =（2 000-2 × 75）/250 + 1 = 8.4 \quad 取整数 = 9根

分布钢筋实际间距：（2 000-150）/（9-1）= 231.25（mm）

正交方向②～⑧轴TJB$_p$2（1）底板受力钢筋伸入B轴（或C轴）TJB$_p$4（8）的范围：2 000/4 = 500（mm）

与正交方向②～⑧轴TJB$_p$2（1）底板受力钢筋搭接150mm的B、C轴TJB$_p$4（8）分布钢筋根数为

$$n =（500-75）/231.25 + 1 = 2.8 \quad 取整数 = 3 根$$

则底板贯通分布钢筋共有6根，长度为32 180（mm）。

交接区分布钢筋长度在①～②和⑧～⑨轴之间的长度为

$$4\ 200-1\ 800/2-2\ 000/2 + 2 × 40 + 2 × 150 = 2\ 680（mm）\quad 共6根$$

交接区分布钢筋长度在②～⑧各相邻轴线之间的长度均为

$$4\ 200-2\ 000/2-2\ 000/2 + 2 × 40 + 2 × 150 = 2\ 580（mm）\quad 共18根$$

4．②～⑧轴14道TJB$_p$2（1）钢筋计算（以②轴、C、D轴为例计算）

（1）底板受力钢筋

底板受力钢筋长度：$l =$ 底板边长 -2 倍保护层厚度

$$= 2\ 000-2 × 40 = 1\ 920（mm）$$

排布范围：$L = 5\ 100-1\ 600/2-2\ 000/2 + 1\ 600/4 + 2\ 000/4 = 4\ 200（mm）$

受力钢筋根数：$n = 4\ 300/150 + 1 = 29 \quad 共29根$

（2）底板分布钢筋

底板分布钢筋长度：$5\ 100-1\ 600/2-2\ 000/2 + 2 × 40 + 2 × 150 = 3\ 680（mm）$

分布钢筋根数：$n =（2\ 000-2 × 75）/250 + 1 = 8.4 \quad 取整数 = 9根$

该工程的钢筋配料单见表3-5。

表3-5　　　　　　　　　　　　　　　钢筋配料单

构件名称	基础编号	简图	直径/mm	钢号	长度/mm	单位根数	合计根数
某办公楼条形基础	A、D轴 TJB$_p$3（8）	∠1520∖	14	B φ	1 520	197	394
		⌐32180⌐	8	A φ	32 180	5	10
		⌐2680⌐	8	A φ	2 680	4	8
		⌐2580⌐	8	A φ	2 580	14	28
	BC轴 TJB$_p$4（8）	∠1920∖	14	B φ	1 920	219	438
		⌐32180⌐	8	A φ	32 180	6	12
		⌐2680⌐	8	A φ	2 680	6	12
		⌐2580⌐	8	A φ	2 580	18	36
	①、⑨轴 TJB$_p$1（3）	∠1720∖	14	B φ	1 720	89	178
		⌐11380⌐	8	A φ	11 380	6	12
		⌐3680⌐	8	A φ	3 680	4	8
		⌐780⌐	8	A φ	780	2	4
	②～⑧轴TJB$_p$2（1）	∠1920∖	14	B φ	1 920	29	406
		⌐3680⌐	8	A φ	3 680	9	126

2. 条形基础梁平法表示方法及施工构造

（1）基础梁平法表示方法

基础梁是指在墙下或柱下条形基础中的梁，也称为肋梁，如图3-15中的肋梁。该梁由于承受地基反力作用，与上部结构的楼层梁相比也称为反梁。

基础梁的平面注写方式分为集中标注和原位标注，其具体标注详见表3-6。

表3-6　　　　　　　　　　　　　基础梁平面注写方式

类别	数据项	注写形式	表达内容	示例及备注
集中标注	梁编号	JL××（××） JL××（×A） JL××（×B）	代号、序号、跨数及外伸状况	JL1（3）：基础梁1，3跨 JL2（2A）：基础梁2，2跨一端外伸 JL3（3B）：基础梁3，3跨两端外伸
	截面尺寸	$b×h$； $b×h\,Yc_1×c_2$	梁宽×梁高； 加腋用$Yc_1×c_2$，c_1为腋长，c_2为腋高	若外伸端部变截面，在原位注写$b×h_1/h_2$，h_1为根部高度，h_2为尽端高度
	箍筋	$××\phi××@×××/$ $××@×××（×）$	箍筋道数、钢筋级别、直径、第一种间距/第二种间距、肢数	11ϕ12@100/12@200（4）表示箍筋为HPB300级钢筋，直径为12mm，从梁端向跨内间距100mm，设置11道，其余间距为200mm，均为4肢箍
	纵向钢筋	B：×Φ×× T：×Φ××	底部（B）、顶部（T）贯通纵筋根数、钢筋级别、直径	B：4Φ25　T：4Φ20 B：8Φ25 6/2　T：4Φ20
	侧面构造钢筋	B：×Φ×× T：×Φ××	底部（B）、顶部（T）贯通纵筋根数、钢筋级别、直径	B：4Φ25　T：4Φ20 表示梁底部配置4Φ25贯通纵筋，梁顶部配置4Φ20贯通纵筋
	梁底标高差	（×.×××）	梁底面相对于基础底面基准标高的高差	
原位标注	支座区域底部钢筋	×Φ××	包括贯通筋和非贯通筋在内的全部纵筋	多于一排用/分隔，同排中有两种直径用＋连接
	附加箍筋及反扣筋	×ϕ××@××（×）	附加箍筋总根数（两侧均分）、钢筋级别、直径及间距（肢数）	在主次梁相交处主梁引出
	外伸部位变截面高度	若外伸端部变截面，在原位注写$b×h_1/h_2$，h_1为根部高度，h_2为尽端高度		
	原位注写修正内容	当集中标注某项内容不适用于某跨或外伸部分时，原位注写，施工时原位标注优先		

（2）施工构造

① 基础梁上部贯通钢筋能通则通，不能满足钢筋足尺寸要求时，可在距柱边1/4净跨（$l_n/4$）范围内采用搭接连接、机械连接或对焊连接。同一连接区段接头面积不应大于50%。当钢筋长度可以穿过一连接区到下一连接区并满足连接要求时，宜穿越通过，如图3-27所示。

② 基础梁下部贯通钢筋能通则通，不能满足钢筋足尺寸要求时，可在跨中1/3净跨（$l_n/3$）范围内采用搭接连接、机械连接或对焊连接。同一连接区段内接头面积不应大于50%。当钢筋长度可以穿过一连接区到下一连接区并满足连接要求时，宜穿越通过。

净跨是指两相邻柱子之间的净距。计算时，取左跨 l_{ni} 和右跨 l_{ni+1} 的较大值。当底部贯通纵筋经原位注写修正出现两种不同配置的底部贯通纵筋时，配置较大一跨的底部贯通纵筋须延伸至毗邻跨的跨中连接区域。

③ 基础梁支座下部非贯通钢筋不多于两排时，其向跨内的延伸长度自支座边算起取 $l_n/3$。第三排非贯通钢筋向跨内的延伸长度由设计者注明，如图3-27所示。

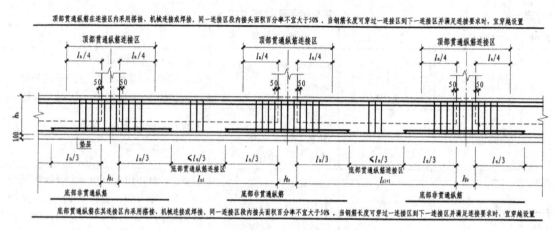

图3-27　基础梁JL纵向钢筋与箍筋构造

④ 基础梁箍筋自柱边50mm处开始布置，在梁柱节点区中的箍筋按照梁端第一种箍筋增加设置（不计入总道数）。在两向基础梁相交位置，箍筋按截面较高的基础梁箍筋贯通设置。

⑤ 基础梁宽度一般比柱截面宽至少100mm（每边至少50mm）。当具体设计不满足以上要求时，施工时按照图3-28规定增设梁包柱侧腋。

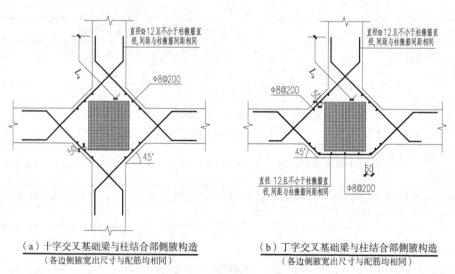

（a）十字交叉基础梁与柱结合部侧腋构造
（各边侧腋宽出尺寸与配筋均相同）

（b）丁字交叉基础梁与柱结合部侧腋构造
（各边侧腋宽出尺寸与配筋均相同）

图3-28　梁包柱侧腋构造

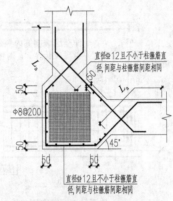

（c）基础梁中心穿柱侧腋构造　　　（d）基础梁偏心穿柱与柱结合部侧腋构造

（e）无外伸基础梁与角柱结合部侧腋构造

图3-28　梁包柱侧腋构造（续）

⑥ 基础梁端部与外伸部位钢筋构造如图3-29所示。端部有外伸时，悬挑梁上部第一排钢筋伸至端部并向下做90°弯钩，弯钩长度12d（d为钢筋直径），第二排钢筋自边柱内缘向外伸部位延伸锚固长度l_a。悬挑梁下部第一排钢筋伸至端部并向上做90°弯钩，弯钩长度12d，第二排钢筋伸至梁端部。悬挑梁部位箍筋按照第一种箍筋设置。

当基础梁端部无外伸时，基础梁钢筋伸入梁包柱侧腋中，上部钢筋伸至梁端部并向下做90°弯钩，弯钩长度15d；下部钢筋伸至梁端部且水平段不小于$0.4l_{ab}$，并向上做90°弯钩，弯钩长度15d。

⑦ 原位标注的附加箍筋和附加吊筋构造如图3-30所示。

⑧ 基础梁侧面构造钢筋搭接长度为15d。十字相交的基础梁，当相交位置有柱时，侧面构造钢筋锚入梁包柱侧腋15d，如图3-31（a）所示；当无柱时侧面构造钢筋锚入交叉梁内15d，如图3-31（b）所示。丁字相交的基础梁，当相交位置无柱时，横梁外侧的构造纵筋应贯通，横梁内侧的构造钢筋锚入交叉梁内15d，如图3-31（c）所示。

单元 3

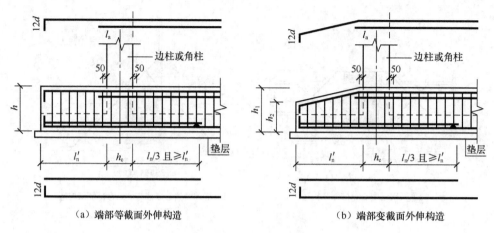

（a）端部等截面外伸构造　　　　　（b）端部变截面外伸构造

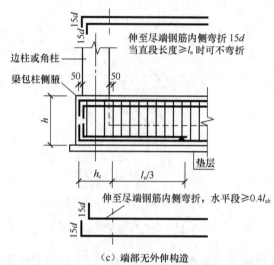

（c）端部无外伸构造

图3-29　基础梁端部与外伸部位钢筋构造

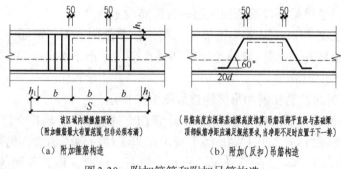

该区域内梁箍筋照设
（附加箍筋最大布置范围，但非必须布满）

（吊筋高度应根据基础梁高度推算，吊筋顶部平直段与基础梁顶部纵筋净距应满足规范要求，当净距不足时应置于下一排）

（a）附加箍筋构造　　　　　（b）附加（反扣）吊筋构造

图3-30　附加箍筋和附加吊筋构造

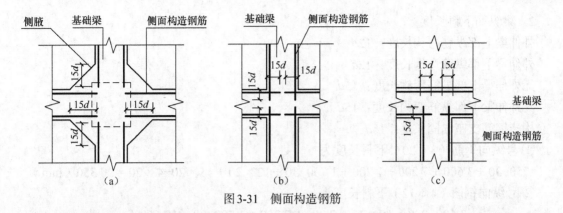

图 3-31　侧面构造钢筋

⑨ 基础梁侧面受扭纵筋的搭接长度为 l_l，其锚固长度为 l_a，锚固方式同梁上部纵筋。

⑩ 梁侧钢筋的拉筋直径除注明者外均为 8mm，间距为箍筋的 2 倍。当设有多排拉筋时，上下两排拉筋竖向应错开设置，如图 3-32 所示。

【例 3-4】图 3-33 为某工程基础梁，梁底设垫层，垫层混凝土等级为 C15，基础梁和框架柱强度等级均为 C30，框架柱子截面尺寸为 400mm × 400mm，设基础梁保护层为 30mm，结合施工构造计算基础梁钢筋下料长度。

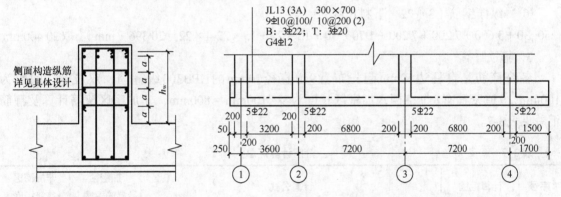

图 3-32　基础梁侧面构造纵筋和拉筋　　　　图 3-33　基础梁平法标注示意

解：1. 基础梁纵向钢筋模拟初步放样

按照基础梁平法标注以及施工构造，画出基础梁的纵向钢筋模拟初步放样，如图 3-34 所示。

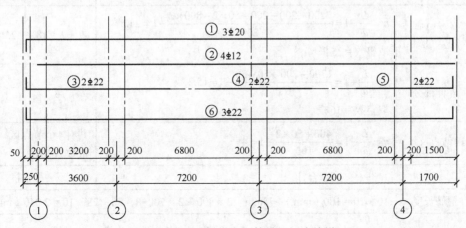

图 3-34　基础梁纵向钢筋模拟初步放样

2．梁纵筋下料长度

外伸梁上部纵筋弯钩长度：12d

外伸梁下部纵筋弯钩长度：12d

无外伸梁上部纵筋弯钩长度：15d

无外伸梁下部纵筋弯钩长度：15d

构造钢筋支座锚固长度：15d

① 号纵向钢筋（3ϕ20）下料长度为

$250-30+3\,600+7\,200+7\,200+1\,700-30+12\times20+15\times20-4\times20=20\,350$（mm）

② 号纵向钢筋（4ϕ12）下料长度为

$3\,600-200+15\times12+7\,200+7\,200+1\,700-30=19\,650$（mm）

③ 号纵向钢筋（2ϕ22）下料长度为

$250-30+15\times22+3\,600+200+6\,800/3-2\times22=6\,573$（mm）取6 575mm

④ 号纵向钢筋（2ϕ22）下料长度为

$6\,800/3+6\,800/3+400=4\,933$（mm）取4 935mm

⑤ 号纵向钢筋（2ϕ22）下料长度为

$6\,800/3+200+1\,700-30+12\times22-2\times22=4\,357$（mm）取4 360mm

⑥ 号纵向钢筋（3ϕ22）下料长度为

$250-30+3\,600+7\,200+7\,200+1\,700-30+12\times22+15\times22-4\times22=20\,396$（mm）取20 400mm

3．箍筋计算

各跨箍筋是自柱边50mm起先布置9道直径10mm的HPB300级箍筋，双肢箍，间距为100mm，9道密箍有8个空档，加密区长度为8×100mm＝800mm，非加密区箍筋计算及箍筋汇总见表3-7。

表3-7 箍筋计算汇总

序号	计算范围	计算公式	加密区箍筋根数	非加密区箍筋根数
1	①～②轴	$n=\dfrac{L}{@}-1=\dfrac{3600-200-200-50\times2-800\times2}{200}-1=6.5$ 取整数＝7根	9×2＝18	7
2	②～③轴 ③～④轴	$n=\dfrac{L}{@}-1=\dfrac{7200-200-200-50\times2-800\times2}{200}-1=24.5$ 取整数＝25根	9×2＝18	25×2＝50
3	外伸部分	$n=\dfrac{L}{@}+1=\dfrac{1700-200-50-30}{100}+1=15.2$ 取整数＝16根	16	
4	节点区	$n=\dfrac{L}{@}-1=\dfrac{400+50\times2}{100}-1=4$	共有4个节点区，箍筋总根数为16根	
	合计			125根
5	箍筋长度	$10\times10=100$（mm）>75mm $2\times300+2\times700-8\times30+28\times10=2\,040$（mm）		

3.2.2 条形基础工程施工

条形基础施工工艺流程：清理基槽→浇筑混凝土垫层→基础放线→带形基础绑扎钢筋→地梁钢筋绑扎→框架柱插筋→支设基础模板→地梁吊模支设→隐蔽工程验收→混凝土浇筑、振捣、找平→混凝土养护→拆除模板。

1. 条形基础钢筋绑扎

① 条形基础及基础梁钢筋绑扎应按设计要求及《06G101-6》、《12G901-3》图集进行绑扎，其间距应满足设计要求。

② 柱插筋应按照设计及规范、图集要求进行施工，柱插筋的锚固长度、钢筋甩出长度、钢筋根数、钢筋间距、钢筋位置等均应满足设计及规范、图集要求。

③ 钢筋其他施工要点同独立基础。

2. 条形基础模板施工

条形基础采用的模板以多层板、竹胶板或小钢模为主，背楞采用50mm×100mm木方或 ϕ 48mm钢管。条形基础模板支设构造如图3-35所示。

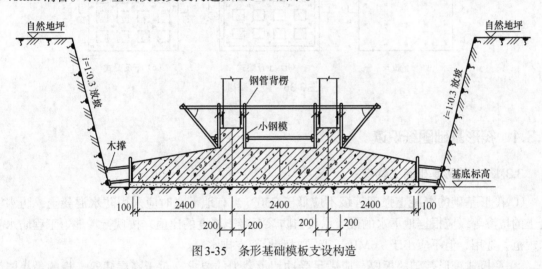

图3-35 条形基础模板支设构造

3. 条形基础混凝土施工

其施工要点如下。

① 条形基础、基础梁混凝土强度等级应满足设计要求。

② 浇筑前，应根据混凝土基础顶面的标高，在两侧模板上弹出标高线；如采用原槽土模时，应在基槽两侧的土壁上交错打入长10cm左右的标杆，并露出2～3cm，标杆面与基础顶面标高齐平，标杆之间距离约3m。

③ 根据基础深度分段分层连续浇筑混凝土，一般不设施工缝。各段、各层间应相互衔接，每段间浇筑长度控制在2～3m距离，做到逐层逐段呈阶梯形推进，上下层之间混凝土结合间歇时间控制在混凝土终凝前。

④ 坡形、带形基础应事先浇筑斜面下的基础混凝土，待混凝土终凝之前完成斜面混凝土浇筑，斜面混凝土浇筑时其坍落度应相应地减小，并做好斜面的压光处理。

⑤ 有梁式带形基础要在基础混凝土初凝之前完成基础梁混凝土浇筑。

3.3 筏 形 基 础

当地基软弱而上部结构的荷载又很大，采用十字交叉基础仍不能满足要求或相邻基础距离很小时，可将整个基础底板连成一个整体而成为钢筋混凝土筏形基础，俗称满堂基础。筏形基础可扩大基底面积，增强基础的整体刚度，较好地调整基础各部分之间的不均匀沉降。对于设有地下室的结构物，筏形基础还可兼作地下室的底板。筏形基础可用于框架、框剪、剪力墙结构，还广泛用于砌体结构。筏形基础在构造上可视为一个倒置的钢筋混凝土楼盖，可做成平板式和梁板式，如图3-36所示。本部分仅介绍梁板式筏形基础。

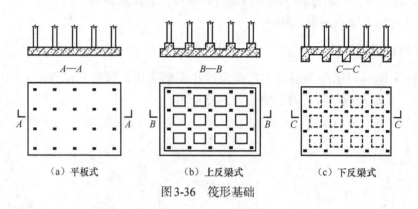

图 3-36 筏形基础

3.3.1 筏形基础图纸识读

3.3.1.1 筏形基础有关构造

① 筏形基础的混凝土强度等级不应低于C30。当有地下室时应采用防水混凝土，防水混凝土的抗渗等级应根据地下水的最大水头与防渗混凝土厚度的比值，按现行《地下工程防水技术规范》选用，但不应小于0.6MPa。必要时宜设架空排水层。

② 平板式筏形基础的板厚，应满足受冲切承载力的要求。对于高层建筑，板的最小厚度不宜小于400mm；对于多层建筑，可按层数×50mm初定，但不得小于200mm。

③ 平板式筏形基础柱下板带和跨中板带的底部钢筋应有1/2 ~ 1/3贯通全跨，且配筋率不应小于0.15%（指贯通筋），顶部钢筋按计算配筋全部贯通。受力钢筋最小直径不宜小于12mm，间距不宜太大，一般可取150 ~ 200m，采用双向钢筋网片配置在板的顶面和底面。当板的厚度大于2m时，尚宜沿板厚方向间距不超过1m设置与板面平行的构造钢筋网片，其直径不宜小于12mm，纵横方向的间距不宜大于200mm。

④ 当满足承载力要求时，筏形基础的周边不宜向外有较大的挑出扩大。梁板式筏形基础外挑时，其基础梁宜一同挑出。当基础梁外挑时，其外伸悬臂板的挑出长度不宜大于1.0m，悬臂板应上下配置钢筋，双向挑出的悬臂板，应在角部加配放射状附加钢筋，直径同边跨受力钢筋，间距不宜大于200mm。

⑤ 梁板式筏形基础底板的板格应满足受冲切承载力要求。

a. 梁板式筏形基础的板厚不应小于300mm，且板厚与板格最小跨度之比不宜小于1/20。

b. 对12层以上建筑梁板式筏形基础，其底板厚度与最大双向板格的短边净跨之比不应小于1/14，且厚度不应小于400mm。

⑥ 梁板式筏形基础的底板和基础梁的配筋除满足计算要求外，纵横方向底部钢筋尚应有1/2～1/3贯通全跨，且其配筋率不应小于15%，顶部钢筋按计算全部贯通。

3.3.1.2 梁板式筏形基础平法表达

梁板式筏形基础由基础主梁（JL）、基础次梁（JCL）、基础平板（LPB）三种构件组成。

梁板式筏形基础根据梁底和基础板底的位置关系分为"高板位"（梁顶与板顶平齐）、"低板位"（梁底与板底平齐）以及"中板位"（板在梁的中部）三种类型，如图3-37所示。

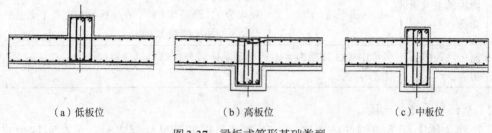

（a）低板位　　　　　　　　（b）高板位　　　　　　　　（c）中板位

图3-37 梁板式筏形基础类型

1. 基础主梁、基础次梁平法标注和施工构造

（1）基础主梁、基础次梁平法标注

基础主梁、基础次梁的平面注写方式分为集中标注和原位标注。它们的标注除编号不同外基本相同，具体标注详见表3-8。

表3-8　　　　　　　　　　　基础主梁、基础次梁平面注写方式

类别	数据项	注写形式	表达内容	示例及备注
集中标注	梁编号	JL（或JCL）××（××） JL（或JCL）××（×A） JL（或JCL）××（×B）	代号、序号、跨数及外伸状况	JL1（3）：基础主梁1，3跨 JCL2（2A）：基础次梁2，2跨一端外伸 JL3（3B）：基础主梁3，3跨两端外伸
	截面尺寸	$b \times h$； $b \times h$　$Yc_1 \times c_2$	梁宽×梁高； 加腋用$Yc_1 \times c_2$，c_1为腋长，c_2为腋高	若外伸端部变截面，在原位注写$b \times h_1/h_2$，h_1为根部高度，h_2为尽端高度
	箍筋	××φ××@×××/ ××@×××（×）	箍筋道数、钢筋级别、直径、第一种间距/第二种间距、肢数	11φ12@100/12@200（4）表示箍筋为HPB300级钢筋，直径为12mm，从梁端向跨内，间距100mm，设置11道，其余间距为200mm，均为4肢箍
	纵向钢筋	B：×Φ×× T：×Φ××	底部（B）、顶部（T）贯通纵筋根数、钢筋级别、直径	B：4Φ25　T：4Φ20表示梁底部配置4Φ25贯通纵筋，梁顶部配置4Φ20贯通纵筋

续表

类别	数据项	注写形式	表达内容	示例及备注
集中标注	侧面构造钢筋	G×⽫××	梁两侧面对称布置纵向钢筋总根数	当梁腹板高度大于450mm时设置拉筋，直径为8mm，间距为箍筋间距的2倍。G4⽫12两侧各两根
	梁底标高差	(×.×××)	梁底面相对于筏形基础平板标高的高差	
原位标注	支座区域底部钢筋	×⽫××	包括贯通筋和非贯通筋在内的全部纵筋	多于一排用/分隔，同排中有两种直径用+连接
	附加箍筋及反扣筋	×φ××@××(×)	附加箍筋总根数（两侧均分）、钢筋级别、直径及间距（肢数）	在主次梁相交处主梁引出
	原位注写修正内容	当集中标注某项内容不适用于某跨或外伸部分时，原位注写，施工时原位标注优先		

（2）基础主梁施工构造

① 基础主梁上部贯通钢筋能通则通，不能满足钢筋足尺寸要求时，可在距柱边1/4净跨（$l_n/4$）范围内采用搭接连接、机械连接或对焊连接。同一连接区段接头面积不应大于50%。当钢筋长度可以穿过一连接区到下一连接区并满足连接要求时，宜穿越通过，如图3-27所示。

② 基础主梁下部贯通钢筋能通则通，不能满足钢筋足尺寸要求时，可在跨中1/3净跨（$l_n/3$）范围内采用搭接连接、机械连接或对焊连接。同一连接区段内接头面积不应大于50%。当钢筋长度可以穿过一连接区到下一连接区并满足连接要求时，宜穿越通过。

净跨是指两相邻柱子之间的净距。计算时，取左跨l_{ni}和右跨l_{ni+1}的较大值。当底部贯通纵筋经原位注写修正出现两种不同配置的底部贯通纵筋时，配置较大一跨的底部贯通纵筋须延伸至毗邻跨的跨中连接区域。

③ 基础主梁支座下部非贯通钢筋不多于两排时，其向跨内的延伸长度自支座边算起取$l_n/3$。第三排非贯通钢筋向跨内的延伸长度由设计者注明，如图3-27所示。

④ 基础主梁箍筋自柱边50mm处开始布置，在梁柱节点区中的箍筋按照梁端第一种箍筋增加设置（不计入总道数）。在两向基础梁相交位置，箍筋按截面较高的基础梁箍筋贯通设置。

⑤ 基础主梁宽度一般比柱截面宽至少100mm（每边至少50mm）。当具体设计不满足以上要求时，施工时按照图3-28规定增设梁包柱侧腋。

⑥ 基础主梁端部与外伸部位钢筋构造如图3-29所示。端部有外伸时，悬挑梁上部第一排钢筋伸至端部并向下做90°弯钩，弯钩长度12d（d为钢筋直径），第二排钢筋自边柱内缘向外外伸部位延伸锚固长度l_a。悬挑梁下部第一排钢筋伸至端部并向上做90°弯钩，弯钩长度12d，第二排钢筋伸至梁端部。悬挑梁部位箍筋按照第一种箍筋设置。

当基础主梁端部无外伸时，基础主梁钢筋伸入梁包柱侧腋中，上部钢筋伸至梁端部并向下做90°弯钩，弯钩长度15d；下部钢筋伸至梁端部且水平段不小于$0.4l_{ab}$，并向上做90°弯钩，弯钩长度15d。

⑦ 原位标注的附加箍筋和附加吊筋构造以及梁侧面钢筋构造要求同条形基础中的基础梁，这里不再重复。

（3）基础次梁施工构造

基础次梁是以基础主梁为支座的梁，与基础主梁相比有许多相似的地方。

① 基础次梁上部贯通钢筋按跨布置，满足钢筋足尺寸要求时能通则通，不能满足钢筋定尺要求时，可在支座（基础主梁）内断开。伸入支座（主梁）的锚固值为max（12d，主梁宽/2），如图3-38所示。

② 基础次梁下部贯通钢筋能通则通，不能满足钢筋定尺要求时，可在$l_n/3$范围内采用搭接连接、机械连接或对焊连接。这里所指跨度是指两相邻基础主梁之间的净距，取左跨l_{ni}和右跨l_{ni+1}的较大值。边跨端部钢筋直锚长度设计按铰接时$\geqslant 0.35l_{ab}$，按充分利用钢筋抗拉强度时$\geqslant 0.6l_{ab}$，基础梁下部钢筋应伸至端部后弯折$15d$，如图3-38所示。

③ 基础次梁支座下部非贯通钢筋不多于两排时，其向跨内的延伸长度自主梁边算起不小于1/3净跨（$L_n/3$），第三排非通钢筋向跨内的延伸长度由设计者注明，如图3-38所示。

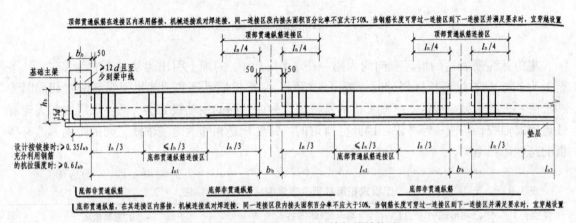

图3-38　基础次梁JCL纵向钢筋与箍筋构造

④ 基础次梁端部与外伸部位钢筋构造如图3-39所示。

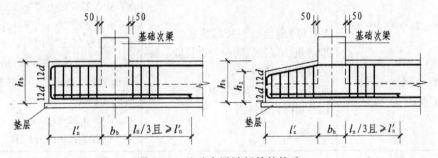

图3-39　基础次梁端部外伸构造

2. 基础平板平法标注和施工构造

（1）基础平板平法标注

梁板式筏形基础平板（LPB）的平面注写，分板底部与顶部贯通纵筋的集中标注与板底部附加非贯通纵筋的原位标注两部分。基础平板集中标注和原位标注内容及注写形式见表3-9。梁板式基础平板标注如图3-40所示。

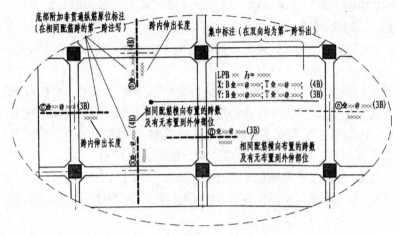

图 3-40　梁板式筏形基础平板标注图示

　　集中标注所表达的板区双向均为第一跨（X 与 Y 向）的板上引出（从左至右为 X 向，从下至上为 Y 向）。在进行板区划分时，板厚度相同，底部贯通纵筋和顶部贯通纵筋配置相同时为一板区，否则为另一板区。基础平板的跨数是以构成柱网的主轴线为准，两主轴线之间无论有几道辅助轴线，均按一跨考虑。因此，所谓的"跨度"是相邻两道主轴线之间的距离，这与楼板的跨度计算不同。

表 3-9　　　　　　　　　　　　梁板式筏形基础平板集中标注和原位标注

类别	注写形式	表达内容	示例及备注
集中标注	LPB××	基础平板编号，包括代号与序号	LPB1：梁板式基础平板 1
	$h =$×××	平板厚度	$h = 300$：基础平板厚度 300mm
	×：B ϕ ××@×××； T ϕ ××@××；（×，×A，×B） Y：B ϕ ××@×××； T ϕ ××@×××；（×，×A，×B）	X 向与 Y 向底部与顶部贯通纵筋强度等级、直径、间距（总长度、跨数及有无延伸） 用 B 标注板底部贯通纵筋，以 T 标注板顶部贯通纵筋	X：B ϕ 22@150；T ϕ 20@150；（5B） Y：B ϕ 20@200；T ϕ 18@200；（7A） 当贯通纵筋在跨内有两种不同间距时，先注写跨内两端的第一种间距，并在前面注写根数，再注写跨中第二种间距。如： X：B12 ϕ 22@200/150； T10 ϕ 20@200/150；（5B）
原位标注	ϕ ××@×××（x,xA,XB） ────── ×××× │基础梁	底部附加非贯通纵筋强度等级、直径、间距（相同配筋横向布置的跨数是否布置在外伸部位）；自梁中心线分别向两边跨内的延伸长度值；当向两侧对称延伸时，仅在一侧注写延伸长度值；外伸部位一侧的延伸长度可以不标注	ϕ 10@200　（3B） ──────── 1500
	修正内容	某部位与原位标注不同的内容	原位标注优先

类别	注写形式	表达内容	示例及备注
原位标注	在图中注明的其他内容	①当在基础平板周边侧面设置纵向构造钢筋时，应在图中注明； ②应注明基础平板边缘的封边方式与配筋； ③基础平板外伸部位变截面高度时，注明外伸部位 h_1（根部高度）/h_2（尽端高度）； ④基础平板厚度大于2m时，注明在平板中部的水平构造钢筋； ⑤当在板中采用拉筋时，注明拉筋的配置及布置方式（双向或梅花双向）； ⑥注明混凝土垫层厚度及强度等级； ⑦平板阳角部位设置放射筋时，注明放射筋强度、直径、根数、设置方式	

（2）基础底板底部贯通钢筋与非贯通钢筋布置

隔一布一：当原位注写底部附加非贯通钢筋注写为 Φ22@250，底部该跨范围集中标注的底部贯通纵筋为 Φ22@250（5）时，两者实际结合后间距为各自标注间距的1/2。

（3）基础平板（LPB）钢筋构造

梁板式筏形基础平板钢筋构造分为柱下区域和跨中区域两种部位构造，柱下区域构造如图3-41所示，跨中区域钢筋构造如图3-42所示。

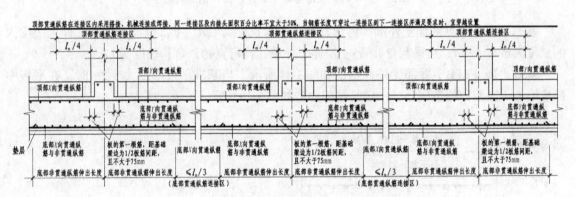

图3-41　梁板式筏形基础平板柱下区域钢筋构造

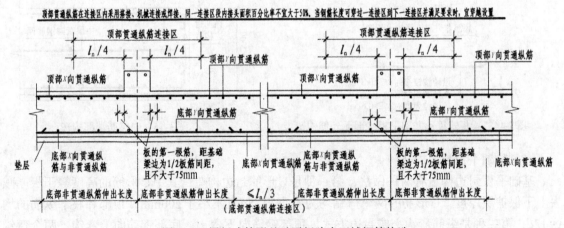

图3-42　梁板式筏形基础平板跨中区域钢筋构造

底部非贯通钢筋的延伸长度根据原位标注的延伸长度确定；底部贯通纵筋在基础平板内能通则通，不能满足钢筋定尺要求时，可在跨中底部纵筋连接区域（不大于 $l_n/3$）进行连接，当某跨底部贯通纵筋直径大于邻跨时，如果相邻板区板底相平，则配置较大的板跨的底部贯通纵筋须越过板区分界线伸至毗邻板跨跨中连接区域连接。基础平板底部和顶部第一根筋，从距基础梁边 1/2 板筋间距且不大于 75mm 布置。

（4）基础平板（LPB）端部与外伸部位钢筋构造（见图 3-43）

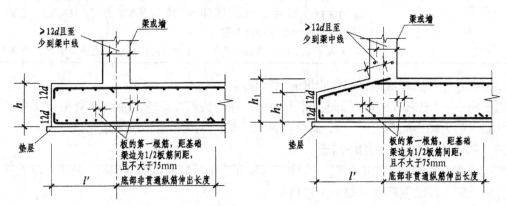

图 3-43 梁板式筏形基础平板外伸部位钢筋构造

基础平板下部纵筋伸至外端，再弯直钩，弯钩长度为 12d。上部纵筋（直筋）伸入边梁内的长度为 max（12d，边梁宽 /2），另一端伸至外端，再弯直钩，弯钩长度为 12d。

基础平板（LPB）端部无外伸构造如图 3-44 所示。当基础平板厚度大于 2m 时，在平板中部应增加一层双向构造钢筋，中层筋端部构造如图 3-45 所示。

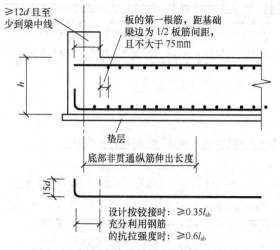

图 3-44 梁板式筏形基础平板端部无外伸构造

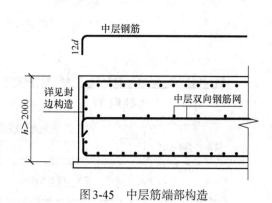

图 3-45 中层筋端部构造

（5）基础平板封边构造

基础平板封边构造有两种做法，第一种是 U 形筋封边构造，其中 U 形筋的高度等于板厚减去上下保护层厚度，U 形筋的两个弯钩均为不小于 15d 且不小于 200mm，顶部和底部纵筋的均为 12d；第二种是纵筋弯钩交错封边方式，顶部钢筋向下弯钩，底部钢筋向上弯钩，两个弯钩交错 150mm，如图 3-46 所示。

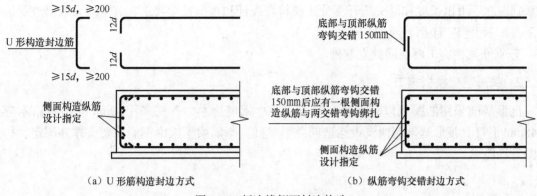

（a）U 形筋构造封边方式　　　　　　　（b）纵筋弯钩交错封边方式

图 3-46　板边缘侧面封边构造

3.3.2　筏形基础工程施工

筏形基础施工工艺流程：清理基坑→浇筑混凝土垫层→基础放线→基础底板钢筋、地梁钢筋、框架柱墙插筋绑扎→支设基础模板→地梁吊模支设→隐蔽工程验收→混凝土浇筑、振捣、找平→混凝土养护→拆除模板。

1. 筏形基础钢筋绑扎

（1）筏形基础钢筋绑扎工艺流程

弹钢筋位置线→运钢筋到使用部位→绑扎底板下部及地梁钢筋→水电工序插入→设置垫块→放置马凳→绑底板上部钢筋→设置定位框→插墙、柱预埋钢筋→基础底板钢筋验收。

（2）施工要点

① 在底板上弹出钢筋位置线（包括基础梁钢筋位置线）和墙、柱插筋位置线。先铺底板下层钢筋，根据设计要求，决定下层钢筋哪个方向钢筋在下面。在铺底板下层钢筋前，先铺集水坑、设备基坑的下层钢筋。距基础梁边的第一根钢筋为底板筋的 1/2 间距。

② 检查底板下层钢筋施工合格后，放置底板混凝土保护层垫块，垫块厚度等于保护层厚度。按每 900mm 距离梅花形摆放。

③ 基础梁绑扎。基础梁绑扎时用脚手钢管根据反梁高度搭设临时绑扎钢筋架。将基础梁上部钢筋放置在临时钢筋绑扎架上，并用相应的钢筋连接方法将主筋连接起来，然后套基础梁箍筋，箍筋开口朝下并错开。

穿基础梁下部钢筋，并用相应的钢筋连接方法将钢筋接长，然后开始绑扎钢筋。为确保箍筋的间距一致，在主筋上画箍筋的位置，严格按照所画的箍筋位置进行绑扎，基础梁四角绑扎必须使用兜扣绑扎。

④ 底板下层钢筋绑扎完后，水、电等专业单位进行预埋管线的敷设和预留洞口的留置，待接到专业单位的书面工序交接单后，才进行上层钢筋的铺设。

⑤ 绑扎上层钢筋。绑完下层钢筋后，搭设钢管支撑架，摆放马凳筋，钢筋上下次序及绑扣方法同底板下层钢筋。

由于基础底板及基础梁受力的特殊性，上下层钢筋断筋位置为下层钢筋在跨中 1/3 范围内截断，上层钢筋在支座处截断。

⑥ 根据垫层或防水保护层上弹好的墙、柱插筋位置线和底板钢筋网上固定的定位框，将墙、柱伸入基础的插筋绑扎牢固，并在主筋上（底板钢筋以上约 500mm）绑一道固定筋，插

入基础深度、甩出长度和甩头错开百分比要符合设计和规范长度要求，其上端采取措施保证甩筋垂直，不歪斜、倾倒、变位。

⑦ 钢筋其他施工要点同独立基础。

2. 筏形基础模板施工

筏形基础采用的模板以多层板、竹胶板或小钢模为主，背楞采用50mm×100mm木方或φ48mm钢管。筏形基础侧模支设构造同条形基础，基础梁模板由钢筋支架支撑并固定，构造如图3-47所示。

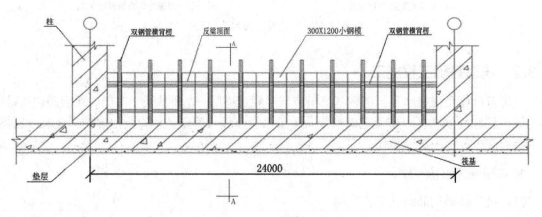

图3-47　基础梁模板

3. 筏形基础混凝土施工

① 筏形基础的整体性要求高，一般要求混凝土连续浇筑，如底板厚度较大为大体积混凝土，要符合《大体积混凝土施工规范》（GB 50496-2009）要求。

② 大体积混凝土是指混凝土结构物实体最小几何尺寸不小于1m的大体量混凝土，或预计会因混凝土中胶凝材料水化引起的温度变化和收缩而导致有害裂缝产生的混凝土。

大体积混凝土工程的施工宜采用整体分层连续浇筑施工或推移式连续浇筑施工，如图3-48、图3-49所示。

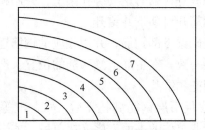

图3-48　整体分层连续浇筑　　　　　图3-49　推移式连续浇筑

整体分层连续浇筑或推移式连续浇筑，应缩短间歇时间，并在前层混凝土初凝之前将次层混凝土浇筑完毕。层间最长的间歇时间不应大于混凝土的初凝时间。混凝土的初凝时间应通过试验确定。当层间间隔时间超过混凝土的初凝时间时，层面应按施工缝处理。

③ 当筏形基础长度很长（40m以上），应考虑在中部适当部位留设贯通后浇带，以避免出现温度收缩裂缝和便于进行施工分段流水作业。

后浇带的保留时间应根据设计确定，无设计要求时，一般应至少保留28d以上，后浇带的宽度为800～1 000mm，后浇带内的钢筋应完好保存。

对地下室有防水抗渗要求的，还应留设止水带（板），以防后浇带处渗水，如图3-50所示。

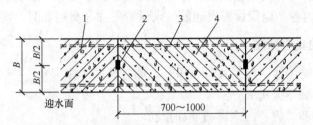

图3-50 基础底板后浇带的防水基本构造

1—筏板基础；2—止水带；3—筏板基础钢筋；4—后浇带混凝土

后浇带两侧可采用密目钢丝网模板或木模、小钢模等模板和支撑，以防止混凝土漏浆而使后浇带断不开。后浇带保留的支撑，应保留至后浇带混凝土浇筑且强度达到设计要求后，方可逐层拆除。后浇带模板做法如图3-51所示。

后浇带在浇筑混凝土前，必须将整个混凝土表面按照施工缝的要求进行处理，将混凝土凿毛、充分湿润冲洗干净，且不得积水；先铺一层水泥浆或与混凝土成分相同的水泥砂浆，然后浇补偿收缩混凝土（掺UEA 12%～15%），振捣密实。

④ 大体积混凝土应进行保温保湿养护，保湿养护的持续时间不得少于14d，应经常检查塑料薄膜或养护剂涂层的完整情况，保持混凝土表面湿润。保温覆盖层的拆除应分层逐步进行，当混凝土的表面温度与环境最大温差小于20℃时，可全部拆除。

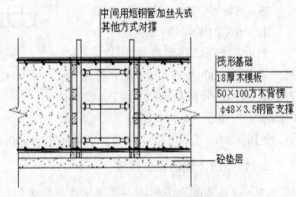

图3-51 筏形基础后浇带模板做法

3.4 地下室外墙

地下室是建筑物中处于室外地面以下的房间。在房屋底层以下建造地下室，可以提高建筑用地效率。一些高层建筑基础埋深很大，充分利用这一深度来建造地下室，其经济效果和使用效果俱佳。

地下室一般由外墙、内墙、底板、顶板、门窗、楼梯和采光井七部分组成，如图3-52所示。地下室内墙、顶板、门窗、楼梯、彩光井施工与上部结构施工相同，地下室底板与筏形基础底板施工相同，在这里不做介绍。本节仅讲述地下室外墙的施工，而且仅适用于起挡土作用的地下室外围护墙。

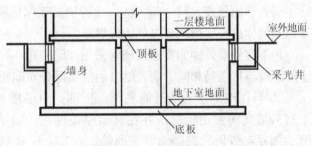

图3-52 地下室组成

3.4.1 地下室外墙施工图识读

地下室外墙编号，由墙身代号、序号组成，表达为 DWQ××。

地下室外墙平面注写方式，包括集中标注墙体编号、厚度、贯通筋、拉筋等和原位标注附加非贯通筋等两部分内容。当仅设置贯通筋，未设置附加非贯通筋时，则仅做集中标注。

1. 地下室外墙的集中标注

① 注写地下室外墙编号，包括代号、序号、墙身长度（注为 ×× ~ ×× 轴）。

② 注写地下室外墙厚度 b_w=×××。

③ 注写地下室外墙外侧、内侧贯通筋和拉筋。

a. 以 OS 代表外墙外侧贯通筋。其中，外侧水平贯通筋以 H 打头注写，外侧竖向贯通筋以 V 打头注写。

b. 以 IS 代表外墙内侧贯通筋。其中，内侧水平贯通筋以 H 打头注写，内侧竖向贯通筋以 V 打头注写。

c. 以 tb 打头注写拉筋直径、强度等级及间距，并注明"双向"或"梅花双向"，如图 3-53 所示。

【例 3-5】DWQ2（① ~ ⑥）b_w=300

OS：H⚊18@200，V⚊20@200

IS：H⚊16@200，V⚊18@200

tb　φ6@400@400 双向

表示 2 号外墙长度范围为 ① ~ ⑥ 之间，墙厚为 300mm；外侧水平贯通筋为 ⚊18@200，竖向贯通筋为 ⚊20@200；内侧水平贯通筋为 ⚊16@200，竖向贯通筋为 ⚊18@200；双向拉筋为 φ6，水平间距为 400mm，竖向间距为 400mm。

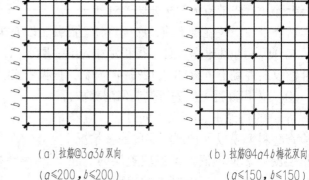

（a）拉筋@3a3b 双向
（a≤200，b≤200）

（b）拉筋@4a4b 梅花双向
（a≤150，b≤150）

图 3-53　双向拉筋与梅花双向拉筋

2. 地下室外墙的原位标注

地下室外墙的原位标注主要表示在外墙外侧配置的水平非贯通筋或竖向非贯通筋。

① 当配置水平非贯通筋时，在地下室墙体平面图上原位标注。在地下室外墙外侧绘制粗实线段代表水平非贯通筋，在其上注写钢筋编号并以 H 打头注写钢筋强度等级、直径、分部间距，以及自支座中线向两边跨内的伸出长度值。当自支座中线向两侧对称伸出时，可仅在单侧标注跨内伸出长度，另一侧不注，此种情况下非贯通筋总长度为标注长度的 2 倍。边支座处非贯通筋的伸出长度值从支座外边缘算起。

地下室外墙外侧非贯通筋通常采用"隔一布一"方式与集中标注的贯通筋间隔布置，其标注间距应与贯通筋相同，两者结合后的实际分布间距为各自标注间距的 1/2。

② 当在地下室外墙外侧底部、顶部、中层楼板位置配置竖向贯通筋时，应补充绘制地下室外墙竖向截面轮廓图并在其上原位标注。表示方法为在地下室外墙竖向截面轮廓图外侧绘制粗实线段代表竖向非贯通筋，在其上注写钢筋编号，并以 V 打头注写钢筋强度等级、直径、分部间距以及向上（下）层的伸出长度值，并在外墙竖向截面图名下注明分布范围（×× ~ ×× 轴）。

向层内的伸出长度值注写方式如下。

a. 地下室外墙底部非贯通筋向层内的伸出长度值从基础底板顶面算起。

b. 地下室外墙顶部非贯通筋向层内的伸出长度值从板底面算起。

c. 中层楼板处非贯通筋向层内的伸出长度值从板中间算起，当上下两侧伸出长度值相同时可仅注写一侧。

③ 地下室外墙外侧水平、竖向非贯通筋配置相同者，可仅选择一处注写，其他可仅注写编号。当在地下室外墙顶部设置通长加强钢筋时应注明。

采用平面注写方式表达的地下室剪力墙施工图如图3-54所示。

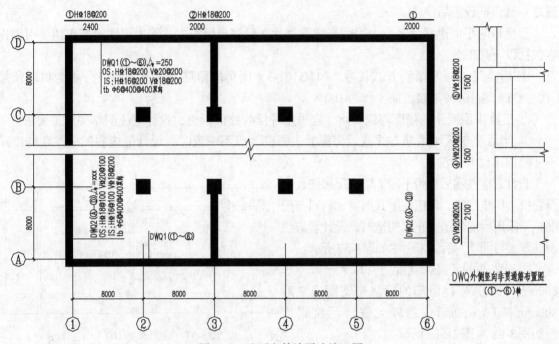

图3-54　地下室外墙平法施工图

3. 基坑（JK）的表达和构造

当基础设置集水井或电梯井时，在基础内设置基坑，基坑在图上直接标注，标注内容有编号JK××，几何尺寸按"基坑深度h_k/基坑平面尺寸$x \times y$"的顺序注写，其表达形式为$h_k/x \times y$。x为X向基坑宽度，y为Y向基坑宽度（图面从左至右为X向，从下至上为Y向）。在平面布置图上应标注基坑的平面定位尺寸，如图3-55所示，基坑施工图构造如图3-56所示。

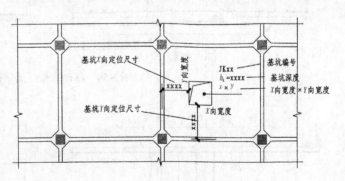

图3-55　基坑（JK）引注图示

① 基坑侧立面的竖向钢筋和横向钢筋的直径、间距同筏板顶部同向钢筋，锚固长度为l_a。

② 坑底板的顶部钢筋，其直径和间距同筏板顶部同向钢筋，锚固长度为l_a。

③ 坑底板的底部钢筋，其直径和间距同筏板底部同向钢筋，锚固长度为l_a。

④ 基坑（JK）构造图中，当筏板底部钢筋到坑底板顶部钢筋的坡度不大于1/6时，筏板底部钢筋可以和坑底板顶部钢筋连通。

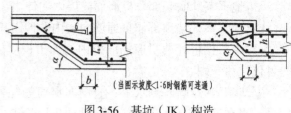

（当图示坡度<1:6时钢筋可连通）

图3-56 基坑（JK）构造

4. 后浇带的表达和构造

当结构长度超过现行国家标准关于结构伸缩缝最大间距的要求，或者采用有效的构造措施和施工措施减小温度和混凝土收缩对结构的影响时，可适当放宽伸缩缝的间距，这些措施之一就包括设置后浇带。

后浇带的平面形状及定位由平面布置图表达，后浇带留筋方式等由引注内容表达。引注内容包括以下几部分。

① 后浇带编号及留筋方式代号。《11G101-3》图集的留筋方式有两种，分别为贯通留筋（代号GT）和100%搭接留筋（代号100%）。

② 后浇带混凝土的强度等级C××。宜采用补偿收缩混凝土，设计应注明相关施工要求。

③ 当后浇带区域留筋方式或后浇混凝土强度等级不一致时，设计值应在图中注明与图示不一致的部位和做法。

设计者应注明后浇带下附加防水层做法，当设置抗水压垫层时，尚应注明其厚度、材料与配筋；当采用后浇带超前止水构造时，设计者应注明其厚度与配筋。后浇带引注如图3-57所示。

贯通留筋的后浇带宽度通常取大于或等于800mm；100%搭接留筋的后浇带宽度通常取800mm和（$l_l + 60$）的较大值。后浇带构造如图3-58 ~ 图3-61所示。

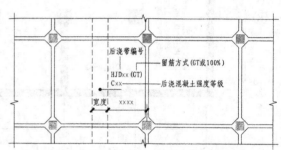

图3-57 后浇带（HJD）引注图示

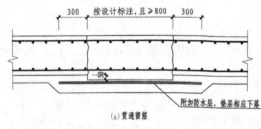

(a) 贯通留筋

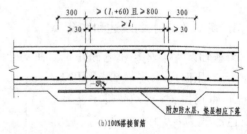

(b)100%搭接留筋

图3-58 基础底板后浇带构造

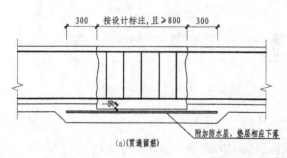

(a)贯通留筋

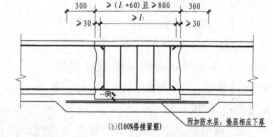

(b)100%搭接留筋

图3-59 基础梁后浇带构造

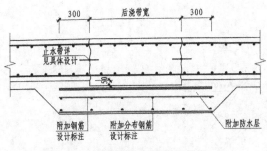

图3-60　后浇带抗水压垫层构造

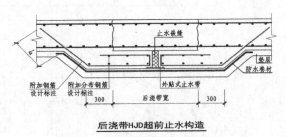

图3-61　后浇带超前止水构造

3.4.2　地下室外墙工程施工

1. 地下室外墙钢筋工程施工

地下室外墙钢筋工程施工要点如下。

① 外墙钢筋的品种、规格、数量，竖向钢筋和水平钢筋的间距必须符合设计。绑扎时竖向钢筋下部置放于底板下层钢筋上面，钢筋绑扎接头要错开，同一区域的绑扎接头面积百分率不得超过25%。

② 地下室外墙钢筋为双排钢筋，为保证钢筋的位置准确，设置拉筋并按设计要求上下左右交错绑扎，竖向和水平筋的每个交点都要绑扎。

③ 在绑扎外墙钢筋时，在剪力墙钢筋的外周边搭设钢管架，可有效防止墙筋的偏倒。为防止钢筋的钢管架的立柱直接插入混凝土中，造成底板漏水隐患，该部分立杆必须采用钢筋撑脚，钢筋撑脚置放于底板下部钢筋的上面，如图3-62所示。

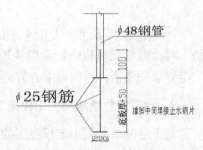

图3-62　地下室脚手架撑脚

2. 地下室外墙模板工程施工

地下室外墙采用的模板以多层板、大钢模为主，背楞采用50mm×100mm木方、ϕ48mm钢管、对拉螺栓。地下室外墙模板构造如图3-63所示。

（1）墙体模板安装的工艺流程

安装前准备（模板拼装、测量放线）→ 一侧墙模吊装就位→插入对拉螺栓→清扫墙内杂物→安装就位另侧墙模板→螺栓穿过另一侧墙模→调整模板位置→紧固对拉螺栓→相邻模板就位紧固→支撑体系→预检。

（2）施工要点

① 支模前，认真清理底部的废渣和杂物，模板底部应平整，模板面必须清理干净，认真涂刷脱模剂且不得沾污钢筋。

② 模板就位后，拼缝处采用胶带纸或黏贴封胶条密封，防止浇注墙体混凝土时漏浆。用斜撑配合满堂脚手架固定模板，用可调顶托调整模板垂直度，并复合模板上口宽度。

③ 外墙应选用防水对拉螺栓，墙体对拉螺栓杆贴近模板处设置小木块，待混凝土施工完成后将木块凿除，再用气割将外露螺杆割除，并用聚合物水泥砂浆或高一级强度等级的微膨胀混凝土修补，如图3-64所示。

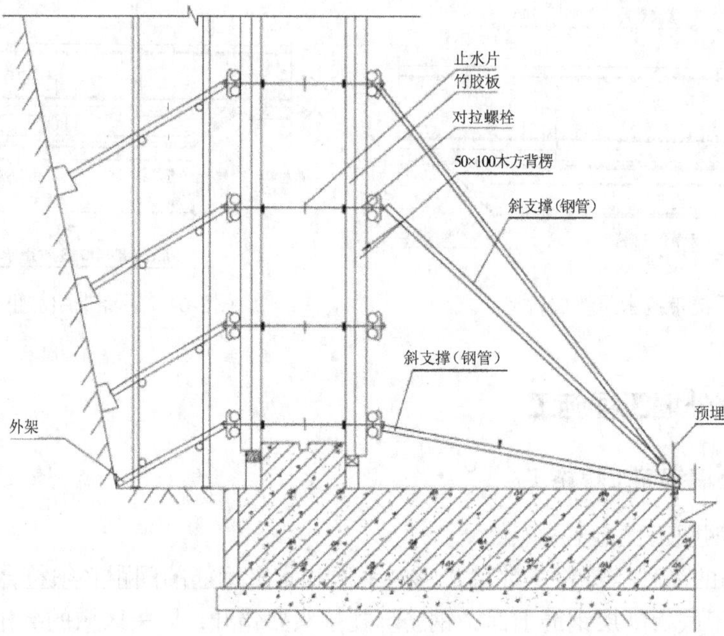

图 3-63　地下室外墙模板构造

④ 墙体模板拆除。从上到下依次拆除斜撑、背楞、对拉螺栓及模板。拆除单块模板时，先拆除两端接缝窄条模板，再向墙中心方向逐块拆除。

3. 地下室外墙混凝土工程施工

地下室外墙混凝土工程施工的要点如下。

① 外墙防水混凝土应连续浇筑，尽量少留施工缝。当留设施工缝时，墙体水平施工缝不应留在剪力与弯矩最大处或底板与侧墙的交接处，应留在高出底板表面300～500mm的墙体上。墙体有预留孔洞时，施工缝距孔洞边缘不应小于300mm。竖向施工缝一般不设，可考虑后浇带为施工缝。

水平施工缝处须预埋钢板止水带或遇水膨胀止水条，迎水面做附加防水层，如图3-65所示。

外墙施工缝新旧混凝土接槎处，继续浇灌混凝土前，将施工缝表面凿毛，清除施工缝处的浮浆和杂物，使之露出石子，用水冲洗干净后，保持湿润，铺一层20～25mm厚的与墙体混凝土配合比相同的水泥砂浆或高砂率混凝土，然后才能浇灌外墙混凝土。

② 墙体浇筑应在墙全部钢筋绑扎完，包括顶板插筋、预埋铁件、各种穿墙管道敷设完毕，模板尺寸正确，支撑牢固可靠，经检查无误后进行。一般先浇筑外墙，后浇筑内墙，或内外墙同时浇筑分支流向轴线前进，各组兼顾横墙左右宽度各半范围。

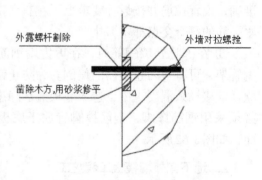

图 3-64　防水对拉螺栓构造

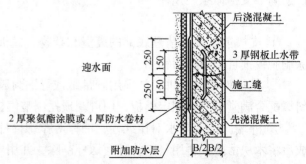

图 3-65　地下室外墙水平施工缝构造做法

③ 外墙浇筑可采取分层分段循环浇筑法，即将外墙沿周边分成若干段，分段的长度应由混凝土的搅拌运输能力、浇筑强度、分层厚度和混凝土初凝时间而定。一般分 3 ~ 4 个小组，绕周长循环转圈进行，周而复始，直至外墙浇筑完成。本法能减少混凝土浇筑时产生的对模板的侧压力，各小组循环递进，有利于提高工效，但要求混凝土输送和浇筑过程均匀连续，劳动组织严密。

④ 混凝土入模分层浇筑振捣后，由于水泥的泌水和骨料的沉降，其表面常聚集一层游离水（浮浆层）。它对混凝土危害极大，不但会损害各层的黏结力，造成混凝土强度不均，影响混凝土强度，而且极易出现夹层、沉降缝和表面塑性裂缝，因而在浇筑过程中必须妥善处理，排除泌水，以提高混凝土质量。在支模时，常在混凝土浇筑前进方向两侧模底部留孔，以便排出泌水和浮浆。因大体积混凝土流动性强，混凝土在浇筑和振捣中，上涌的泌水和浮浆会随着混凝土坡面流到坑底，并随混凝土向前推进；当混凝土浇筑结束时，将混凝土泌水排集使之缩小为水潭，用吸水泵将水抽出。

⑤ 地下室基础混凝土浇筑完后，要加强覆盖，并浇水养护；冻期施工要保温，防止温差过大出现裂缝，以保证结构使用和防水性能。

⑥ 地下室基础施工完毕后，应防止长期暴露，要抓紧回填基坑土。回填要在相对的两侧或四周同时均匀进行，分层夯实。

3.5 基础工程施工质量验收

3.5.1 现浇钢筋混凝土基础质量验收基本规定

① 根据《建筑工程施工质量验收统一标准》和《混凝土结构工程施工质量验收规范》规定和工程实际情况，钢筋混凝土基础具体可由模板分项工程、钢筋分项工程、混凝土分项工程、现浇结构分项工程等组成。

② 对基础工程混凝土结构子分部工程的质量验收，应在钢筋、混凝土、现浇结构等相关分项工程验收合格的基础上，进行质量控制资料检查及观感质量验收，并应对涉及结构安全的材料、试件、施工工艺和结构的重要部位进行见证检测或结构实体检验。

③ 分项工程的质量验收应在所含检验批验收合格的基础上，进行质量验收记录检查。

④ 检验批的质量验收应包括如下内容。

a. 实物检查，按下列方式进行。

对原材料、构配件和器具等产品的进场复验，应按进场的批次和产品的抽样检验方案执行。

对混凝土强度等，应按国家现行有关标准规定的抽样检验方案执行。

对验收规范中采用计数检验的项目，应按抽查总点数的合格点率进行检查。

b. 资料检查，包括原材料、构配件和器具等的产品合格证（中文质量合格证明文件、规格、型号及性能检测报告等）及进场复验报告、施工过程中重要工序的自检和交接检记录、抽样检验报告、见证检测报告、隐蔽工程验收记录等。

⑤ 检验批合格质量应符合下列规定。

a. 主控项目的质量经抽样检验合格。

b. 一般项目的质量经抽样检验合格；当采用计数检验时，除有专门要求外，一般项目的合格点率应达到 80% 及以上，且不得有严重缺陷。

c. 具有完整的施工操作依据和质量验收记录。对验收合格的检验批，宜作出合格标志。

3.5.2　模板分项工程

1.　质量控制要求

① 模板及其支架应根据工程结构形式、荷载大小、地基土类别、施工设备和材料供应等条件进行设计。模板及其支架应具有足够的承载能力、刚度和稳定性，能可靠地承受浇筑混凝土的重量、侧压力以及施工荷载。

② 在浇筑混凝土之前，应对模板工程进行验收。模板安装和浇筑混凝土时，应对模板及其支架进行观察和维护。发生异常情况时，应按施工技术方案及时进行处理。

③ 模板及其支架拆除的顺序及安全措施应按施工技术方案执行。

2.　模板安装工程施工质量验收

（1）检验批的划分

模板分项工程所含检验批通常根据模板安装和拆除的数量确定。

（2）主控项目检验

模板安装工程主控项目检验方法和检验标准见表3-10。

表3-10　　　　模板安装工程主控项目检验方法和检验标准

序号	项目	质量标准及要求	检验方法	检验数量
1	模板安装	安装现浇结构的上层模板及其支架时，下层楼板应具有承受上层荷载的承载能力，或加设支架；上、下层支架的立柱应对准，并铺设垫板	对照模板设计文件和施工技术方案观察	全数检查
2	涂刷模板隔离剂	在涂刷模板隔离剂时，不得沾污钢筋和混凝土接搓处	观察	

（3）一般项目检验

模板安装工程一般项目检验方法和检验标准见表3-11。

预埋件和预留孔洞的允许偏差见表3-12。

现浇结构模板安装的允许偏差及检验方法见表3-13。

表3-11　　　　模板安装工程一般项目检验方法和检验标准

序号	项目	质量标准及要求	检验方法	检验数量
1	模板安装	模板的接缝不应漏浆；在浇筑混凝土前，木模板应浇水湿润，但模板内不应有积水；模板与混凝土的接触面应清理干净并涂刷隔离剂，但不得采用影响结构性能或妨碍装饰工程施工的隔离剂；浇筑混凝土前，模板内的杂物应清理干净	观察	全数检查
2	地坪、胎模	用作模板的地坪、胎模等应平整光洁，不得产生影响构件质量的下沉、裂缝、起砂或起鼓	观察	

序号	项目	质量标准及要求	检验方法	检验数量
3	预埋件、预留孔洞	固定在模板上的预埋件、预留孔和预留洞均不得遗漏，且应安装牢固，其偏差应符合表3-12的规定	钢尺检查	在同一检验批内，对梁、柱和独立基础，应抽查构件数量的10%，且不少于3件；对墙和板，应按有代表性的自然间抽查10%，且不少于3间；对大空间结构，墙可按相邻轴间高度5m左右划分检查面，板可按纵横轴线划分检查面，抽查10%，且均不少于3面
4	现浇结构模板安装的偏差	见表3-13	见表3-13	

表3-12 预埋件和预留孔洞的允许偏差

项目		允许偏差/mm
预埋钢板中心线位置		3
预埋管、预留孔中心线位置		3
插筋	中心线位置	5
	外露长度	+10，0
预埋螺栓	中心线位置	2
	外露长度	+10，0
预留洞	中心线位置	10
	尺寸	+10，0

表3-13 现浇结构模板安装的允许偏差及检验方法

项目		允许偏差/mm	检验方法
轴线位置		5	钢尺检查
底模上表面标高		±5	水准仪或拉线、钢尺检查
截面内部尺寸	基础	±10	钢尺检查
	柱、墙、梁	+4，-5	钢尺检查
层高垂直度	不大于5m	6	经纬仪或吊线、钢尺检查
	大于5m	8	经纬仪或吊线、钢尺检查
相邻两板表面高低差		2	钢尺检查
表面平整度		5	2m靠尺和塞尺检查

3. 模板拆除工程施工质量验收

（1）主控项目检验

模板拆除工程主控项目检验方法和检验标准见表3-14。

底模及其支架拆除时的混凝土强度要求见表3-15。

表3-14 模板拆除工程主控项目检验方法和检验标准

序号	项目	质量标准及要求	检验方法	检验数量
1	底模及其支架拆除	底模及其支架拆除时的混凝土强度应符合设计要求；当设计无具体要求时，混凝土强度应符合表3-15的规定	同条件养护试件强度试验报告	全数检查
2	后浇带模板拆除	后浇带模板的拆除应按施工技术方案执行	观察	

表3-15 底模及其支架拆除时的混凝土强度要求

构件类型	构件跨度/m	达到设计的混凝土立方体抗压强度标准值的百分率/%
板	≤2	≥50
	>2, ≤8	≥75
	>8	≥100
梁、拱、壳	≤8	≥75
	>8	≥100
悬臂构件	—	≥100

（2）一般项目检验

模板拆除工程一般项目检验方法和检验标准见表3-16。

表3-16 模板拆除工程一般项目检验方法和检验标准

序号	项目	质量标准及要求	检验方法	检验数量
1	侧模拆除	侧模拆除时的混凝土强度应能保证其表面及棱角不受损伤	观察	全数检查
2	模板拆除	主模板拆除时，不应对楼层形成冲击荷载，拆除的模板和支架宜分散堆放并及时清运		

4. 基础模板施工中常见问题及预防措施

钢筋混凝土基础的筏形基础、承台、基础梁，特别是高层建筑地下室墙、柱、顶板的模板制作安装质量不合格，模板尺寸错误、支设不牢而造成工程质量问题时有发生，其常见问题及预防措施如下。

（1）轴线位移

① 现象：混凝土浇筑后拆除模板时，发现柱、墙实际位置与建筑物轴线位置有偏移。

② 原因分析：翻样不认真或技术交底不清，模板拼装时组合件未能按规定到位；轴线测放产生误差；墙、柱模板根部和顶部无限位措施或限位不牢，发生偏位后又未及时纠正，造成累积误差；支模时，未拉水平、竖向通线，且无竖向垂直度控制措施；模板刚度差，未设水平拉杆或水平拉杆间距过大；混凝土浇筑时未均匀对称下料，或一次浇筑高度过高造成侧压力大挤偏模板；对拉螺栓、顶撑、木楔使用不当或松动造成轴线偏位。

③ 防治措施：严格按1/10 ~ 1/15的比例将各分部、分项翻成详图并注明各部位编号、轴线位置、几何尺寸、剖面形状、预留孔洞、预埋件等，经复核无误后认真对生产班组及操作工人进行技术交底，作为模板制作和安装的依据；模板轴线测放后，组织专人进行技术复核验收，确认无误后才能支模；墙、柱模板根部和顶部必须设可靠的限位措施；支模时要拉水平、竖向通线，并设竖向垂直度控制线，以保证模板水平、竖向位置准确；根据混凝土结构特点，对模板进行专门设计，以保证模板及其支架具有足够强度、刚度及稳定性；浇筑前，对模板轴线、支架、顶撑、螺栓进行认真检查、复核，发现问题及时进行处理；混凝土浇筑时，要均匀对称下料，浇筑高度应严格控制在施工规范允许的范围内。

（2）接缝不严

① 现象：由于模板间接缝不严有间隙，混凝土浇筑时产生漏浆，混凝土表面出现蜂窝，严重的出现孔洞、露筋。

② 原因分析：翻样不认真或有误，模板制作马虎，拼装时接缝过大；木模板安装周期过

长，因木模干缩造成裂缝；木模板制作粗糙，拼缝不严；浇筑混凝土时，木模板未提前浇水湿润；钢模板变形未及时修整；钢模板接缝措施不当；梁、柱交接部位，接头尺寸不准、错位。

③ 防治措施：翻样要认真，严格按 1/10 ~ 1/50 比例将各分部、分项细部翻成详图，详细编注，经复核无误后认真向操作工人交底，强化工人质量意识，认真制作定型模板和拼装；严格控制木模板含水率，制作时拼缝严密；木模板安装周期不宜过长，浇筑混凝土时，木模板要提前浇水湿润，使其胀开密缝；钢模板变形，特别是边框外变形，要及时修整平直；钢模板间嵌缝措施要控制，不能用油毡、塑料布、水泥袋等去嵌缝堵漏；梁、柱交接部位支撑要牢靠，拼缝要严密（必要时缝间加双面胶纸），发生错位要校正好。

（3）模板未清理干净

① 现象：模板内残留木块、浮浆残渣、碎石等建筑垃圾，拆模后发现混凝土中有缝隙，且有垃圾夹杂物。

② 原因分析：钢筋绑扎完毕，模板位置未用压缩空气或压力水清扫；封模前未进行清扫；墙柱根部、梁柱接头最低处未留清扫孔，或所留位置不当无法进行清扫。

③ 防治措施：钢筋绑扎完毕，用压缩空气或压力水清除模板内垃圾；封模前，派专人将模内垃圾清除干净；墙柱根部、梁柱接头处预留清扫孔，预留孔尺寸 ≥ 100mm × 100mm，模内垃圾清除完毕后及时将清扫口处封严。

（4）脱模剂使用不当

① 现象：模板表面用废机油涂刷造成混凝土污染，或混凝土残浆不清除即刷脱模剂，造成混凝土表面出现麻面等缺陷。

② 原因分析：拆模后不清理混凝土残浆即刷脱模剂；脱模剂涂刷不匀或漏涂，或涂层过厚；使用了废机油脱模剂，既污染了钢筋及混凝土，又影响了混凝土表现装饰质量。

③ 防治措施：拆模后，必须清除模板上遗留的混凝土残浆后，再刷脱模剂；严禁用废机油作脱模剂，脱模剂材料选用原则为既便于脱模又便于混凝土表面装饰，选用的材料有皂液、滑石粉、石灰水及其混合液和各种专门化学制品脱模剂等；脱模剂材料宜拌成稠状，应涂刷均匀，不得流淌，一般刷两遍为宜，以防漏刷，也不宜涂刷过厚；脱模剂涂刷后，应在短期内及时浇筑混凝土，以防隔离层遭受破坏。

（5）基础侧面不平整

① 现象：垫层或基础侧模沿基础的通长方向不顺直，顶面不平整；模板不垂直，模板底部不牢固。

② 原因分析：垫层浇筑时测量抄平不到位，控制浇筑厚度的钢筋桩距离太大，不能有效控制浇筑厚度；模板刚度不足；侧面支撑强度和刚度不能满足要求。

③ 防治措施：测量抄平准确，控制混凝土厚度的钢筋桩绑扎牢固，距离合理；模板应予设计，并有足够的强度和刚度，模板底部固定牢固；支撑应该满足强度和刚度的要求，不得直接支撑在土壁上，避免虚撑现象。

3.5.3 钢筋分项工程

1. 质量控制要求

（1）一般规定

① 当钢筋的品种、级别或规格需作变更时，应办理设计变更文件。

② 在浇筑混凝土之前，应进行钢筋隐蔽工程验收，其内容包括纵向受力钢筋的品种、规格、数量、位置等；钢筋的连接方式、接头位置、接头数量、接头面积百分率等；箍筋、横向钢筋的品种、规格、数量、间距等；预埋件的规格、数量、位置等。

（2）材料要求

① 钢筋进场时，应按现行国家标准《钢筋混凝土用钢》等的规定抽取试样作力学性能检验，其质量必须符合有关标准的规定。检查产品合格证、出厂检验报告和进场复验报告。

② 对有抗震设防要求的框架结构，其纵向受力钢筋的强度应满足设计要求；当设计无具体要求时，对一、二级抗震等级，检验所得的强度实测值应符合下列规定：钢筋的抗拉强度实测值与屈服强度实测值的比值不应小于1.25；钢筋的屈服强度实测值与强度标准值的比值不应大于1.3。

③ 当发现钢筋脆断、焊接性能不良或力学性能显著不正常等现象时，应对该批钢筋进行化学成分检验或其他专项检验。

④ 钢筋应平直、无损伤，表面不得有裂纹、油污、颗粒状或片状老锈。

2. 钢筋加工工程施工质量验收

（1）检验批的划分

钢筋分项工程所含检验批可根据施工工序和验收的需要确定。

（2）主控项目检验

钢筋加工工程主控项目检验方法和检验标准见表3-17。

150　　　表3-17　　　　　　　　　钢筋加工工程主控项目检验方法和检验标准

序号	项目	质量标准及要求	检验方法	检验数量
1	受力钢筋的弯钩和弯折	HPB235级钢筋末端应作180°弯钩，其弯弧内直径不应小于钢筋直径的2.5倍，弯钩的弯后平直部分长度不应小于钢筋直径的3倍； 当设计要求钢筋末端需作135°弯钩时，HRB335级、HRB400级钢筋的弯弧内直径不应小于钢筋直径的4倍，弯钩的弯后平直部分长度应符合设计要求； 钢筋作不大于90°的弯折时，弯折处的弯弧内直径不应小于钢筋直径的5倍	钢尺检查	每工作班同一类型钢筋、同一加工设备抽查不应少于3件
2	箍筋的末端应作弯钩	弯钩形式应符合设计要求，当设计无具体要求时应符合下列规定： ① 箍筋弯钩的弯弧内直径除应满足本表"受力钢筋弯弧内直径的规定"的规定外，尚应不小于受力钢筋直径； ② 箍筋弯钩的弯折角度：对一般结构不应小于90°；对有抗震等要求的结构应为135°； ③ 箍筋弯后平直部分长度：对一般结构不宜小于箍筋直径的5倍，对有抗震等要求的结构不应小于箍筋直径的10倍		

（3）一般项目检验

钢筋加工工程一般项目检验方法和检验标准及允许偏差见表3-18和表3-19。

表3-18 钢筋加工工程一般项目检验方法和检验标准

序号	项目	质量标准及要求	检验方法	检验数量
1	钢筋调制	钢筋宜采用无延伸功能的机械设备进行调直,也可采用冷拉方法调直。当采用冷拉方法调直时,HPB235、HPB300光圆钢筋的冷拉率不宜大于4%;HRB335、HRB400、HRB500、HRBF335、HRBF400、HRBF500及RRB400带肋钢筋的冷拉率不宜大于1%	观察、钢尺检查	每工作班同一类型钢筋、同一加工设备抽查不应少于3件
2	钢筋加工	钢筋加工的形状、尺寸应符合设计要求,其偏差应符合表3-19的规定		

表3-19 钢筋加工的允许偏差

项目	允许偏差/mm
受力钢筋长度方向全长的净尺寸	±10
弯起钢筋的弯折位置	±20
箍筋内净尺寸	±5

3. 钢筋连接工程施工质量验收

（1）检验批的划分

钢筋分项工程所含检验批可根据施工工序和验收的需要确定。

（2）主控项目检验

钢筋连接工程主控项目检验方法和检验标准见表3-20。

表3-20 钢筋连接工程主控项目检验方法和检验标准

序号	项目	质量标准及要求	检验方法	检验数量
1	接头连接方式	纵向受力钢筋的连接方式应符合设计要求	观察	全数检查
2	钢筋接头检验	在施工现场应按《钢筋机械连接技术规程》（JGJ 107—2010）、《钢筋焊接及验收规程》（JGJ 18—2012）的规定,抽取钢筋机械连接接头、焊接接头试件作力学性能检验,其质量应符合有关规程的规定	检查产品合格证、接头力学性能试验报告	按有关规程确定

（3）一般项目检验

① 钢筋的接头宜设置在受力较小处。同一纵向受力钢筋不宜设置两个或两个以上接头。接头末端至钢筋弯起点的距离不应小于钢筋直径的10倍。

② 在施工现场应按《钢筋机械连接技术规程》（JGJ 107—2010）、《钢筋焊接及验收规程》（JGJ 18—2012）的规定,对钢筋机械连接接头、焊接接头的外观进行检查,其质量应符合有关规程的规定。

③ 当受力钢筋采用机械连接接头或焊接接头时,设置在同一构件内的接头宜相互错开。

纵向受力钢筋机械连接接头及焊接接头连接区段的长度为35d（d为纵向受力钢筋的较大直径）且不小于500mm,凡接头中点位于该连接区段长度内的接头,均属于同一连接区段。同一连接区段内,纵向受力钢筋机械连接及焊接的接头面积百分率为该区段内有接头的纵向受力钢筋截面面积与全部纵向受力钢筋截面面积的比值。

同一连接区段内，纵向受力钢筋的接头面积百分率应符合设计要求；当设计无具体要求时，应符合下列规定。

a. 在受压区不宜大于50%。

b. 接头不宜设置在有抗震设防要求的框架梁端、柱端的箍筋加密区；当无法避开时，对等强度高质量机械连接接头，不应大于50%。

c. 直接承受动力荷载的结构构件中，不宜采用焊接接头；当采用机械连接接头时，不应大于50%。

检查数量：在同一检验批内，对梁、柱和独立基础，应抽查构件数量的10%，且不少于3件；对墙和板，应按有代表性的自然间抽查10%，且不少于3间；对大空间结构，墙可按相邻轴线间高度5m左右划分检查面，板可按纵横轴线划分检查面，抽查10%，且均不少于3面。

④ 同一构件中相邻纵向受力钢筋的绑扎搭接接头宜相互错开。绑扎搭接接头中钢筋的横向净距不应小于钢筋直径，且不应小于25mm。

钢筋绑扎搭接接头连接区段的长度为$1.3l_a$（l_a为搭接长度），凡搭接接头中点位于该连接区段长度内的搭接接头均属于同一连接区段。同一连接区段内，纵向钢筋搭接接头面积百分率为该区段内有搭接接头的纵向受力钢筋截面面积与全部纵向受力钢筋截面面积的比值（图3-66）。

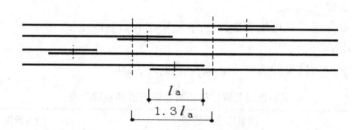

图3-66　钢筋绑扎搭接接头连接区段及接头面积百分率

注：图中所示搭接接头同一连接区段内的搭接钢筋为两根，各钢筋直径相同时，接头面积百分率为50%。

同一连接区段内，纵向受拉钢筋搭接接头面积百分率应符合设计要求；当设计无具体要求时，应符合下列规定。

a. 对梁类、板类及墙类构件不宜大于25%。

b. 对柱类构件不宜大于50%。

c. 当工程中确有必要增大接头面积百分率时，对梁类构件不应大于50%，对其他构件可根据实际情况放宽。纵向受力钢筋绑扎搭接接头的最小搭接长度应符合《混凝土结构工程施工质量验收规范》（GB 50204—2002）（2011年版）附录B纵向受力钢筋的最小搭接尺度。

检查数量：在同一检验批内，对梁、柱和独立基础应抽查构件数量的10%，且不少于3件；对墙和板，应按有代表性的自然间抽查10%，且不少于3间；对大空间结构，墙可按相邻轴线间高度5m左右划分检查面，板可按纵、横轴线划分检查面，抽查10%，且均不少于3面。

⑤ 在梁、柱类构件的纵向受力钢筋搭接长度范围内，应按设计要求配置箍筋。当设计无具体要求时，应符合下列规定。

a. 箍筋直径不应小于搭接钢筋较大直径的0.25倍。

b. 受拉搭接区段的箍筋间距不应大于搭接钢筋较小直径的5倍，且不应大于100mm。

c. 受压搭接区段的箍筋间距不应大于搭接钢筋较小直径的10倍，且不应大于200mm。

d. 当柱中纵向受力钢筋直径大于25mm时，应在搭接接头两个端面外100mm范围内各设置两个箍筋，其间距宜为50mm。

检查数量：在同一检验批内，对梁、柱和独立基础，应抽查构件数量的10%，且不少于3件；对墙和板，应按有代表性的自然间抽查10%，且不少于3间；对大空间结构，墙可按相邻轴线间高度5m左右划分检查面，板可按纵、横轴线划分检查面，抽查10%，且均不少于3面。

4. 钢筋安装工程施工质量验收

（1）检验批的划分

钢筋分项工程所含检验批可根据施工工序和验收的需要确定。

（2）主控项目检验

钢筋安装时，受力钢筋的品种、级别、规格和数量必须符合设计要求。

（3）一般项目检验

钢筋安装位置的偏差应符合表3-21的规定。

检查数量：在同一检验批内，对梁、柱和独立基础，应抽查构件数量的10%，且不少于3件；对墙和板，应按有代表性的自然间抽查10%，且不少于3间；对大空间结构，墙可按相邻轴线间高度5m左右划分检查面，板可按纵、横轴线划分检查面，抽查10%，且均不少于3面。

表3-21　　　　　　　　　　　钢筋安装位置的允许偏差和检验方法

项目		允许偏差/mm	检验方法
绑扎钢筋网	长、宽	±10	钢尺检查
	网眼尺寸	±20	钢尺量连续3挡，取最大值
绑扎钢筋骨架	长	±10	钢尺检查
	宽、高	±5	钢尺检查
受力钢筋	间距	±10	钢尺量两端中间，各一点取最大值
	排距	±5	
	保护层厚度　基础	±10	钢尺检查
	保护层厚度　柱、梁	±5	钢尺检查
	保护层厚度　板、墙、壳	±3	钢尺检查
绑扎箍筋、横向钢筋间距		±20	钢尺量连续3挡，取最大值
钢筋弯起点位置		20	钢尺检查
预埋件	中心线位置	5	钢尺检查
	水平高差	+3，0	钢尺和塞尺检查

注：① 检查预埋件中心线位置时，应沿纵、横两个方向量测，并取其中的较大值。

② 表中梁类、板类构件上部纵向受力钢筋保护层厚度的合格点率应达到90%及以上，且不得有超过表中数值1.5倍的尺寸偏差。

5. 基础钢筋施工中常见问题及预防措施

在钢筋混凝土结构中，钢筋作为结构的"筋骨"对结构的安全、耐久等起着重要的作用，施工时应严格遵照施工验收规范加强钢筋工程施工质量控制。基础钢筋施工中常见问题及预防措施如下。

（1）钢筋原材料

① 钢筋表面锈蚀严重。

现象：钢筋表面出现黄色浮锈，严重转为红色，日久后变成暗褐色，甚至发生鱼鳞片剥落现象。

原因分析：保管不良，受到雨雪侵蚀，存放期长，仓库环境潮湿，通风不良。

防治措施：钢筋原材料应存放在仓库或料棚内，保持地面干燥，钢筋不得直接堆放在地上，场地四周要有排水措施，堆放期尽量缩短。钢筋出现淡黄色轻微浮锈不必处理；出现红褐色锈斑可用钢刷手工清除；对于锈蚀严重、发生锈皮剥落的钢筋应研究是否降级使用或不用。

② 库存钢筋混料。

现象：钢筋品种、规格、等级混杂，直径大小不同的钢筋堆放在一起，难以分辨，影响钢筋使用。

原因分析：钢筋原材料仓库管理不当，原材料管理制度不严；直径大小相近的，用目测有时难以分清；钢筋标牌、产品合格证等技术证明未随钢筋实物同时交送仓库。

防治措施：发现库存钢筋混料情况后，应立即检查并进行清理，重新分类堆放，如果翻垛工作量大，不易清理，应将所有钢筋做出记号，以备取料时提配注意，已提配出去的混料钢筋应立刻追查，并启动防止施工质量事故的措施。

③ 钢筋原料弯曲不顺直。

现象：钢筋在运至施工现场发现有严重曲折形状。

原因分析：运输时装车不注意；运输车辆较短，条状钢筋弯折过度；用吊车卸车时，挂钩或堆放不慎；压垛过重。

防治措施：钢筋采用专车拉运，对较长的钢筋尽可能采用吊车卸车。对弯曲的钢筋利用矫直台将弯折处矫直，对曲折处圆弧半径较小的硬弯，矫直后应检查钢筋有无局部细裂纹，钢筋局部矫正不直或产生裂纹的不得用作受力筋。

④ 钢筋成型后弯曲裂缝。

现象：钢筋成型后弯曲处外侧产生横向裂缝。

原因分析：钢筋原材料冷弯性能不符合技术标准，取料加工时没有仔细检查原料已有弯折或碰损。

防治措施：每批钢筋送交仓库时，都要认真核对合格证件，应特别注意冷弯栏所写弯曲角度和弯心直径是不是符合钢筋技术标准的规定；出现问题的钢筋取样复查冷弯性能，分析化学成分，检查磷的含量是否超过规定值，检查裂缝是否由于原先已弯折或碰损而形成，如有这类痕迹，则属于局部外伤，可不必对原材料进行性能复检。

⑤ 钢筋原材料不合格。

现象：钢筋原料取样检验时，不符合钢筋技术标准的规定。

原因分析：钢筋出厂时检查不合格，以致整批材质不合格或材质不均匀。

防治措施：钢筋进场原材料必须送样检验；出现问题的钢筋另取双倍试样作二次检验，如仍不合格，则该批钢筋不允许使用。

（2）钢筋加工

① 钢筋下料剪断尺寸不准。

现象：钢筋下料剪断尺寸不准或被剪断钢筋端头不平。

原因分析：定位尺寸不准，或刀片间隙过大。

防治措施：严格控制其尺寸，调整固定刀片与冲切刀片间的水平间隙；对问题钢筋根据钢筋所在部位和剪断误差情况，确定是否可用或返工。

② 箍筋不规方。

现象：矩形箍筋成型后拐角不成90°或两对角线长度不相等。

原因分析：箍筋边长成型尺寸与图样要求误差过大，没有严格控制弯曲角度，一次弯曲多个箍筋时没有逐根对齐。

防治措施：操作时一定保证成型尺寸准确，当一次弯曲多个箍筋时，应在弯折处逐根对齐；当箍筋外形误差超过质量标准允许值时，对于1级钢筋可以重新将弯折处直开，再进行弯曲调整，对于其他品种钢筋不得重新弯曲。

③ 成型钢筋变形。

现象：钢筋成型时外形准确，但在堆放过程中发现扭曲，出现角度偏差。

原因分析：成型后往地面摔得过重，或因地面不平，或与别的钢筋碰撞；堆放过高压弯，搬运频繁。

防治措施：搬运、堆放时要轻抬轻放，放置地点应平整；尽量按施工需要运送到现场并按使用堆放。

（3）钢筋安装

① 钢筋骨架外形尺寸不准。

现象：若在基础底板外绑扎的钢筋骨架，往里安放时放不进去，或划刮模板。

原因分析：若成型工序能确保尺寸合格，就应从安装质量上找原因，安装质量影响因素有两点，多根钢筋未对齐或绑扎时某号钢筋偏离规定位置。

防治措施：绑扎时将多根钢筋端部对齐，防止钢筋绑扎偏斜或骨架扭曲；将导致骨架外形尺寸不准的个别钢筋松绑，重新安装绑扎；切忌用锤子敲击，以免骨架其他部位变形或松扣。

② 基础底板保护层厚度不准确。

现象：浇灌混凝土前发现基础底板保护层厚度没有达到规范要求。

原因分析：保护层砂浆垫块厚度不准确，或垫块垫得少。

防治措施：检查砂浆垫块厚度是否准确，并根据基础底板面积大小适当垫多。

③ 柱子外伸钢筋错位。

现象：地下室下柱外伸钢筋从柱顶甩出，由于位置偏离设计要求过大，与上柱钢筋搭接不上。

原因分析：钢筋安装后虽已自检合格，但由于固定钢筋措施不可靠，发生变化，或浇捣混凝土时被振动器或其他操作机具碰歪撞斜、滑移，未及时校正。

预防措施：在外伸部分加一道临时箍筋，按图样位置安好，然后用样板、铁卡或方木固定好，浇捣混凝土前再重复一遍，如发生移位，则应校正后再浇捣混凝土；注意浇捣操作，尽量不碰撞钢筋，浇捣过程中由专人随时检查，及时校核改正；在靠近搭接不可能时，应使上柱钢筋保持设计位置，并采取垫筋焊筋联系。

④ 同截面接头过多。

现象：在绑扎或安装钢筋骨架时，发现同一截面受力钢筋接头过多，其截面面积占受力钢筋总截面面积的百分率超出规范中规定数值。

原因分析：钢筋配料时疏忽大意，没有认真考虑原材料长度；忽略了某些杆件不允许采用绑扎接头的规定；忽略了配置在构件同一截面中的接头，其中距不得小于搭接长度的规定；分不清钢筋位在受拉区还是在受压区。

预防措施：配料时按下料单钢筋编号，再划出几个分号，注明哪个分号与哪个分号搭配，对于同一搭配安装方法不同的（同一搭配而各分号是一顺一倒安装的），要加文字说明；记住轴心受拉和小偏心受拉杆件中的钢筋接头，均应焊接，不得采用绑扎接头；弄清楚规范中规定的同一截面的含义；如分不清接受拉区或受压区时，接头位置均应接受压区，如果在钢筋安装过程中，安装人员与配料人员对受拉或受压理解不同（表现在取料时，某分号有多少），则应讨论解决；在钢筋骨架未绑扎时，发现接头数量不符合规范要求，应立即通知配料人员重新考虑设置方案，如已绑扎或安装完钢筋骨架才发现，则根据具体情况处理，一般情况下应拆除骨架或抽出有问题的钢筋返工；如果返工影响工时或工期太短，则可采用加焊帮条（个别情况经过研究也可以采用绑扎帮条）的方法解决，或将绑扎搭接改为电弧焊接。

⑤ 露筋。

现象：结构或构件拆模时发现混凝土表面有钢筋露出。

原因分析：保护层砂浆垫块垫得太稀或脱落；由于钢筋成型尺寸不准确，或钢筋骨架绑扎不当，造成骨架外形尺偏大，局部抵触模板；振捣混凝土时，振动器撞击钢筋，使钢筋移位或引起绑扣松散。

预防措施：砂浆垫块要垫得适量可靠，竖立钢筋采用埋有铁丝的垫块，绑在钢筋骨架外侧时，为使保护层厚度准确，应用铁丝将钢筋骨架拉向模板，将垫块挤牢；严格检查钢筋的成型尺寸，模外绑扎钢筋骨架，要控制好它的外形尺寸，不得超过允许值；对出现的露筋范围不大的轻微露筋可用灰浆堵抹，露筋部位附近混凝土出现麻点的应沿周围敲开或凿掉，直至看不到孔眼为止，然后用砂浆找平，为保证修复灰浆或砂浆与原混凝土结合可靠，原混凝土面要用水冲洗，用铁刷刷净，使表面没有粉尘、砂浆或残渣，并在表面保护湿润的情况下补修，重要受力部位的露筋应经过技术鉴定后，采取措施补救。

⑥ 钢筋遗漏。

现象：在检查核对绑扎好的钢筋骨架时，发现某号钢筋遗漏。

原因分析：施工管理不当，没有事先熟悉图样和研究各号钢筋安装顺序。

预防措施：绑扎钢筋骨架之前要熟悉图样，并按钢筋材料表核对配料单和料牌，检查钢筋规格是否齐全准确，形状、数量是否与图样相符；在熟悉图样的基础上，仔细研究各钢筋绑扎安装顺序和步骤，整个钢筋骨架绑完后应清理现场，检查有无遗漏；对遗漏掉的钢筋要全部补上，骨架结构简单的，将遗漏钢筋放进骨架即可继续绑扎，复杂的要拆除骨架部分钢筋才能补上；对于已浇灌混凝土的结构物或构件发现某号钢筋遗漏，要通过结构性能分析确定处理方法。

⑦ 绑扎节点松扣。

现象：搬移钢筋骨架时，绑扎节点松扣或浇捣混凝土时绑扣松脱。

原因分析：绑扎铁丝太硬或粗细不适当，绑扣形式不正确。

预防措施：一般采用20～22号作业绑线，绑扎直径12mm以下钢筋宜用22号铁丝，绑扎直径12～15mm钢筋宜用20号铁丝，绑扎梁柱等直径较粗的钢筋可用双根22号铁丝；绑扎时要尽量选用不易松脱的绑扣形式，如绑底板钢筋网时，除了用一面顺扣外，还应加一些十字花扣，钢筋转角处要采用兜扣并加缠，对直立的钢筋网除了十字花扣外，也要适当加缠。

⑧ 基础钢筋倒钩。

现象：绑扎基础底面钢筋的网时，钢筋弯钩平放。

原因分析：操作疏忽，绑扎过程中没有将弯钩扶起。

预防措施：要认识到弯钩立起可以增强锚固能力，而基础厚度很大，弯钩立起并不会产生露筋现象，因此，绑扎时切记要使弯钩朝上。

⑨ 基础底板钢筋主副筋位置放反。

现象：底板钢筋施工时板的主副筋放反。

原因分析：操作人员疏忽，使用时对主副筋在上或在下不加区别就放进模板。

预防措施：绑扎现浇底板筋时，要向有关操作者做专门交底，根据独立基础、条形基础、筏形基础底板的力学特征，分清受力筋和分布筋，底部筋和顶部筋。

3.5.4 混凝土分项工程

混凝土分项工程是从水泥、砂、石、水、外加剂、矿物掺和料等原材料进场检验，混凝土配合比设计及称量，拌制、运输、浇筑、养护、试件制作直至混凝土达到预定强度等一系列技术工作和完成实体的总称。混凝土分项工程所含的检验批可根据施工工序和验收的需要确定。

1. 质量控制要求

（1）一般规定

① 结构构件的混凝土强度，应按《混凝土强度检验评定标准》（GB/T 50107—2010）的规定分批检验评定。

② 当混凝土中掺用矿物掺合料时，确定混凝土强度时的龄期可按《粉煤灰混凝土应用技术规范》（GB/T 50146—2014）等的规定取值。

③ 检验评定混凝土强度用的混凝土试件的尺寸及强度的尺寸换算系数应按表3-22取用，其标准成型方法、标准养护条件及强度试验方法应符合普通混凝土力学性能试验方法标准的规定。

表3-22　　　　　　　　　　混凝土试件尺寸及强度的尺寸换算系数

骨料最大粒径/mm	试件尺寸/mm	强度的尺寸换算系数
≤31.5	100×100×100	0.95
≤40	150×150×150	1.00
≤63	200×200×200	1.05

注：对强度等级为C60及以上的混凝土试件，其强度的尺寸换算系数可通过试验确定。

④ 当混凝土试件强度评定不合格时，可采用非破损或局部破损的检测方法，按国家现行有关标准的规定对结构构件中的混凝土强度进行推定，并作为处理的依据。

⑤ 混凝土的冬期施工应符合《建筑工程冬期施工规程》（JG/T 104—2011）和施工技术方案的规定。

（2）材料要求

① 水泥进场时应对其品种、级别、包装或散装仓号、出厂日期等进行检查，并应对其强度、安定性及其他必要的性能指标进行复验，其质量必须符合《通用硅酸盐水泥》（GB 175—2007）等的规定。

当在使用中对水泥质量有怀疑或水泥出厂超过3个月（快硬硅酸盐水泥超过1个月）时，应进行复验，并按复验结果使用。

钢筋混凝土结构、预应力混凝土结构中，严禁使用含氯化物的水泥。

检查数量：按同一生产厂家、同一等级、同一品种、同一批号且连续进场的水泥，袋装不超过200t为一批，散装不超过500t为一批，每批抽样不少于一次。

检验方法：检查产品合格证、出厂检验报告和进场复验报告。

② 混凝土中掺用外加剂的质量及应用技术应符合《混凝土外加剂》（GB 8076—2008）、《混凝土外加剂应用技术规范》（GB 50119—2013）等和有关环境保护的规定。

预应力混凝土结构中，严禁使用含氯化物的外加剂。钢筋混凝土结构中，当使用含氯化物的外加剂时，混凝土中氯化物的总含量应符合《混凝土质量控制标准》（GB 50164—2011）的规定。

检查数量：按进场的批次和产品的抽样检验方案确定。

检验方法：检查产品合格证、出厂检验报告和进场复验报告。

③ 混凝土中氯化物和碱的总含量应符合《混凝土结构设计规范》（GB 50010—2010）和设计的要求。

检验方法：检查原材料试验报告和氯化物、碱的总含量计算书。

④ 混凝土中掺用矿物掺合料的质量应符合《用于水泥和混凝土中的粉煤灰》（GB/T 1596—2005）等的规定。矿物掺合料的掺量应通过试验确定。

检查数量：按进场的批次和产品的抽样检验方案确定。

检验方法：检查出厂合格证和进场复验报告。

⑤ 普通混凝土所用的粗、细骨料的质量，应符合《普通混凝土用砂、石质量及检验方法标准》（JGJ 52—2006）的规定。

检查数量：按进场的批次和产品的抽样检验方案确定。

检验方法：检查进场复验报告。

⑥ 拌制混凝土宜采用饮用水，当采用其他水源时，水质应符合《混凝土用水标准》（JGJ 63—2006）的规定。

检查数量：同一水源检查不应少于一次。

检验方法：检查水质试验报告。

2. 配合比设计

① 混凝土应按《普通混凝土配合比设计规程》（JGJ 55—2011）的有关规定，根据混凝土强度等级、耐久性和工作性等要求进行配合比设计，并检查配合比设计资料。

对有特殊要求的混凝土，其配合比设计尚应符合国家现行有关标准的专门规定。

② 首次使用的混凝土配合比应进行开盘鉴定，其工作性能应满足设计配合比的要求。开始生产时应至少留置一组标准养护试件，作为验证配合比的依据。检查开盘鉴定资料和试件强度试验报告。

③ 混凝土拌制前，应测定砂、石含水率，并根据测试结果调整材料用量，提出施工配合比。每工作班检查一次，检查含水率测试结果和施工配合比通知单。

3. 混凝土施工

（1）主控项目检验

混凝土施工主控项目检验方法和检验标准见表3-23。

混凝土原材料每盘称量的允许偏差见表3-24。

表3-23		混凝土施工主控项目检验方法和检验标准		
序号	项目	质量标准及要求	检验方法	检验数量
1	结构混凝土	结构混凝土的强度等级必须符合设计要求。用于检查结构构件混凝土强度的试件，应在混凝土的浇筑地点随机抽取。取样与试件留置应符合下列规定。 ① 每拌制100盘且不超过100m³的同配合比的混凝土，取样不得少于一次； ② 每工作班拌制的同一配合比的混凝土不足100盘时，取样不得少于一次； ③ 当一次连续浇筑超过1 000m³时，同一配合比的混凝土每200m³，取样不得少于一次； ④ 每一楼层、同一配合比的混凝土，取样不得少于一次； ⑤ 每次取样应至少留置一组标准养护试件，同条件养护试件的留置组数应根据实际需要确定	检查施工记录及试件强度试验报告	见本条质量标准及要求
2	抗渗要求的混凝土结构	对有抗渗要求的混凝土结构，其混凝土试件应在浇筑地点随机取样。同一工程、同一配合比的混凝土，取样不应少于一次，留置组数可根据实际需要确定	检查试件抗渗试验报告	见本条质量标准及要求
3	混凝土原材料	混凝土原材料每盘称量的偏差应符合表3-24的规定	复称	每工作班抽查不应少于一次
4	混凝土施工操作	混凝土运输、浇筑及间歇的全部时间不应超过混凝土的初凝时间。同一施工段的混凝土应连续浇筑，并应在底层混凝土初凝之前将上一层混凝土浇筑完毕。 当底层混凝土初凝后浇筑上一层混凝土时，应按施工技术方案中对施工缝的要求进行处理	观察，检查施工记录	全数检查

单元 3

159

表3-24	混凝土原材料每盘称量的允许偏差
材料名称	允许偏差/%
水泥掺合料	±2
粗细骨料	±3
水外加剂	±2

注：① 各种衡器应定期校验，每次使用前应进行零点校核，保持计量准确。
② 当遇雨天或含水率有显著变化时，应增加含水率检测次数，并及时调整水和骨料的用量。

（2）一般项目检验

混凝土施工一般项目检验方法和检验标准见表3-25。

表3-25		混凝土施工一般项目检验方法和检验标准		
序号	项目	质量标准及要求	检验方法	检验数量
1	施工缝	施工缝的位置应在混凝土浇筑前按设计要求和施工技术方案确定，施工缝的处理应按施工技术方案执行	观察、检查施工记录	全数检查
2	后浇带	后浇带的留置位置应按设计要求和施工技术方案确定，后浇带混凝土浇筑应按施工技术方案进行		

续表

序号	项目	质量标准及要求	检验方法	检验数量
3	混凝土养护	混凝土浇筑完毕后应按施工技术方案及时采取有效的养护措施，并应符合下列规定。 ① 应在浇筑完毕后的12h以内，对混凝土加以覆盖，并保湿养护； ② 混凝土浇水养护的时间：对采用硅酸盐水泥、普通硅酸盐水泥或矿渣硅酸盐水泥拌制的混凝土，不得少于7d；对掺用缓凝型外加剂或有抗渗要求的混凝土，不得少于14d； ③ 浇水次数应能保持混凝土处于湿润状态，混凝土养护用水应与拌制用水相同； ④ 采用塑料布覆盖养护的混凝土，其敞露的全部表面应覆盖严密，并应保持塑料布内有凝结水； ⑤ 混凝土强度达到1.2N/mm² 前，不得在其上踩踏或安装模板及支架	观察、检查施工记录	全数检查

注：① 当日平均气温低于5℃时不得浇水。
② 当采用其他品种水泥时，混凝土的养护时间应根据所采用水泥的技术性能确定。
③ 混凝土表面不便浇水或使用塑料布时，宜涂刷养护剂。
④ 对大体积混凝土的养护，应根据气候条件按施工技术方案采取控温措施。

4. 施工中常见的质量问题及预防措施

（1）混凝土表面麻面、蜂窝、露筋、空洞、漏浆

现象：结构构件表面呈现无数的小凹点；结构构件中有蜂窝状的窟窿，骨料件有空隙；混凝土结构内部的主筋、副筋或箍筋等裸露在表面，没有被混凝土包裹；结构构件中存在着空隙，局部或全部没有混凝土，结构构件表面有凸出的砂浆。

原因分析：模板表面粗糙未湿润，拼缝不严，混凝土振捣不密实，造成分层离析；模板严重漏浆；钢筋保护层垫块太小，间距过大甚至漏安装；混凝土结构断面较小，钢筋过密，使粗骨料浇灌不到位，被钢筋卡住；混凝土骨料颗粒级配不连续，将增加混凝土中的用水量、降低混凝土的和易性，使混凝土产生分层、离析现象；混凝土振捣时振捣半径过大或漏振，振捣棒碰撞钢筋产生位移；混凝土拆模过早，混凝土表面拉伤。

防治措施：模板表面清理干净，刷隔离剂，充分湿润；混凝土浇筑应分层均匀振捣至气泡排除为止，插入式振捣棒移动间距不应大于其作用半径的1.5倍，振捣棒至模板的距离不应大于振捣棒有效作用半径的1/2，振捣棒插入下层混凝土不得少于50mm；浇筑混凝土前应严格办理隐蔽工程手续（垫块的数量、间距、固定的方式、厚度）；混凝土用的粗骨料颗粒应根据混凝土性能、结构截面尺寸、钢筋间距选择；钢筋较密集的部位采用插钎或直径30mm振捣棒振捣；混凝土自由倾落高度超过2m时应用串筒进行下料；拆模时间应根据3d或7d的试块试验结果正确掌握，防止过早拆模，拆模混凝土强度要求应达到规范主控项目规定。

（2）混凝土中有夹渣

现象：混凝土中夹有杂物，其深度超过保护层厚度。

原因分析：浇筑混凝土前柱、墙根部及梁、板底部残留杂物未清理干净；施工缝处理不规范。

防治措施：梁、板中的杂物采用人工清理，然后用水冲洗至柱内根部，柱或短肢墙根部模

板开清渣口；施工缝是混凝土接触处，应先将施工缝处残留的松散混凝土凿掉，冲洗干净，保持湿润，然后用同标号的水泥浆刷面再浇筑混凝土；监理在签署混凝土浇灌许可证前，必须作全面的检查。

（3）地下室顶板板面不平整，开裂

现象：板面混凝土表面不平整，有裂缝。

原因分析：板面未采取二次赶压收光；混凝土强度未达到1.2MPa，板面上人、上料产生冲击荷载；模板支撑未支承在坚硬的基土上，垫板支承面不足，浇筑混凝土时或早期养护时发生下沉。

防治措施：预拌混凝土浇筑顶板应采用2～4m长木枋（60mm×160mm木枋）赶平、压实，混凝土初凝前板面应进行二遍压实收光，严格控制标高和板的浇筑厚度；混凝土初凝后12h以内应进行覆盖浇水养护（如气温低于5℃不得浇水），混凝土强度达到1.2MPa后方上人施工，卸料时严禁冲击模板；模板、支撑应有足够的刚度和稳定性，支撑应支承在坚实的基土上并有足够的支承面积，支撑应有锁脚杆、水平杆及剪刀撑，使支撑形成整体。

（4）混凝土裂缝

现象：缝隙从混凝土表面延伸至混凝土内部。

原因分析：混凝土浇筑后，表面没有及时覆盖，受风吹日晒，表面游离水分蒸发过快，产生急剧的体积收缩，而此时混凝土早期强度低，不能抵抗这种变形应力而导致开裂；使用收缩率较大的水泥，水泥用量过多或使用过量的粉砂；基础底板的大体积混凝土配合比中未采用低水化热的水泥，大体积混凝土由于体量大，在混凝土硬化过程中产生的水化热不易散发，如不采取措施，会由于混凝土内外温差过大而出现混凝土裂缝；混凝土水灰比过大，模板过于干燥。

防治措施：在气温高、温度低或风速大的天气下施工，混凝土浇筑后，应加强表面的抹压和养护工作，当表面发现微细裂缝时，应及时抹压一次，再覆盖养护；配制混凝土时，严格控制水灰比和水泥种类及用量，选择级配良好的石子，减小空隙率和砂率，要振捣密实，以减少收缩量，提高混凝土抗裂强度；配制大体积混凝土应优先用水化热低、凝结时间长的水泥，施工时控制混凝土的内外温差，内外温差以不超过25℃为宜；混凝土浇筑前将基层和模板浇水湿透。

（5）混凝土结构尺寸偏差

现象：基础拆模后的尺寸超过允许偏差。

原因分析：混凝土浇筑后没有找平压光；混凝土没有达到强度就上人操作或运料；模板支设不牢固，支撑结构差；放线误差较大；混凝土浇筑顺序不对，致使模板发生偏移等。

防治措施：依据施工措施进行施工；支设的模板要有足够的刚度及强度；复核施工放线；混凝土浇筑时，要按照施工方案的顺序浇筑。

（6）混凝土强度不足

现象：基础混凝土经检测强度不足。

原因分析：水泥过期或受潮，活性降低导致强度低；混凝土配合比不当，计量不准；冬季低温施工未采取保温措施，拆模过早，混凝土受冻影响强度；混凝土拌和物搅拌完至浇筑完毕持续时间过长，振捣过度，养护差，导致强度降低。

防治措施：水泥应有出厂质量合格证，并加强水泥保管工作，对水泥质量有疑问应进行复查实验，并按实验结果的强度等级使用；严格控制混凝土配合比，保证计量准确；冬季施工应采取措施，防止混凝土早期受冻；严格按照施工规范进行混凝土施工。

（7）混凝土同条件试件搁置错误，混凝土结构养护不到位

现象：混凝土同条件试件没搁置在取样的混凝土结构构件位置，混凝土结构养护时间、方

法不规范。

原因分析：混凝土同条件养护试件未搁置在基础底板、地下室楼层上，或只养护试件不养护混凝土构件；施工用水管未安装在施工的部位上。

防治措施：同条件养护试件应放置在自制的钢筋盒，二把锁（监理见证取样人员、施工单位的时间工各一把），搁置在基础底板、地下室楼层上；养护构件时养护试件，等效养护龄期按日平均温度逐日累计达到600℃·d送检（等效养护龄期不应小于14d，也不宜大于60d）；施工用水管采用DN50水管，随结构施工位置设置二个取水点；混凝土构件养护不得少于7d，对掺用缓凝剂或抗渗要求的地下混凝土，养护不得少于14d，混凝土表面应保持湿润。

（8）混凝土施工缝留置不合理

现象：混凝土施工缝位置不符合施工缝留置原则。

原因分析：施工方案编制时未针对工程特点明确施工缝留置位置；因施工问题，留设施工缝的方案未经设计人员同意；施工时因突发情况，未能按设计和施工方案要求留设施工缝。

防治措施：在施工方案中应明确施工缝留设的位置，确定施工缝位置的原则为尽可能留置在受剪力较小的部位，留置部位应便于施工；承受动力作用的设备基础、基础底板原则上不应留置施工缝；当必须留置时，应符合设计要求并按施工技术方案执行；地下室外墙防水混凝土应连续浇筑，尽量少留施工缝，当留设施工缝时，墙体水平施工缝不应留在剪力与弯矩最大处或底板与侧墙的交接处，应留在高出底板表面500mm的墙体上，墙体有预留孔洞时，施工缝距孔洞边缘不应小于300mm；当施工原因需留设施工缝时，其留设位置应经设计同意；在施工前编制施工技术方案时，考虑突发情况施工缝留设处理的措施，施工时做好相关交底和准备。

3.5.5 现浇结构工程

基础的现浇结构工程以模板、钢筋、混凝土三个分项工程为依托，是拆除模板的混凝土结构实物外观质量、几何尺寸检验等一系列技术工作的总称。

1. 质量控制要求

① 现浇结构的外观质量缺陷，应由监理（建设）单位、施工单位等各方根据其对结构性能和使用功能影响的严重程度，按表3-26确定。

表3-26 现浇结构外观质量缺陷

名称	现象	严重缺陷	一般缺陷
露筋	构件内钢筋未被混凝土包裹而外露	纵向受力钢筋有露筋	其他钢筋有少量露筋
蜂窝	混凝土表面缺少水泥浆而形成石子外露	构件主要受力部位有蜂窝	其他部位有少量蜂窝
孔洞	混凝土中孔穴深度和长度均超过保护层厚度	构件主要受力部位有孔洞	其他部位有少量孔洞
夹渣	混凝土中夹有杂物且深度超过保护层厚度	构件主要受力部位有夹渣	其他部位有少量夹渣
疏松	混凝土中局部不密实	构件主要受力部位有疏松	其他部位有少量疏松
裂缝	缝隙从混凝土表面延伸至混凝土内部	构件主要受力部位有影响结构性能或使用功能的裂缝	其他部位有少量不影响结构性能或使用功能的裂缝

名称	现象	严重缺陷	一般缺陷
连接部位缺陷	构件连接处混凝土缺陷及连接钢筋、连接铁件松动	连接部位有影响结构传力性能的缺陷	连接部位有基本不影响结构传力性能的缺陷
外形缺陷	缺棱掉角、棱角不直、翘曲不平、飞出凸肋等	清水混凝土构件内有影响使用功能或装饰效果的外形缺陷	其他混凝土构件有不影响使用功能的外形缺陷
外表缺陷	构件表面麻面、掉皮、起砂、沾污等	具有重要装饰效果的清水混凝土构件有外表缺陷	其他混凝土构件有不影响使用功能的外表缺陷

② 现浇结构拆模后，应由监理（建设）单位、施工单位对外观质量和尺寸偏差进行检查，作出记录，并应及时按施工技术方案对缺陷进行处理。

2. 现浇结构工程施工质量验收

（1）检验批划分

现浇结构分项工程可按楼层、结构缝或施工段划分检验批。

（2）主控项目检验

现浇结构主控项目检验方法和检验标准见表3-27。

表3-27　　　　　　　　现浇结构主控项目检验方法和检验标准

序号	项目	质量标准及要求	检验方法	检验数量
1	外观质量	现浇结构的外观质量不应有严重缺陷。 对已经出现的严重缺陷，应由施工单位提出技术处理方案，并经监理（建设）单位认可后进行处理，对经处理的部位，应重新检查验收	观察，检查技术处理方案	全数检查
2	尺寸偏差	现浇结构不应有影响结构性能和使用功能的尺寸偏差，混凝土设备基础不应有影响结构性能和设备安装的尺寸偏差。 对超过尺寸允许偏差且影响结构性能和安装、使用功能的部位，应由施工单位提出技术处理方案，并经监理（建设）单位认可后进行处理，对经处理的部位，应重新检查验收	量测，检查技术处理方案	

（3）一般项目检验

现浇结构一般项目检验方法和检验标准及尺寸允许偏差和检验方法见表3-28和表3-29。混凝土设备基础尺寸允许偏差和检验方法见表3-30。

表3-28　　　　　　　　现浇结构一般项目检验方法和检验标准

序号	项目	质量标准及要求	检验方法	检验数量
1	外观质量	现浇结构的外观质量不宜有一般缺陷。 对已经出现的一般缺陷，应由施工单位按技术处理方案进行处理，并重新检查验收	观察，检查技术处理方案	全数检查

序号	项目	质量标准及要求	检验方法	检验数量
2	尺寸偏差	现浇结构和混凝土设备基础拆模后的尺寸偏差应符合表3-29、表3-30的规定	量测检查	按楼层、结构缝或施工段划分检验批。在同一检验批内，对梁、柱和独立基础，应抽查构件数量的10%，且不少于3件；对墙和板，应按有代表性的自然间抽查10%，且不少于3间；对大空间结构，墙可按相邻轴线间高度5m左右划分检查面，板可按纵、横轴线划分检查面，抽查10%，且均不少于3面；对电梯井应全数检查；对设备基础应全数检查

表3-29 　　　　　　　　　现浇结构尺寸允许偏差和检验方法

项目			允许偏差/mm	检验方法
轴线位置	基础		15	钢尺检查
	独立基础		10	
	墙、柱、梁		8	
	剪力墙		5	
垂直度	层高	≤5m	8	经纬仪或吊线、钢尺检查
		>5m	10	经纬仪或吊线、钢尺检查
	全高（H）		$H/1\,000$ 且≤30	经纬仪、钢尺检查
标高	层高		±10	水准仪或拉线、钢尺检查
	全高		±30	
截面尺寸			+8，−5	钢尺检查
电梯井	井筒长、宽对定位中心线		+25，0	钢尺检查
	井筒全高（H）垂直度		$H/1\,000$ 且≤30	经纬仪、钢尺检查
表面平整度			8	2m靠尺和塞尺检查
预埋设施中心线位置	预埋件		10	钢尺检查
	预埋螺栓		5	
	预埋管		5	
预埋洞中心线位置			15	钢尺检查

注：检查轴线、中心线位置时，应沿纵、横两个方向量测，并取其中的较大值。

表3-30 　　　　　　　　　混凝土设备基础尺寸允许偏差和检验方法

项目	允许偏差/mm	检验方法
坐标位置	20	钢尺检查
不同平面的标高	0，−20	水准仪或拉线、钢尺检查
平面外形尺寸	±20	钢尺检查
凸台上平面外形尺寸	0，−20	钢尺检查

续表

项目		允许偏差/mm	检验方法
凹穴尺寸		+20, 0	钢尺检查
平面水平度	每米	5	水平尺、塞尺检查
	全长	10	水准仪或拉线、钢尺检查
垂直度	每米	5	经纬仪或吊线、钢尺检查
	全高	10	
预埋地脚螺栓	标高（顶部）	+20, 0	水准仪或拉线、钢尺检查
	中心距	±2	钢尺检查
预埋地脚螺栓孔	中心线位置	10	钢尺检查
	深度	+20, 0	钢尺检查
	孔垂直度	10	吊线、钢尺检查
预埋活动地脚螺栓锚板	标高	+20, 0	水准仪或拉线、钢尺检查
	中心线位置	5	钢尺检查
	带槽锚板平整度	5	钢尺、塞尺检查
	带螺纹孔锚板平整度	2	钢尺、塞尺检查

注：检查坐标、中心线位置时，应沿纵、横两个方向量测，并取其中的较大值。

165

3.6 工程案例

3.6.1 工程概况

本工程由天津××有限公司投资新建，它位于天津市河西区宾水西道。包括住宅小区7#、8#、12#、13#楼，总建筑面积约为6.5万 m²。施工范围为7#、8#、12#、13#楼基础分部工程，本工程地下室一层，框架剪力墙结构。

地质条件：本工程的地质条件较差。根据勘察报告，地基土层依次为人工堆积层、新近沉积层、第四纪沉积层、地基土属于中软场地土，场地类别为Ⅲ类。

3.6.2 施工准备

1. 施工现场平面布置

（1）施工现场现状

本工程位于天津市河西区宾水西道，路况较好，目前现场有一供水点和一供电点。

（2）生产区布置要点

① 对场地进行平整，路面要硬化处理，做法为100mm厚C15混凝土。主要环形道路宽4m，路侧修筑排水沟、集水井。

② 接通临时水源，保证必要的生产、生活和消防用水。

③ 由变电站穿围墙埋设供电电缆，引至专用配电箱，供生产、生活用电。

④ 混凝土输送泵站：本工程采用商品混凝土，在施工现场设两个混凝土输送泵站，占地面积30m²。

⑤ 钢筋加工场：现场设一个钢筋加工场，占地面积约250 m²，分为钢筋堆放场地、钢筋加工棚、冷拉调直场地及半成品堆场4部分，各类钢材按不同规格堆放整齐，设置标志牌和检验状态。

钢筋加工棚占地面积约125 m²，长25m，宽5m，用钢管搭设，上盖石棉瓦和两层防护竹笆片，内设切断机1台、弯曲机1台、对焊机1台及加工操作平台。

⑥ 木工加工场：现场设一个木工加工场，占地面积约200m²，分为：木工加工棚和废料堆放场地两部分，成品和半成品按不同规格、部位堆放整齐，并做好标志。

木工加工棚占地面积约90 m²，长15m，宽6m，用钢管搭设，上盖石棉瓦和两层防护竹笆片，内设木工机械1套及操作平台。

⑦ 钢模板及钢管堆放场地：现场设一个钢模板及钢管等周转材料堆放场，占地面积约200 m²，位于塔吊覆盖范围内。

（3）生活区布置要点

生活区位于施工现场东侧，南北长约40m，东西长约15m，总占地面积约500m²。在生活区内主要布置职工宿舍、浴室、厕所、食堂、门卫房、道路等。

生产区与生活区内各功能房见表3-31。

表3-31　　　　　　　　　　生产区与生活区内各功能房

区域	名称	建筑面积/m²
生产区	业主办公室	36
	监理办公室	18
	会议接待室	48
	现场办公室	90
	仓库	50
	维修间	20
	医务室	18
	门卫房	15
生活区	职工宿舍	1 000
	食堂	50
	浴室	30
合计		1375

（4）施工临时用水、电

通过计算，选用 φ100mm 钢管作供水管可满足需要。经查用电设备手册知，本工程选用 SL7-500 变压器一台。

2. 施工进度计划及劳动力计划

施工段划分及施工程序：本标段按栋自然段施工，施工程序坚持先地下后地上的原则。

施工总工期及进度计划安排：××年12月15日工程开工，××年3月15日基础结构施工完。

劳动力准备：劳动力计划见表3-32。

表3-32　　　　　　　　　　　　　　劳动力计划

工种	按工程施工阶段投入劳动力情况		
	施工准备	基础工程	收尾工程
木　工	10	300	5
钢筋工	0	150	5
瓦　工	20	60	10
混凝土工	30	80	20
电　工	2	12	4
水暖工	2	10	4
装饰工	10	10	10
防水工	0	10	10
机械工	1	10	2
电气焊工	1	8	2
其　他	5	10	12
合　计	81	660	84

3. 施工机械、设备准备

根据工程需要，现场垂直运输各栋设1台塔吊，钢筋、木工加工机械2套，钢筋切断机2套，对焊机、电焊机、切割机等若干，详见表3-33。

表3-33　　　　　　　　　　　　　施工机械一览表

序号	机械名称	型号	性能	单位	数量	额定功率
1	塔吊	TC5521	120t·m	台	4	75kW
2	拖式混凝土泵	HBT60	180m	台	2	180kW
3	铲车	ZL30	1t	辆	1	—
4	钢筋切断机	GQ50	中50mm	台	2	4kW
5	钢筋成型机	GW40-I	中40mm	台	2	4kW
6	闪光对焊机	UNI—100	中40mm	台	2	100kVA
7	多功能电焊机	BX3—500	500A	台	3	38kVA
8	空压机	KJJ-50	—	台	1	4kW
9	木工机械（平、压刨、圆锯）	ML105 MBS/4B MBl04	中50mm 中50mm 中40mm	套	2	4kW 3kW 3kW
10	混凝土振捣器	2X-50	中50mm	台	20	1.1kW
11	混凝土平板振捣器	H21X2	—	台	2	7.5kW
12	蛙式打夯机	HWl70	20kg	台	3	4kW
13	台钻	T-16J	—	台	1	1.2kW
14	潜水泵	JXZ-50	—	台	25	1.2kW
15	套丝机	Z37-R4	—	台	1	3kW
16	砂轮机	TXC-400	—	台	1	1.2kW
17	无齿锯	MQ423	—	台	1	2kW

注：其中一台拖式混凝土泵为油泵。

3.6.3 主要施工方案及技术措施

3.6.3.1 施工测量

1. 施工测量准备

① 校对测量仪器。本工程使用的经纬仪、水准仪、钢卷尺等测量设备需经有关检测单位校核，并确保使用时应在有效检测期内。

② 对规划测绘部门或业主提供的坐标桩及水准点进行复测，确定水准点和坐标的准确性。

2. 建筑物定位放线

根据规划部门给定的坐标点建立直角坐标系。

① 在基坑开挖前，根据施工平面图给出的坐标点，找出其与新建坐标系的关系，在现场内通视条件较好，易于保护的位置引测10个坐标点，该10个点形成闭合曲线，这些点要用混凝土固定并设置防护栏杆。

② 依据规划勘测部门提供的坐标桩及总平面施测，进行建筑物定位，在复测无误后，申请规划勘测部门验线。

3. 水准点的引测

① 将业主提供的由规划勘测部门设置的水准点引测到施工现场，并与原有水准点形成闭合线。

② 现场水准点测量方法及精度要求。根据《工程测量规范》（GB 50026—2007）要求，本工程的高程控制网采用三等水准仪测量方法测定，主要技术要求见表3-34。

表3-34　　　　　　　　　　高程控制网主要技术要求

等级	每千米高差全中误差/mm	各线长度/km	水准仪型号	水准尺	观测次数	往返较差/mm
三等	6	≤5	SD3	双面	往返各一次	3

4. 结构施工测量

① 在首层混凝土板墙施工完成后，以已知水准点，在墙板上引测50点，并用红三角标志，以后的各层标高控制均以此为准引测。

② 本工程采用50m的钢卷尺测量，对钢卷尺必须进行拉力、尺长、温度三差修正，并应往返数次测量，确保标高传递的准确性。

③ 结构层内引测标高时，要用水准仪引测，并往返测量与基准点校核，误差要控制在规范允许范围内。

5. 建筑物的沉降观测

① 沉降观测应以原基准水准点为开始，水准点应考虑永久使用。为了便于检查核对，专用水准点不少于2个，埋设地点必须稳定不变，防止施工机具车辆碾压。

② 沉降观测的布置。沉降观测点的布置应符合设计要求，设计未规定时，按下列原则设置：沉降观测点的布置，每隔8 ~ 12m设置一个，建筑物山墙必须在中部适当位置上设有观测点。

本工程沉降观测点的设置位置均设在混凝土柱上,标高为+0.400m处,并与专业单位配合。在主体施工阶段,以每结构层完成后进行一次观测,并详细记录观测数据。在主体完成后,每月观测一次。

沉降观测结束后,及时整理资料妥善保管,作为该工程技术档案资料的一部分。另外由业主委托有资质单位进行全过程沉降观测,直至竣工后沉降稳定为止。

3.6.3.2　地下降水

1. 降水井的确定

根据业主招标文件,基坑开挖采用大放坡,明沟排水,集水井降水,槽内电梯井下沉部分可考虑做大口井排水。本工程电梯基坑井较深,采用大口井排水。大开挖部分为明沟排水,集水井降水。

降水井管径为ϕ500mm,管材为混凝土无砂管;降水井深度底标高为-10m;由于本工程为大开挖,降水时间短,电梯井较深,故每栋设5口,其总数为20口。

2. 降水井施工

施工工艺:放线→预挖泥浆池→钻机就位→钻进清孔→测量验收→下管→回填石屑→洗井试抽。

根据降水井布置图在现场预先放出各井位置,并用白灰作出标志,在现场挖设4个4m×4m×1.5m泥浆池,轻型潜水钻机就位施工,待钻进到设计深度加1m后(成井后回淤土1m左右),用清水进行洗孔,然后用测量绳进行深度验收,合格后下ϕ500mm水泥无砂管(第一节管底用木料封堵),到地面后(高出地面不小于200mm)回填100mm厚石屑至地表,最后洗井试抽。

3. 排水

大口井中地下水通过ϕ100mm潜水泵抽至现场的各沉淀池后,经过排水沟缓流后进入总沉淀池,最后将净水排入市政排水网。

由于本工程降水时间较短,故基础仍考虑设置自制钢筋笼集水井和暗沟排水,自制钢筋笼集水井位置将根据施工的实际情况进行布置,暗沟位置将根据施工的实际情况和降水井、自制钢筋笼集水井位置周圈进行布置,并随时查看井内水位,以了解降水情况。

现场安排专人进行24h降水,并配备两名专职电工轮流配合降水。

4. 机械、设备、材料准备

① 轻型潜水钻机1台。

② 流量为24m³/h,扬程20m的潜水泵20台。

③ ϕ500mm水泥无砂管200m,井底封堵木料20块。

④ 石屑150m³。

⑤ ϕ100mm尼龙塑料管500m。

⑥ J2经纬仪一台,50m钢卷尺一把,测量绳两根。

⑦ 自制集水井钢筋笼,每栋6个。

5. 注意事项

① 单井施工完后必须立即组织人员进行降水，以防井管内泥沙沉淀，堵塞滤管，降低降水效果。

② 由于现场施工场地狭小，止水帷幕与基础外皮较近，施工时井位、井深、井径、垂直度必须符合要求。

③ 降水间隔时间应保持在水位不高于井底2m左右，使井中水位与基础内水位产生高差，增加渗流速度，增加降水效果。

④ 降水井清孔后沉渣厚度不大于100mm，以防清洗不净。

⑤ 现场施工用电必须符合临时用电安全技术规范要求。

⑥ 在现场外建筑物上设置3个观察点，以便产生不均匀沉降时能及时发现并采取措施，减少不必要的损失，观测周期为降水周期。

3.6.3.3 土方开挖

1. 施工部署

本工程土方开挖采用机械大开挖、人工辅助清槽的施工方法。基坑开挖从中部开始，土方开挖分两层采用阶梯式开挖。

2. 施工措施

（1）降水

本工程地下水位较高，准备好20台潜水泵进行大口井降水。

（2）道路

根据文明施工要求，在现场大门口设置冲车沟，配备水枪由专人对运土车辆进行轮胎冲洗，并对现场路面和附近市区路面进行清扫。

（3）照明设施

由于本工程工期紧，基础挖槽必须24h进行，为此现场照明设施统一布置，现场内设地下电缆，由总闸箱控制现场内的照明灯具，照明灯具采用2kW探照灯，共设10个，现场电工24h轮流值班，以保证施工人员正常作业。

（4）土方开挖要点

① 本工程土方开挖采取分层分段依次进行。根据现场实际情况，土方开挖分两层进行，一层开挖深度为-3m，二层开挖深度为设计基底标高。

② 为保证槽底标高，防止超挖，采用S3水准仪在距槽底设计标高+30cm槽帮处，抄出水平线，钉上小木橛，然后用人工将300mm高暂留土层挖走，以确保基底土不受扰动。

③ 挖土机不可紧靠支护桩施工，支护桩周土应由人工修整，保证支护桩不受碰撞。

④ 挖土至基础工程桩时，基础工程桩桩周土严禁用挖土机，必须由人工开挖，防止破坏工程桩。

⑤ 开挖过程中必须保护好降水井，降水井周围土体用人工挖走。

⑥ 由于现场无较大场地，故所有土方均外运，运距考虑10km，卸土场地配两台T3-100推土机。

（5）观测点设置

止水帷幕顶点设置8个观测点，以观测帷幕的位移情况，发现问题及时补救，观测点沿周边均匀布置。

（6）桩头处理

① 桩头处理采用人工处理与机械处理相结合。

② 根据设计图纸要求，在每根超高桩上找好水平高度。

③ 工程桩1、工程桩2、工程桩3和试桩将采用截桩器处理，抗拔桩采用人工剔凿为主，风镐辅助，注意施工时应由人工剔凿出桩身钢筋和凿出一个断面后，再用风镐或人工进行上部处理。注意不能毁坏桩身钢筋，剔除后混凝土碎石和小段管桩将随土方一起清运。

3. 机械、设备计划

① 挖土机4台（斗容量1m³）。

② 20t翻斗车30辆。

③ T3-100推土机2台。

④ 深水泵40台。

⑤ 截桩器2台。

4. 注意事项

① 基坑周边不允许堆放超过设计要求的荷载。

② 由于本工程面临雨季施工，故在离支护桩4～6m外周边设置一道排水沟，用黏土砖砌筑砂浆抹灰压光，防止雨水流入基坑，影响支护结构安全。

③ 必须沿槽底周边设置一圈排水沟，并与降水井连接，能够及时排除槽底明水。挖排水沟时，一人在前挖300mm宽500mm深沟，另一人在后回填石子，间隔距离不大于3m。

④ 土方开挖采取分段分层对称开挖，禁止单边超挖，开挖时必须有一定坡度，且坡角位于降水井处，以便及时排除明水。

⑤ 对轴线引桩、标准水准点等，挖运土时不得撞碰。并应经常测量和校核其平面位置、水平标高是否符合设计要求。

5. 安全措施

① 进场施工人员必须戴安全帽，穿防滑鞋。

② 槽边上部周围用脚手架搭设防护栏，高1m左右。

③ 防护栏上每隔20m设警示灯、警告牌。

④ 每隔30m设下人坡道，施工人员不得在别处下槽，以保证施工人员安全。

⑤ 现场的各种电气、机械以及其他电动工具，非专业和本组人员均不得动用和拆改。各种电气、机械操作人员必须持证操作，禁止机械带病作业。

⑥ 所有电气设备一律采用接地保护，手持式、移动式电动工具均设漏电保护器。操作人员必须穿戴合格的绝缘防护品。

3.6.3.4 垫层工程

1. 工艺流程

验槽→支模→槽底或模板内清理→模板验收→混凝土浇筑→混凝土振捣→混凝土养护。

2. 施工要点

① 基坑开挖完后，稍加晾干，邀请相关单位进行验槽，并做好桩基试验工作。

② 浇筑前应清除基土上的淤泥和杂物，并应有防水和排水措施，表面不得留有积水。

③ 垫层采用泵送商品混凝土浇筑，平板振捣器振捣，用大杠刮平后，木模子抹平，铁模子压光。

④ 在混凝土强度能保证其表面及棱角不因拆除模板而损坏时，方可拆除侧面模板。

⑤ 在已浇筑的混凝土强度达到1.2MPa以后，方可在其上来往行人和进行上部施工。

⑥ 垫层混凝土浇筑结束后，作20mm厚1：2.5的水泥砂浆找平层，铁模子压光，不得起砂、麻面。

3.6.3.5 胎模工程

① 砌筑前，应将砌筑部位清理干净，放出墙身边线。

② 在砖墙的转角处及交接处立起皮数杆，在皮数杆之间拉准线，依线砌筑，其中第一皮按墙身边线砌筑。

③ 砖墙水平灰缝和竖向灰缝宽度宜为10mm，但不得小于8mm，也不应大于12mm，水平灰缝的砂浆饱满度不小于90%，竖缝不得出现透明缝。

④ 砖墙的转角处和交接口处应同时砌筑，对不能同时砌筑的必须留斜槎，斜槎长度不应小于斜槎高度的2/3。

⑤ 按砖墙表面平整垂直情况吊垂直、套方、找规矩，经检查后确定抹灰厚度，最少不应小于7mm。

⑥ 表面应平整光滑、均匀一致，其平整度用2m直尺检查，面层与直尺间最大空隙不得大于5mm。

⑦ 阴阳角应做成均匀一致、平整光滑的圆弧或钝角。

3.6.3.6 防水工程

由于本教材未涉及防水工程，故不编制防水工程的施工方案。

3.6.3.7 大口井封堵

在防水施工前，将大口井顶部500mm高凿成楔形，该部垫层立面抹平压光，防水施工到该部位时进行包裹，然后进行保护层施工。在底板施工时，在混凝土浇筑该部位前用黏土进行回填，在距井口1m时，改用水泥（整袋不开封）进行封堵，在井口顶部用散水泥进行填缝，使之成为一个密实的整体。

3.6.3.8 钢筋工程

本工程钢筋用量大，施工技术要求高。为了保证结构工程施工质量，在选择钢材厂家的同时必须做好各种规格材料的检验复试工作，从原材料开始，狠抓施工中的薄弱环节，特别是粗大钢筋的接头，柱子内的竖向钢筋接头采用电渣压力焊，其余规格钢筋采用闪光对焊、搭接焊、直螺纹连接，这样能够保证各部位钢筋接头的质量达到设计和规范要求。

1. 钢筋的质量要求

钢筋进场应有出厂质量证明书或试验报告单，钢筋表面或每捆（盘）钢筋应有标志。钢筋进场时，应按炉罐（批）号及钢筋直径分批检验。依据规范要求，同炉罐号、同规格、同直径的钢筋每60t为一检验批量；如果一次进场钢筋不足一个批量，也应作一个批量进行检验。对钢筋质量必须严格把关，以确保工程质量。钢筋检验的内容如下。

（1）外观检查

钢筋进场时应随机抽样进行外观检查，钢筋的表面不能有裂纹、结疤及带有颗粒状或片状老锈，否则会影响到钢筋在混凝土中的握裹力。

（2）取样复试

进场钢筋在外观检查合格后，报监理工程师取样复试。在一批钢筋中采用随机方法取出两根钢筋，先切除端部，然后在每根钢筋上截取两个试件进行拉伸和冷弯试验。当试验结果中有一项不合格时，应再从同一批钢筋中取双倍数量的试件，重新做力学性能试验。如果试验结果全部合格，则该批钢筋判定为合格；如仍有一个试件不合格，则该批量钢筋判定为不合格钢材，应立即清除出场，以免错用给工程造成隐患。

2. 钢筋的配料

钢筋配料是根据设计图中构件配筋图，先绘出各种形状和规格的单根钢筋简图并加以编号，然后分别计算钢筋下料长度和根数，填写配料单，经审查无误后，方可以对此钢筋进行下料加工，所以一个正确的配料单不仅是钢筋加工、成型准确的保证，同时在钢筋安装中不会出现钢筋端部伸不到位，锚固长度不够等问题，从而保证钢筋工程的质量。因此对钢筋配料工作必须认真审查，严格把关。

3. 钢筋的下料与加工

本工程的所有钢筋的下料及加工成型，全部在施工现场进行。这样可长短搭配，合理下料，提高钢筋的成材率。

（1）钢筋除锈

钢筋的表面应洁净，在钢筋下料前必须进行除锈，将钢筋上的油渍、漆污和用锤敲击时能剥落的浮皮、铁锈清除干净。对盘圆钢筋除锈工作是在其冷拉调直过程中完成；对螺纹钢筋采用自制电动除锈机来完成，并装吸尘罩，以免损坏工人的身体和污染环境。

（2）钢筋调直

采用牵动力为3t的卷扬机，两端设地锚的办法进行冷拉调直钢筋。根据施工规范要求，Ⅰ级钢筋的冷拉率不宜大于4%；Ⅱ级钢筋的冷拉率不宜大于1%。钢筋经过调直后应平直，无局部曲折。

（3）钢筋切断

切断设备：钢筋切断设备主要有钢筋切断机和无齿锯等，应根据钢筋直径的大小和具体情况进行选用。

切断工艺：将同规格钢筋根据长度进行长短搭配，统筹排料。一般应先断长料，后断短料，减少短头，减少损耗。断料应避免用短尺量长料，防止在量料中产生累积误差，为此宜在工作台上标出尺寸刻度线，并设置控制断料尺寸用的挡板。在切断过程中，如发现钢筋劈裂、缩头或严重的弯头等必须切除。

质量要求：钢筋的断口不能有马蹄形或起弯现象。钢筋长度应力求准确，其允许偏差为±10mm。

4. 弯曲成型

弯曲设备：钢筋弯曲成型主要利用钢筋弯曲机和手动弯曲工具配合共同完成。

弯曲成型工艺：钢筋弯曲前，对形状复杂的钢筋，根据配料单上标明的尺寸，用石笔将各弯曲点位置划出。划线工作宜从钢筋中线开始向两边进行；若为两边不对称钢筋时，也可以从钢筋一端开始划线，如划到另一端有出入时，则应重新调整。经对划线钢筋的各尺寸复核无误后，即可进行加工成型。

质量要求：钢筋在弯曲成型加工时，必须形状准确，平面上无翘曲不平现象。钢筋末端弯钩的净空直径不小于钢筋直径的2.5倍。钢筋弯曲点处不能有裂缝，因此对Ⅱ级钢筋不能弯过头再回弯。钢筋弯曲成型后的允许偏差为：钢筋全长 ±10mm；箍筋的边长 ±5mm。

5. 钢筋接头

钢筋接头是整个钢筋工程的一个重要环节，接头的好坏是保证钢筋能否正常受力的关键。因此，对钢筋接头形式应认真选择，选择的原则是可靠、方便、经济。本工程将根据具体情况进行选择。

（1）接头方式

钢筋接头采用闪光对焊、电渣压力焊、搭接焊、机械连接。由于本工程工期较紧，接头形式将根据现场情况实际确定。

（2）接头位置

钢筋的接头位置应按设计要求和施工规范的规定进行布置。一般是：板钢筋接头在支座；地梁钢筋接头，上部钢筋在支座，下部钢筋在跨中处；梁钢筋接头，上部钢筋在跨中，下部钢筋在支座处；柱和墙的钢筋接头在上层板1m处。

6. 钢筋的堆放与运输

（1）钢筋的堆放

本工程所有钢筋在加工区成型后，应按其规格、直径大小及钢筋成型的不同，分别堆放整齐，并挂牌标志，堆放场地应坚硬、平整，并铺设方木，防止钢筋污染和变形。

（2）钢筋的运输

为了加快施工进度，本地下室工程的钢筋运输以塔吊为主，人工为辅。

7. 钢筋的绑扎与安装

（1）准备工作

钢筋绑扎前，应核对成品钢筋的钢号、直径、形状、尺寸和数量等是否与配料单相符，如有错漏，应纠正增补。为了使钢筋安装方便，位置正确，应先划出钢筋位置线。在底板上划出板筋位置线时，根据本工程的具体情况，底板钢筋位置线在找平层上划线；墙筋在其竖向筋上划点；楼板筋在模板上划线；柱箍筋在四根对称竖向筋上划点；梁的箍筋在架立筋上划点。准备足够数量垫块，以保证钢筋的保护层厚度。

（2）梁板基础钢筋绑扎

本工程底板钢筋网片必须将全部钢筋交叉点扎牢。绑扎时注意相邻扎点铁丝扣要成八字形，以免网片歪斜变形。绑扎基础底板上层钢筋网片，应设置预先制作好的支撑，以保证钢筋位置正确。钢筋的弯钩应朝上，不要倒向一边，但上层钢筋网的钢筋弯钩应朝下。

现浇柱与基础连接用的插筋位置一定要准确，固定牢靠，以免造成轴线位移，插筋长度符合平法03G101要求。

在绑扎底板下铁时，应将垫块安牢，以保证钢筋保护层的厚度。基础底板上预留剪力墙的插筋，插筋长度为一层高度。

（3）墙体钢筋的绑扎

地下室剪力墙的竖向钢筋，在浇筑底板混凝土前应插入，并绑扎牢固。由于墙体钢筋较细，高度过高后容易产生弯曲，从而产生位移现象，故在墙体钢筋绑扎时，沿墙体周边每隔3m用钢管搭一井字架，并用大横杆连成一整体，顶部用水准仪抄出零层板钢筋下皮标高，即为顶部大横杆上皮高度，并在其上定出钢筋位置，从而保证钢筋不产生位移现象。剪力墙为双层钢筋网，应按设计要求绑扎拉结筋来固定两网片的间距。墙体钢筋网绑扎时，钢筋的弯钩应弯向混凝土内。

（4）柱钢筋的绑扎

柱的竖向钢筋采电渣压力焊，其接头应相互错开，同一截面的接头率不大于50%。下层柱筋露出楼面部分，在楼面上应扎一道箍筋。柱箍筋的位置必须准确，箍筋加密的范围应符合设计要求。柱筋扎完后，应安装垫块。

（5）梁板钢筋的绑扎

梁纵向筋采用双层排列时，两排钢筋之间应垫以直径≥25mm的短钢筋，以保持其设计间距。箍筋接头应交错布置在两根架立钢筋上。梁箍筋加密范围必须符合设计要求。

板的钢筋绑扎与基础相同，但板上的负筋应加密马凳绑牢，以防止被踩下。另外，板上负筋必须与梁的两根架立筋扎牢（有梁时），以防移位。在板、次梁和主梁交叉处，板筋在上，次梁钢筋居中，主梁的钢筋在下。

8. 钢筋质量检查

① 根据设计图纸检查钢筋的钢号、直径、根数、间距是否正确，特别要注意检查负筋的位置。

② 检查钢筋接头的位置及搭接长度是否符合设计要求。

③ 检查钢筋绑扎是否牢固，有无松动现象。

④ 检查钢筋的保护层是否符合要求。

⑤ 绑扎网和绑扎骨架外形尺寸的允许偏差见表3-35。

表3-35　绑扎网和绑扎骨架外形尺寸允许偏差

项目		允许偏差/mm
网的长、宽		±10
网眼尺寸		±20
骨架的宽及高		±5
骨架的长		±10
箍筋间距		±20
受力钢筋	间距	±10
	排距	±5
受力钢筋的保护层	基础	±10
	柱、梁	±5
	板、墙	±3

3.6.3.9 模板工程

地下室制模包括基础底板、柱、剪力墙、顶板。

1. 工艺流程

放线找标高→模板清理刷隔离剂→安放埋件套管→支模→固定板缝处理→加固支撑补缺→模内清理→验收。

2. 模板设计

① 基础底板、基础梁、承台模板均采用砖胎模，侧面防水直接在砖胎模上进行。底板外墙水平施工缝留置高度为300mm，水平施工缝采用凹形企口形式，集水坑、电梯井等标高变化部位吊模采用钢模拼装。

② 剪力墙采用竹胶模板或钢模，柱模板也采用竹胶模板或钢模，用穿墙螺栓拉结。

③ 梁、顶板模板全部采用竹胶模板，用钢管作大横楞，间距900mm，用100mm×50mm方木作小横楞，间距500mm，下用顶撑调节模板标高，做法如图3-67所示。

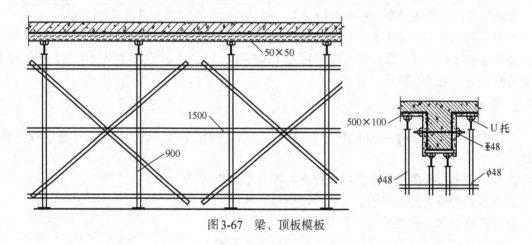

图3-67 梁、顶板模板

3. 剪力墙模板安装

（1）模板构造

采用铺塑胶覆面12mm厚高强竹胶板，背楞用100mm×100mm木方，外墙采用防水对拉杆（图3-68），纵横间距均为700mm×500mm。

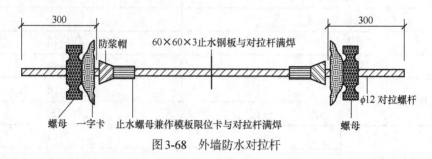

图3-68 外墙防水对拉杆

（2）模板安装

① 墙体大模板采用人工安装，安装墙模板前检查墙体中心线、边线和模板安装线是否准

确，无误后方可安装墙体模板。

② 模板的连接处、墙体转角处、模板底部的缝隙要用海绵条等堵严。

③ 混凝土浇筑过程中，须有木工现场值班进行监视，发现问题及时解决。

（3）质量标准及安全要求

① 模板上黏浆和漏涂脱模剂的面积累计不得大于 1 000cm²。

② 模板下口及模板接缝处必须严实，不漏浆。

③ 墙体上口需按设计要求做好连接。

④ 墙体位置线必须准确，模板就位准确，穿墙螺栓应按设计要求全部上好、拧紧，以防墙体超厚。

⑤ 模板起吊前必须复查一遍，检查模板穿墙杆是否拆完，无问题时才可起吊，杜绝冒险蛮干作业。

4. 安装梁、板模板

① 梁支座采用双排钢管搭设，支柱间距900mm，支柱上架钢管横楞，横楞上放梁底模板。支柱中间加横杆和平台排架连成整体，横杆离地500mm设一道，往上隔2m设一道。

② 按设计标高调节梁底高度，然后拉通线找平，梁底板根据梁跨度起拱。

③ 绑扎梁钢筋后，经检验合格后办理隐检，并清理梁底杂物，开始两侧梁旁板和平台模板安装，梁旁板用三脚架支撑固定，支架间距800mm，梁高超过600mm中间加穿梁螺栓加固。

④ 安装后校正梁中线、标高、断面尺寸，无误后开始安装平台模板。

⑤ 平台模板排架搭设和梁支座排架同时进行，支柱间距900mm，支柱上设钢管，钢管上铺100mm×100mm木龙骨，钢管间距900mm，小龙骨间距500mm。

⑥ 铺塑胶覆面12mm厚竹胶板。从一侧开始铺，竹胶板与龙骨用钢钉钉牢，每两块竹胶板之间接缝用胶带贴住。

⑦ 平台模板铺完后，拉通线进行标高校正，最后将板内杂物清理干净，办理预检。

5. 安装柱模板

（1）模板结构

矩形框架柱采用塑胶覆面12mm竹胶板现场组拼，竖向次龙骨间距为250～300mm，夹具固定间距500mm，柱上部夹具间距600mm。夹具采用 ϕ48mm钢管，ϕ12mm螺栓，方柱模板如图3-69所示。

（2）施工注意事项

① 做好测量放线工作，测量放线是建筑施工的先导，只有保证测量放线的精度才能保证模板安装位置的准

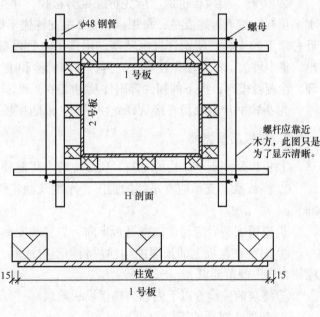

图3-69　柱模板安装图

确。弹出水平标高控制线、轴线、模板控制线，应由有关人员进行复验，合格后方可进行下道工序施工。

② 脱模剂是模板施工准备工作中一项重要的内容，脱模剂的选择与应用，对于防止模板与混凝土黏结、保护模板、延长模板的使用寿命，以及保持混凝土表面的洁净与光滑，都起着重要的作用。

③ 柱模板根部及上部应留清扫口。在浇筑混凝土前，应将清扫口堵死。

④ 模板要严格按模板配置图支设，模板安装后接缝部位必须严密，为防止漏浆可在接缝部位加贴密封条。

6. 模板拆除

及时拆除模板将有利于模板的周转和加快施工进度。不承重的侧模，在混凝土强度能保证其表面及棱角不因拆除模板而受损坏时即可拆除。

（1）拆模注意事项

① 拆模时不要用力过猛、过急，拆下来的木料、模板及时运走、整理。拆楼板模时，应注意防止模板掉下来伤人。

② 拆除跨度较大的梁底时，应先从跨中开始，分别拆向两端。

③ 拆模顺序一般是先支的后拆，后支的先拆；先拆非承重部分，后拆承重部分。

④ 每个部分应留置拆模试块，检测该部分试件强度，以便控制拆模时间。

（2）拆模方法

① 墙模拆除。先拆除穿墙螺栓等连接件，再拆除斜拉杆，然后用撬棒撬动模板，使模板与混凝土脱离，即可把模板运走。

② 楼板、梁模板拆除。应先拆除梁旁板模，再拆除楼板模板。拆除楼板模板时，先拆掉水平拉杆，然后拆除支柱，每根钢管留2根支柱先不拆。操作人员站在已拆除的空隙中，拆除近旁余下的支柱，使钢管自由坠落。用钩子将竹模板钩下，等该段模板全部脱落后，及时运出，集中堆放。有穿墙螺栓者，先拆掉穿墙螺栓和梁支架，再拆除梁底板。拆下的模板及时清理，涂刷脱模剂，拆下的扣件等附件及时集中管理。

③ 拆模时严禁模板直接从高处往下扔，以防模板变形、损坏。

7. 模板质量要求

① 模板及其支承结构的材料、质量应符合规范和设计要求。

② 模板及其支承应有足够的强度、刚度及稳定性，模板的内侧要平整，接缝严密，不得漏浆。

③ 模板安装后应经常检查是否牢固，如发现变形、松动等现象要及时加固。

④ 固定在模板上的预埋件和预留洞均不得遗漏，安装必须牢靠，位置正确，其允许偏差应符合施工规范要求。

⑤ 浇筑前应检查以下内容，确保模板质量。

a. 扣件、螺杆的规格。

b. 斜撑、立柱的数量和支撑点。

c. 横杆、螺杆及支柱的间距。

d. 各种预埋件、预埋洞口的规格、尺寸、数量、位置及固定情况。

e．模板结构的整体稳定性。

⑥ 模板制作允许偏差见表3-36。

表3-36　　　　　　　　　模板制作允许偏差

项目	允许偏差/mm	检查方法
平面尺寸	−2	尺检
表面平整	2	2m靠尺
对角线差	3	尺检
螺栓孔位偏差	2	尺检

⑦ 模板安装允许偏差见表3-37。

表3-37　　　　　　　　　模板安装允许偏差

项目		允许偏差/mm	检查方法
轴线偏差		5	尺检
标高		3	2m靠尺
截面尺寸	基础	±10	拉线尺量
	柱、墙、梁	+4，−5	拉线尺量
相邻两板面高低差		2	尺量
板表面平整度		5	2m靠尺
预留洞	中心线位移	10	尺检
	截面内部尺寸	+10，0	

3.6.3.10　混凝土工程

1．施工段的划分与工艺流程

（1）施工段的划分

本工程划分为三个施工段。

（2）施工工艺流程

每一个施工段浇筑混凝土的施工工艺流程为：基础→墙、柱→梁、板。

2．预防混凝土工程碱集料反应措施

混凝土含碱量过大，会引起碱集料反应，导致混凝土被破坏。本工程全部使用商品混凝土，应提前联系厂家。根据天津市《预防碱集料反应技术管理规定》（JJG 14—2000）要求，必须严格控制水泥中含碱量（$Na_2O + 0.658K_2O$）不得超过0.6%，活性集料含量不得超过1%。每立方米混凝土中的碱含量不大于3kg。

3. 混凝土浇筑要求

（1）机具准备及检查

① 混凝土浇筑前，对料斗、串筒、振捣器、振动棒、混凝土泵等机具设备，按需要准备落实。对易损机具，应有备用。所用的机具均应在浇筑前进行检查和试运转，同时配有专职电工以便随时维修。

② 保证水电供应。在混凝土浇筑期间，要保证现场水、电、照明不中断。

③ 掌握天气变化情况。在每一施工段浇混凝土时，掌握天气的变化情况，尽量避开风雨天气，以确保混凝土的浇筑质量。

④ 检查模板、支架、钢筋和预埋件。在混凝土浇筑之前应检查和控制模板、钢筋、保护层和预埋件等的尺寸、规格、数量和位置，其偏差应符合施工规范要求。在检查时应注意以下几点。

　　a. 模板的标高、位置和构件的截面尺寸应符合设计要求。

　　b. 所安装的支架必须稳定，支撑和模板的固定要可靠。

　　c. 混凝土浇筑前，模板内的垃圾、木片等应清除干净。

（2）浇筑混凝土时的注意事项

① 浇筑地下室防水混凝土时，必须认真振捣，严格控制混凝土的均匀性和密实性。当混凝土拌和物运至浇筑地点后，应立即浇筑入模。

② 浇筑混凝土施工中，应防止混凝土的分层离析。在竖向构件中浇筑混凝土的自由高度不能超过3m，否则应采用串筒或斜槽送混凝土入模。

③ 在浇筑竖向结构的混凝土前，对结构底部应先浇以50～100mm厚与混凝土成分相同的水泥砂浆，以保证混凝土在施工缝处的密实。

④ 浇筑混凝土时，应设专人观察模板、支撑和预留孔洞等的情况，当发生变形、移位时，应立即停止浇筑进行处理。

⑤ 防止混凝土的干缩和自身沉实而产生的表面裂纹，应在混凝土初凝前予以修整。

（3）混凝土泵送

① 在混凝土泵送前，先用适量的水湿润泵车的料斗、泵室及管道等与混凝土接触部分，经检查管路无异常后，再用1：2水泥砂浆进行润滑压送。开始泵送时，泵机宜处于低速运转状态，转速为500～550r/min。要注意观察泵的压力和各部分工作情况，输送压力一般不大于泵主油缸最大工作压力的1/3，能顺利压送后，方可提高到正常运转速度。

② 泵送混凝土应连续进行，当混凝土供应不足或运转不正常时，可放慢压送速度，以保持连续泵送。慢速泵送时间，不超过从搅拌到浇筑完毕的允许延续时间。

③ 当遇到混凝土压送困难，泵的压力升高，管路产生振动时，不要强行压送，应先对管路进行检查，并放慢压送速度或使泵反转，防止堵塞。当输送管堵塞时，可用木槌敲击管路，找出堵塞管段，将混凝土卸压后，拆除被堵管段；取出堵塞物，并检查其余管路有无堵塞，若无堵塞再行接管。重新压送时，先将空气排尽后，才能将拆卸过的管段接头夹箍拧紧。泵送过程中，应注意保持料斗内混凝土不能低于料斗上口200mm，如遇吸入空气，应立即使泵反向运转；将混凝土吸入料斗排除空气后，再进行压送。在泵送混凝土过程中，当泵送中断时间超过30min或压送困难时，混凝土泵应做间隔推动，每4～5min进行4个行程的反转，以防止混凝土离析或堵塞。

④ 为了保证搅拌的混凝土质量，防止泵管堵塞，喂料斗处必须设专人将大石块及杂物及时捡出。

（4）混凝土的振捣

① 在浇筑混凝土时，采用正确的振捣方法，可以避免蜂窝、麻面通病，必须认真对待，精心操作。对地下室底板、墙、梁均采用HZ-50插入式振捣器；在梁相互交叉处钢筋较密，可改用HZ-30插入式振捣器进行振捣。对楼板浇筑混凝土时，当板厚大于150mm时，采用插入式振捣器，但棒要斜插，然后再用平板式振捣器振一遍，将混凝土整平；当板厚小于150mm时，采用平板式振捣器振捣。

② 使用插入式振捣器时，应做到"快插慢拔"。在振捣过程中，宜将振动棒上下略为抽动，以使混凝土上下振捣均匀。

③ 混凝土分层浇筑时，每层混凝土的厚度应符合规范要求。在振捣上层混凝土时，应插入下层内50mm左右，以消除两层间的接缝。同时，振捣上层混凝土要在下层混凝土初凝前进行。

④ 每一插点要掌握准振捣时间，过短不易密实，过长则使混凝土产生离析现象，对塑性混凝土尤其要注意。一般应视混凝土表面呈水平，不再显著沉降、不再出现气泡及表面泛出灰浆为准。

⑤ 振捣器插点要均匀排列，可采用"行列式"或"交错式"的次序移动，但不能混用。每次移动的距离应不大于振动棒作用半径的1.5倍。

⑥ 振捣器使用时，振捣器距模板不应大于振捣器作用半径的0.5倍，也不能紧靠模板，且尽量避开钢筋、预埋件等。

⑦ 正常情况下，平板式振捣器在一点位的连续振动时间应以混凝土表面均匀出现浆液为准。移动振捣器时应成排依次振捣前进，前后位置和排与排间相互搭100mm，严防漏振。平板式振捣器在无筋和单筋平板中的有效作用深度为200mm，在双筋的平板中约为120mm。

⑧ 振动倾斜混凝土表面时，应由低处逐渐向高处移动，以保证振动密实。

（5）混凝土浇筑方法

① 地下室底板浇筑。根据工程情况，对地下室底板采取自然流淌的浇筑方法。

为加快施工进度，根据现场情况，对底板混凝土采用固定泵的办法进行输送。由于混凝土流动性较大，混凝土在沿斜面分层向前推进时，振捣棒应在坡尖、坡中和坡顶分别布置，保证混凝土振捣密实，且不漏振。当混凝土浇到板顶标高后，应用2m长木杠将混凝土表面找平，且控制好板顶标高。然后用木抹子拍打、搓抹两遍，在混凝土终凝之前进行收浆压光。

② 剪力墙浇筑。剪力墙支模前，必须对其根部的水平施工缝进行处理，并浇水冲洗干净，方可支墙体模板。外墙混凝土采用一台固定泵输送，混凝土的浇筑方向为从一端开始，采用斜面分层法向另一端推进。

外墙为自防水混凝土，浇筑混凝土时，振捣器必须均匀分布开，保证不漏振，以提高混凝土的密实度，达到设计的抗渗要求。

③ 楼层梁、板浇筑。楼层梁、板混凝土采用固定泵输送进行浇筑。

梁、板混凝土浇筑时，应沿施工段的长方向，从一端平行推进至另一端。在浇筑过程中，由于梁上部钢筋较多，应注意梁下部混凝土密实性，必须加强振捣，并在混凝土初凝前采取二次振捣。

（6）施工缝留置、浇筑

① 基础承台、基础梁、底板及墙、梁、顶板施工缝按照设计后浇带的位置留设，中间不

留临时施工缝。

② 后浇带的处理采用架设密目铁丝网分隔，并用ϕ6mm立筋加固或固定在上下底板钢筋上。

③ 后浇带处混凝土待达到设计要求时间后，才允许浇筑。浇筑前应将后浇带内混凝土表面凿毛，并用水清洗干净，继续浇筑前先铺设一层与混凝土配合比相同的水泥砂浆，并仔细振捣，使结合良好，同时加强养护。

（7）混凝土自然养护

为保证已浇好的混凝土在规定的龄期内达到设计要求的强度，且防止混凝土产生收缩裂缝，必须做好混凝土的养护工作。覆盖浇水养护应在混凝土浇筑完毕后12h以内进行，浇水次数应根据能保证混凝土处于湿润的状态来决定。竖向构件采用涂刷养护液或塑料布密封养护，水平构件采用塑料薄膜覆盖或浇水养护。地下室有抗渗要求的混凝土养护时间不小于14d，普通混凝土养护时间不小于7d。

（8）混凝土质量保证措施

① 混凝土实测坍落度与要求坍落度之间允许偏差为±10mm。以此来控制商品混凝土质量，每台班检测不少于一次。

② 取样与试块留置。在混凝土浇筑地点随机抽取，每拌制100盘且不超过100m³的同配合比的混凝土，取样不得少于一次；每工作班拌制的同一配合比的混凝土不足100盘时，取样不得少于一次；当一次连续浇筑超过1 000m³时，同一配合比的混凝土200m³取样不得少于一次；每一楼层、同一配合比的混凝土，取样不得少于一次；每次取样应至少留置一组标准养护试件，同条件养护试件的留置组数应根据实际需要确定；同一工程、同一配合比的抗渗混凝土，取样不应少于一次，留置组数将根据实际确定。

③ 在梁、柱相交处钢筋粗而密，振捣器改用HZ-30，同时在混凝土初凝前采取二次振捣，可保证柱头处混凝土的密实。

④ 混凝土表面处理。当混凝土振捣完毕后，用2m长的木杠按设计标高进行找平，并随拍打使混凝土沉实。然后用木抹子反复搓抹，提浆找平，使混凝土面层进一步密实，最后在混凝土终凝前再抹压收浆一遍，可避免因混凝土收缩而出现裂缝。

⑤ 浇筑混凝土时，设两名钢筋工在混凝土浇筑前修整钢筋，保证钢筋在浇筑混凝土时位置准确，同时在钢筋上架设脚手板，避免作业人员踩踏钢筋。

⑥ 预埋管、盒处防裂措施。布置线管时，在线管上表面放置钢板网，钢板网目径为40mm；敷设电线管时，电线管应与受力筋平行或交叉设置，不得垂直受力筋设置。

（9）混凝土工程防裂措施

① 合理选择混凝土的配合比，尽量选用水化热低和安定性好的水泥，并在满足设计要求的前提下，尽可能减少水泥用量，以减少水泥的水化热。

② 控制石子、砂子的含泥量分别不超过1%和3%。

③ 根据施工季节的不同，可分别采用降温法和保温法施工。夏季主要用降温法施工，即在搅拌混凝土时掺入冰水，一般温度可控制在5 ~ 10℃，在浇筑混凝土后采用冷水养护降温，但要注意水温和混凝土温度之差不超过20℃，或采用覆盖材料养护。冬季可以采用保温法施工，利用保温模板和保温材料防止冷空气侵袭，以达到减小混凝土内外温差的目的。

④ 采用分层分段法浇筑混凝土。分层振捣密实以使混凝土的水化热能尽快散失。还可采用二次振捣的方法，增加混凝土的密实度，提高抗裂能力，使上下两层混凝土在初凝前结合良好。也可采用在下层混凝土面上预留沟槽，以加强上下层混凝土的连接。

⑤ 做好测温工作，控制混凝土的内部温度与表面温度，以及表面温度与环境温度之差均不超过25℃。

⑥ 在混凝土中掺加少量磨细的粉煤灰和减水剂，以减少水泥用量。也可掺加缓凝剂，推迟水化热的峰值期。

⑦ 掺入适量的微膨胀剂或膨胀水泥，使混凝土得到补偿收缩，减少混凝土的温度应力。

⑧ 改善约束条件，根据工程特点，还可以采取某些措施，降低外约束力。例如，在大体积混凝土下设置滑动的垫层，通常做法是在垫层混凝土，先铺一层低强度水泥砂浆，以降低新旧混凝土之间的约束力。为了防止护坡桩对混凝土的约束力，还可在大体积混凝土四周与护坡桩之间砌筑隔离墙，既作为模板，又减小了大体积混凝土的约束力。

⑨ 设置后浇筑。当大体积混凝土平面尺寸过大时，可以适当设置后浇缝，以减小外约束力和温度应力，同时也有利散热，降低混凝土的内部温度。

⑩ 当分层浇筑时，为了保证每个浇筑层上下均有温度筋，可建议设计者将温度作适当调整。温度筋宜细密，一般采用ϕ8mm钢筋，间距15cm，双向布筋，这样可以增加抵抗温度应力的能力。混凝土下料高度过大时，应采用溜槽或串筒下料，防止混凝土离析。

（10）现浇混凝土结构的允许偏差

现浇混凝土结构的允许偏差见表3-38。

表3-38　　　　　　　　　　现浇混凝土结构的允许偏差

项目		允许偏差/m	
		校准	内控
轴线位置	基础	15	12
	墙、柱、梁	8	5
	剪力墙	5	3
垂直度	层高 ≤5m	8	5
	层高 >5m	10	8
	全高	$H/1\,000$且≤30	—
标高	层高	±10	±8
	全高	±30	±28
截面尺寸		+8，−5	+5，−3
表面平整（2m长度上）		8	5
预埋设施中心线位置	预埋件	10	8
	预埋管	5	3
预留洞中心线位置		15	12
电梯井	井筒长、宽、中心线位置	+25，0	+20，0
	井筒全高垂直度	$H/1\,000$且≤30	—

3.6.3.11　土方回填工程

本工程基础施工完毕后基坑采用原土回填至−2.74m，并要保证夯填密实，压实系数不低于0.9。采用人工填土蛙式打夯机夯实。

1. 土料要求

填方土料应符合业主要求。为保证填方的强度和稳定性，在设计无要求时，采用含水量符合压实要求的黏性土为宜。回填时，土料应过筛，其最大粒径不大于50mm。

2. 作业条件

① 回填前，对地下室外墙防水层、保护层进行验收，并要办好隐检手续。

② 做最大干容重和最佳含水率试验，以此来确定每层虚铺厚度和压实遍数等参数。

③ 回填前，抄好水平标高，控制回填土厚度。

④ 回填前，把基坑底的垃圾杂物清理干净，保证基底清洁无杂物。

⑤ 外墙后浇带处回填时该处还未浇注混凝土，为了避免基坑长时间曝露，保证回填工作的正常进行，在该处砌240mm厚砖墙两面阻挡。

3. 施工方法

回填前检验回填土的含水率，检验方法为用手将土紧捏成团，两指轻捏即碎为宜。若含水率偏高，可采用翻松、晾晒或均匀掺入干土等措施；若含水率偏低，可采用预先洒水润湿等措施。

由于外墙防水与回填土交叉施工，应在外墙防水作完一定高度后，才进行回填土的施工，下土时要注意对防水层的保护。

回填土应分层铺摊，每层铺摊厚度控制在规范要求以内。每层铺摊后，随之耙平，并采用蛙式打夯机进行夯实。打夯机依次夯打，均匀分布，不留间隙。打夯应一夯压半夯，夯夯相连，行行相连，纵横交叉。夯打次数由试验确定。由于场地狭窄，在一些打夯机进不去的地方，采用木夯人工夯实。人工夯虚铺厚度为20cm，人工夯要求"夯高过膝，一夯压半夯，夯排三次"。

4. 质量要求

① 基底处理必须符合清洁无杂物的要求。

② 回填土必须按规定分层夯压密实。

③ 严格控制回填土标高和平整度。

④ 加强对天气的监测，了解当天的天气预报。做到雨天停止回填土施工和拌制，当出现"橡皮土"时，必须挖出换土重填。

思考与练习

1. 独立基础底板钢筋上下位置是如何布置的？为什么？

2. 当独立基础底板的X向或Y向宽度≥2.5m时，底板配筋是如何规定的？

3. 底板钢筋排布范围是如何规定的？

4. 双柱无梁独立基础顶部配筋，钢筋位置如何？如何计算其下料长度和根数？

5. 独立基础施工工艺流程是什么？

6. 独立基础钢筋绑扎的施工工艺和施工要点是什么？

7. 画图表示独立基础、带形基础、基础梁模板的搭设构造。

8. 独立基础混凝土施工要点是什么？

9. 条形基础钢筋是如何排布的？

10. 条形基础梁钢筋的施工构造是如何规定的？

11. 条形基础施工工艺流程是什么？

12. 条形基础混凝土施工要点是什么？

13. 筏形基础平板（LPB）钢筋构造是如何规定的？

14. 筏形基础施工工艺流程是什么？

15. 筏形基础钢筋绑扎工艺流程和施工要点是什么？

16. 大体积混凝土浇筑方式有哪些？

17. 后浇带的表达和构造是什么？

18. 地下室外墙钢筋工程施工要点是什么？

19. 地下室外墙混凝土工程施工要点是什么？

20. 基础工程施工质量验收由哪些分项工程组成？混凝土结构子分部工程的质量验收如何进行？

21. 模板安装工程施工质量验收主控项目的质量标准及要求是什么？

22. 基础模板施工中常见问题有哪些？

23. 在浇筑混凝土之前，应进行钢筋隐蔽工程验收，其内容包括哪些？

24. 钢筋安装工程施工质量验收主控项目的质量标准及要求是什么？

25. 基础钢筋施工中常见问题有哪些？

26. 混凝土施工质量验收主控项目有哪些？

27. 混凝土施工中常见问题有哪些？

28. 图3-70是独立基础施工图，基础混凝土等级为C30，基础下设垫层，垫层厚100mm，C15混凝土，计算基础底板钢筋下料长度并编制钢筋配料单。

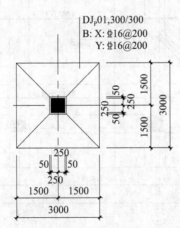

图3-70　独立基础施工图

29. 图3-71为筏形基础主梁施工图，基础混凝土等级为C30，基础下设垫层，垫层厚100mm，C15混凝土，框架柱截面尺寸为500mm×500mm，计算基础主梁钢筋下料长度并编制钢筋配料单。

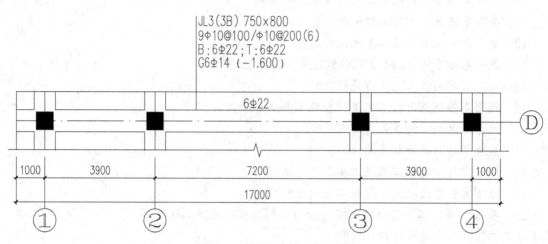

图3-71 筏形基础主梁施工图

30. 图3-72为筏形基础施工图，基础混凝土等级为C30，基础下设垫层，垫层厚100mm，C15混凝土，计算基础底板钢筋下料长度并编制钢筋配料单。

31. 图3-73为筏形基础梁施工图，基础混凝土等级为C30，基础下设垫层，垫层厚100mm，C15混凝土，计算基础梁钢筋下料长度并编制钢筋配料单。

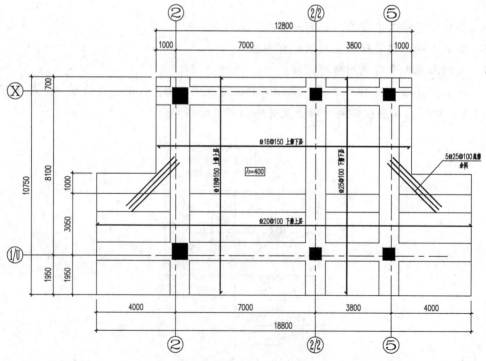

图3-72 筏形基础施工图

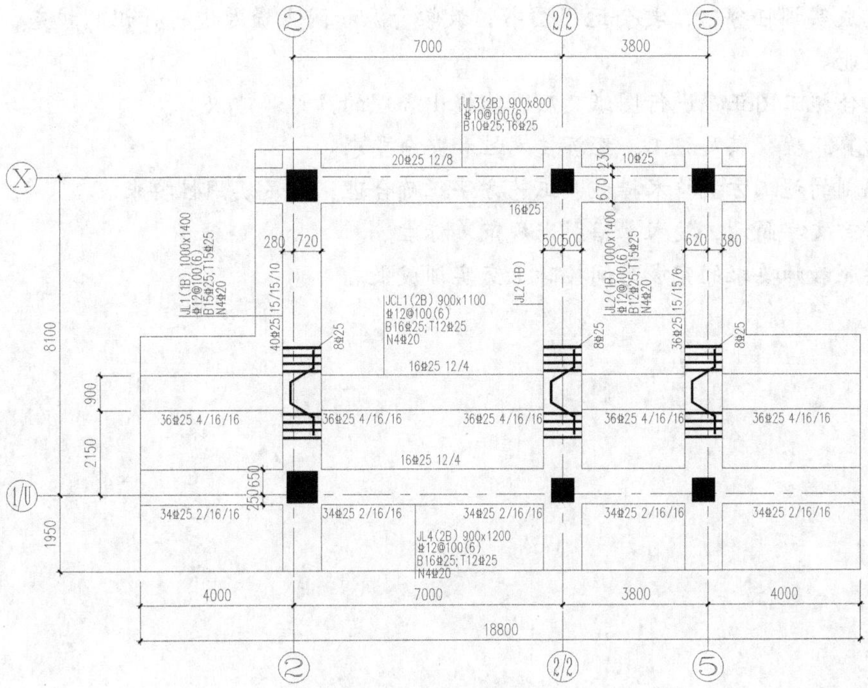

图 3-73 筏形基础梁施工图

单元实训

1. 实训名称：基础工程施工方案编制。

2. 实训目的：本实训培养学生完成"独立基础、条形基础、筏形基础施工图交底、施工方案编制和基础工程质量检查"的职业能力，需要学生完成识读基础施工图，计算钢筋下料长度，编制钢筋工程、模板工程、混凝土工程施工方案和写施工质量检验评定等内容。

3. 参考资料：教材、《混凝土结构施工图平面整体表示方法制图规则和构造详图（独立基础、条形基础、筏形基础及桩基承台）》（11G101-3）、《混凝土结构施工钢筋排布规则与构造详图（独立基础、条形基础、筏形基础及桩基承台）》（12G 901-3）、《建筑抗震设计规范》（GB 50011—2010）、《建筑地基基础工程施工质量验收规范》（GB 50202—2002）、《混凝土结构工程施工质量验收规范》（GB 50204—2002）。

4. 实训任务：选择有代表性的独立基础、条形基础、筏形基础施工图进行分组学习，每 6～8 人为一组共同完成读基础施工图，计算钢筋下料长度，编制钢筋工程、模板工程、混凝土工程施工方案，每小组的课业内容不能相同。要求学生完成下列内容。

（1）识读基础施工图，进行图纸交底。以小组为单位，相互演示图纸交底。

（2）写出详细的钢筋下料计算过程，编制工程基础钢筋配料单。以小组为单位，每个同学完成一个基础中不同构件的钢筋下料，汇集成整个基础的下料单。

（3）编制基础工程的钢筋工程、模板工程、混凝土工程施工方案。每个同学都要完成。

（4）根据图纸写出基础施工质量检验评定。每个同学都要完成。

5. 实训要求：

（1）完成实训任务时，小组成员要团结合作、协作工作，培养团队精神。

（2）完成实训任务时，要会运用图书馆教学资源和网上资源进行知识的扩充，积累素材，提高专业技能。

（3）结合施工图正确进行图纸交底，能提出合理的意见和建议。

（4）计算正确，满足施工、经济技术性和安全要求。

（5）编制的施工方案技术措施、工艺方法正确合理，满足实用性要求。

（6）语言文字简洁，技术术语引用规范、标准。

（7）按照教师要求的完成时间按时上交实训成果。

单元 **4**

桩基础施工

引言： 当建设场地的浅层地基不能满足承载力和变形的要求，就需要采用深基础方案。桩基础作为一种常用的深基础形式应用越来越广泛，需要施工技术人员根据桩基础工程施工工艺与质量标准，结合工程实践经验，编制合理的施工方案。

学习目标： 本单元旨在培养学生进行桩基础施工、桩基质量检查的基本能力。通过课程讲解使学生掌握预制桩、灌注桩施工机具、工艺过程、施工要点、施工质量检查等知识；通过参观、录像、动画等强化学生对桩基础施工的认识，增强学生进行桩基础施工的职业能力。

4.1　桩基础及桩的分类

当浅层地基土质无法满足建筑物对地基承载力和变形的要求，且不宜采用地基处理等措施时，可以深层坚实土层或岩层作为地基持力层，采用深基础方案。常见的深基础主要有桩基础、沉井基础、墩基础和地下连续墙等，其中以桩基础的历史最为悠久，应用最为广泛。

桩基础由基桩和连接于桩顶的承台共同组成。承台将桩群连接成一个整体，并把建筑物的荷载传至桩上，再将荷载传给深层土和桩侧土体。按照承台的位置高低，可将桩基础分为低承台桩基础和高承台桩基础。若桩身全部埋于土中，承台底面与土体接触，则称为低承台桩基础，如图4-1（a）所示；若桩身上部露出地面，承台底位于地面以上，则称为高承台桩基础，如图4-1（b）所示。建筑桩基通常为低承台桩基础，这种桩基础受力性能好，具有较强的抵抗水平荷载的能力，而高承台桩基础多用于桥梁和港口工程。

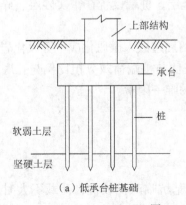

（a）低承台桩基础　　　　　　　　　　（b）高承台桩基础

图4-1　桩基础

桩基础具有承载力高、沉降量小、稳定性好、便于机械化施工、适应性强等特点。因此，其适用范围较广，通常下列情况考虑采用桩基础。

① 地基的上层土质太差而下层土质较好；或地基软硬不均或荷载不均，不能满足上部结构对不均匀变形的要求。

② 地基软弱，采用地基加固措施不合适；或地基土性特殊，如存在可液化土层、自重湿陷性黄土、膨胀土及季节性冻土等。

③ 除承受较大垂直荷载外，尚有较大偏心荷载、水平荷载、动力或周期性荷载作用。

④ 上部结构对基础的不均匀沉降相当敏感；或建筑物受到大面积地面超载的影响。

⑤ 地下水位很高，采用其他基础形式施工困难；或位于水中的构筑物基础，如桥梁、码头、钻采平台等。

⑥ 需要减少基础振幅或应控制基础沉降和沉降速率的精密或大型设备基础。

4.1.1 按承载性状分类

《建筑桩基技术规范》根据竖向荷载作用下桩土相互作用特点，达到极限承载力状态时，桩侧与桩端阻力的发挥程度和分担荷载比例，将桩分为摩擦型桩和端承型桩两大类和四个亚类。

1. 摩擦型桩

摩擦型桩是指在竖向极限荷载作用下，桩顶荷载全部或主要由桩侧阻力承受。根据桩侧阻力分担荷载的大小，摩擦型桩又分为摩擦桩和端承摩擦桩两类。

① 摩擦桩：在极限承载力状态下，桩顶荷载由桩侧阻力承担。如桩端下无较坚实的持力层时。

② 端承摩擦桩：在极限承载力状态下，桩顶荷载由桩侧阻力和桩端阻力共同承担，但桩侧阻力分担荷载较大。如当桩的长径比不很大，桩端持力层为较坚硬的黏性土、粉土和砂类土时。

2. 端承型桩

端承型桩是指在竖向极限荷载作用下，桩顶荷载全部或主要由桩端阻力承受，桩侧阻力相对桩端阻力而言较小，或可忽略不计的桩。根据桩端阻力发挥的程度和分担荷载的比例，端承型桩又可分为摩擦端承桩和端承桩两类。

① 摩擦端承桩：在极限承载力状态下，桩顶荷载由桩侧阻力和桩端阻力共同承担，但桩端阻力分担荷载较大。通常桩端进入中密以上的砂土、碎石类土或中、微风化岩层。

② 端承桩：在极限承载力状态下，桩顶荷载由桩端阻力承担，桩侧阻力忽略不计。如桩的长径比较小（一般小于10），桩身穿越软弱土层，桩端设置在密实砂层、碎石类土层中或位于微风化岩层中。

此外，当桩端嵌入岩层一定深度（要求桩的周边嵌入微风化或中等风化岩体的最小深度不小于0.5 m）时，称为嵌岩桩。对于嵌岩桩，桩侧与桩端荷载分担比例与孔底沉渣及进入基岩深度有关，桩的长径比不是制约荷载分担比例的唯一因素。

4.1.2 按桩身材料分类

1. 混凝土桩

当桩基础主要承受竖向受压荷载，或作为基坑临时护坡桩，荷载不大时，可采用混凝土桩。混凝土强度等级采用C20或C25，价格便宜，截面刚度大。

2. 钢筋混凝土桩

钢筋混凝土桩的横截面有方、圆等多种形状，可做成实心或空心，用于承压、抗拔、抗弯等。当桩截面尺寸较大时，为减轻自重，节约钢材，提高桩的承载力和抗裂性，可采用预应力混凝土管桩。

3. 钢桩

常见的有钢管桩和H型钢桩等。钢管桩直径一般为400～1 000mm，其抗弯、抗压性能较高，承载力大、质量可靠、自重轻、施工方便，但造价较高、易锈蚀。

4. 组合材料桩

组合材料桩是指用两种材料组合制成的桩，例如，钢管桩内填充混凝土形成钢管混凝土桩，或上部为钢管桩、下部为混凝土等形式的组合桩，用以发挥材料的各自特点。

4.1.3　按使用功能分类

1. 竖向抗压桩

竖向抗压桩主要承受上部结构传来的竖向荷载，一般建筑桩基在正常工作的条件下都属于此类桩。

2. 竖向抗拔桩

竖向抗拔桩主要承受竖向上拔荷载，例如水下抗浮力的锚桩、输电塔和微波发射塔的桩基等，都属于此类桩。

3. 水平受荷桩

水平受荷桩主要承受水平荷载，此类桩有港口工程的板桩、深基坑的护坡桩以及坡体抗滑桩等。

4. 复合受荷桩

复合受荷桩是指承受竖向、水平荷载均较大的桩，设计时应按竖向抗压（或抗拔）桩及水平受荷桩的要求进行验算。

4.1.4　按施工方法分类

根据施工方法的不同，主要分为预制桩和灌注桩两大类。

1. 预制桩

预制桩是在施工现场或工厂预先制作，然后以锤击、振动、静压或旋入等方式将桩设置就位。工程中应用最广泛的是钢筋混凝土桩。

为了运输方便，预制桩通常分段制作，每段长度不超过12m，沉桩时再拼接成所需长度，接头质量应保证满足传递轴力、弯矩和剪力的需要，通常用钢板、角钢焊接，也可采用钢板垂直插头加水平销连接。

预制桩的沉桩深度一般应根据地质资料及结构设计要求估算。施工时以最后贯入度和桩尖设计标高两方面控制。最后贯入度是指沉至某标高时，每次锤击的沉入量，通常以最后每阵的平均贯入量表示。锤击法常以10次锤击为一阵，振动沉桩以1min为一阵。最后贯入度则根据计算或地区经验确定。

2. 灌注桩

灌注桩是指在设计桩位成孔，然后在孔内放置钢筋笼（也有直接插筋或省去钢筋的），再浇灌混凝土成桩的桩型。其横截面呈圆形，可以做成大直径和扩底桩。灌注桩的优点是不存在运输、吊装和打入过程，钢筋按使用期间的内力大小配置或不配置，可节约钢筋；缺点是桩身易出现露筋、缩颈、断桩等现象。保证灌注桩承载力的关键在于桩身的成型及混凝土质量。灌注桩按成孔方法可分为沉管灌注桩、钻（冲）孔灌注桩、挖孔桩等类别。

（1）沉管灌注桩

沉管灌注桩是利用锤击振动或静压等方法沉管成孔，然后浇灌混凝土，拔出套管，其施工程序如图4-2所示。一般可分为单打、复打（浇灌混凝土并拔管后，立即在原位再次沉管及浇灌混凝土）和反插法（灌满混凝土后，先振动再拔管，一般拔0.5～1.0m，再反插0.3～0.5m）三种。复打后的桩横截面面积增大，承载力提高，但其造价也相应提高。

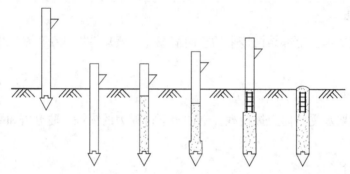

（a）打桩机就位（b）沉管（c）浇灌混凝土（d）边拔管，边振动（e）安放钢筋笼，继续浇灌混凝土（f）成型

图4-2　沉管灌注桩的施工程序

沉管灌注桩的常用桩径（预制桩尖的直径）为300～500mm，桩长常在20m以内，可穿越一般黏性土、粉土、淤泥质土、淤泥、松散至中密的砂土及人工填土等土层。其优点是设备简单、施工进度快、造价低。缺点是振动大、噪声高；如施工方法和工艺不当，将会造成缩颈、断桩、夹泥和吊脚（桩底部的混凝土隔空，或混进泥砂在桩底部形成松软层）等质量问题；遇淤泥层时处理比较难。当地基中存在承压水层时，应慎重使用。

（2）钻（冲）孔灌注桩

钻（冲）孔灌注桩用钻机（如螺旋钻、振动钻、冲抓锥钻、旋转水冲钻等）钻土成孔，然后清除孔底残渣，安放钢筋笼，浇灌混凝土。有的钻机成孔后，可撑开钻头的扩孔刀刃使之旋转切土扩大桩孔，浇灌混凝土后在底端形成扩大桩端，但扩底直径不宜大于3倍桩身直径。

目前国内钻（冲）孔灌注桩多用泥浆护壁，泥浆应选用膨润土或高塑性黏土在现场加水搅拌制成，施工时泥浆水面应高出地下水面1m以上，清孔后在水下浇灌混凝土。常用桩径为800mm、1 000mm、1 200mm等。其优点是入土深，能进入岩层，刚度大，承载力高，桩身变形小，并可方便地进行水下施工。

（3）挖孔桩

挖孔桩采用人工或机械挖掘成孔，逐段边开挖边支护，达到所需深度后再进行扩孔、安装钢筋笼及浇灌混凝土而成。

挖孔桩一般内径应≥800mm，开挖直径≥1 000mm，护壁厚≥100mm，分节支护，每节高500～1 000mm，可用混凝土浇筑或砖砌筑，桩身长度宜限制在40m以内，如图4-3所示。

挖孔桩的优点是可直接观察地层情况，孔底易清除干净，设备简单，场区内各桩可同时施工，且桩径大、适应性强。但施工中应注意防止塌方、缺氧、有害气体等危险，并注意流砂现象。

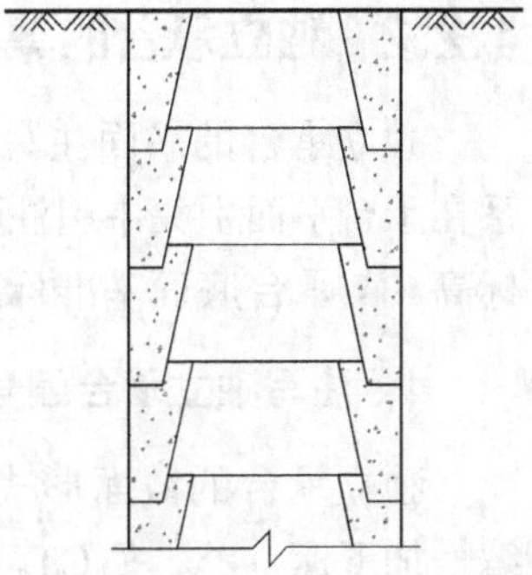

图4-3 挖孔桩护壁

4.1.5 按成桩方法和挤土效应分类

大量工程实践表明，成桩挤土效应对桩的承载力、成桩质量控制、环境等有很大影响，因此，根据成桩方法和成桩过程的挤土效应，将桩分为非挤土桩、部分挤土桩和挤土桩三类。

1. 非挤土桩

非挤土桩是指在成桩时，采用干作业法、泥浆护壁法、套管护壁法等，先将孔中土体取出，对桩周土不产生挤土作用的桩，如人工挖孔灌注桩、钻孔灌注桩等。

2. 部分挤土桩

部分挤土桩是指在成桩时孔中部分或小部分土体先取出，对桩周土有部分挤土作用的桩，如部分挤土灌注桩、预钻孔打入式预制桩、打入式敞口桩等。

3. 挤土桩

挤土桩是指在成桩时孔中土未取出，完全是挤入土中的桩，如挤土灌注桩、挤土预制桩（打入或静压）等。

4.2 桩基承台的图纸识读和施工

桩基承台平法施工图，有平面注写与截面注写两种表达方式，设计者可根据具体工程情况选择一种，或将两种方法相结合进行桩基承台施工设计。

4.2.1 桩基承台编号

桩基承台分为独立承台和承台梁，分别按表4-1和表4-2的规定编号。

表4-1 独立承台编号

类型	独立承台截面形状	代号	序号	说明
独立承台	阶形	CT$_J$	××	单阶截面即为平板式独立承台
	坡形	CT$_P$	××	

表4-2 承台梁编号

类型	代号	序号	跨数及有否外伸
承台梁	CTL	××	（××）端部无外伸 （××A）一端有外伸 （××B）两端有外伸

4.2.2 独立承台的集中标注

独立承台的平面注写方式，分为集中标注和原位标注两部分内容。独立承台的集中标注，系在承台平面上集中引注独立承台编号、截面竖向尺寸、配筋三项必注内容，以及承台板底面标高（与承台底面基准标高不同时）和必要的文字注解两项选注内容。具体规定如下。

1. 注写独立承台编号

独立承台的截面形式通常有两种：阶形截面，编号加下标"J"，如CT_J××；坡形截面，编号加下标"P"，如CT_P××。

2. 注写独立承台截面竖向尺寸

（1）阶形截面

当阶形截面为多阶时，各阶尺寸自下而上用"/"分隔顺写，如图4-4所示。当阶形截面独立承台为单阶时，截面竖向尺寸仅为一个，且为独立承台总厚度，如图4-5所示。

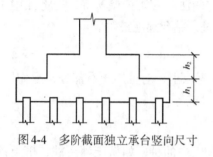

图4-4 多阶截面独立承台竖向尺寸

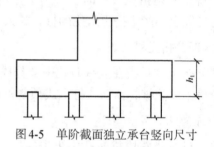

图4-5 单阶截面独立承台竖向尺寸

（2）坡形截面

当独立承台为坡形截面时，截面竖向尺寸注写为h_1/h_2，如图4-6所示。

3. 注写独立承台配筋

底部与顶部双向配筋应分别注写，顶部配筋仅用于双柱或四柱等独立承台。当独立承台顶部无配筋时则不注顶部。注写规定如下。

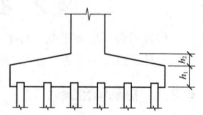

图4-6 坡形截面独立承台竖向尺寸

① 以B打头注写底部配筋，以T打头注写顶部配筋。

② 矩形承台X向配筋以X打头，Y向配筋以Y打头；当两向配筋相同时，则以X&Y打头。

③ 当为等边三桩承台时，以"△"打头，注写三角布置的各边受力钢筋（注明根数并在配筋值后注写"×3"），在"/"后注写分布钢筋。例如，△××Φ××@××××3/φ××@×××。

④ 当为等腰三桩承台时，以"△"打头注写等腰三角形底边的受力钢筋＋两对称斜边的受力钢筋（注明根数并在两对称配筋值后注写"×2"），在"/"后注写分布钢筋。例如，△××Φ××@×××+××Φ××@××××2/φ××@×××。

⑤ 当为多边形（五边形或六边形）承台或异形独立承台，且采用X向和Y向正交配筋时，注写方式与矩形独立承台相同。

⑥ 两桩承台可按承台梁进行标注。

施工时应注意：三桩承台的底部受力钢筋应按三向板带均匀布置，且最里面的三根钢筋围成的三角形应在柱截面范围内。

4. 注写基础底面标高

当独立承台的底面标高与桩基承台底面基准标高不同时，应将独立承台底面标高注写在括号内。

4.2.3 独立承台的原位标注

原位标注是指在桩基承台平面布置图上标注独立承台的平面尺寸，相同编号的独立承台，可仅选择一个进行标注，其他仅注编号。注写规定如下。

1. 矩形独立承台

原位标注x、y，x_c、y_c（或圆柱直径d_c），x_i、y_i、a_i、b_i，i =1，2，3，…其中，x、y为独立承台两向边长，x_c、y_c为柱截面尺寸，x_i、y_i为阶宽或坡形平面尺寸，a_i、b_i为桩的中心距及边距，如图4-7所示。

2. 三桩承台

结合X、Y双向定位，原位标注a，x、y，x_c、y_c（或圆柱直径d_c），x_i、y_i，i =1，2，3，…其中，x或y为三桩独立承台平面垂直于底边的高度，x_c、y_c为柱截面尺

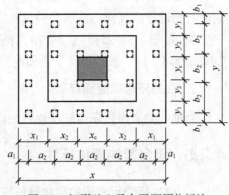

图4-7 矩形独立承台平面原位标注

寸，x_i、y_i为承台分尺寸和定位尺寸，a为桩中心距切角边缘的距离，如图4-8、图4-9所示。

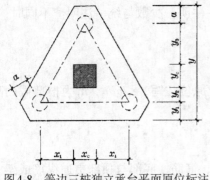

图4-8 等边三桩独立承台平面原位标注

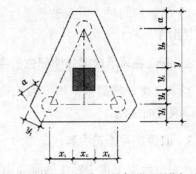

图4-9 等腰三桩独立承台平面原位标注

3. 多边形独立承台

结合X、Y双向定位，原位标注x、y，x_c、y_c（或圆柱直径d_c），x_i、y_i，a_i，i =1，2，3，…具体设计时，可参照矩形独立承台或三桩独立承台的原位标注规定。

4.2.4 承台梁的集中标注

承台梁（CTL）的平面注写方式，分集中标注和原位标注两部分内容。承台梁的集中标注内容为承台梁编号、截面尺寸、配筋三项必注内容，以及承台梁底面标高（与承台底面基准标高不同时）、必要的文字注解两项选注内容。

1. 注写承台梁配筋

（1）承台梁箍筋

① 当具体设计仅采用一种箍筋间距时，注写钢筋级别、直径、间距与肢数（箍筋肢数写

单元 4

195

在括号内）。

② 当具体设计采用两种箍筋间距时，用"/"分隔不同箍筋的间距。此时，设计应指定其中一种箍筋间距的布置范围。

施工时应注意：在两向承台梁相交位置，应有一向截面较高的承台梁箍筋贯通设置；当两向承台梁等高时，可任选一向承台梁的箍筋贯通设置。

（2）承台梁纵向钢筋

以 B 打头注写承台梁底部贯通筋，以 T 打头注写承台梁顶部贯通筋，以 G 打头注写承台梁侧面对称设置的纵向构造钢筋的总配筋值。

例如，B：5Φ25；T：7Φ25，表示承台梁底部配置贯通纵筋5Φ25，梁顶部配置贯通纵筋7Φ25。G8Φ14，表示梁每个侧面配置纵向构造钢筋4Φ14，共配置8Φ14。

2. 注写承台梁底面标高

当承台梁底面标高与桩基承台底面基准标高不同时，将承台梁底面标高注写在括号内。

4.2.5 承台梁的原位标注

1. 原位标注承台梁的附加箍筋或（反扣）吊筋

当需要设置附加箍筋或（反扣）吊筋时，将附加箍筋或（反扣）吊筋直接画在平面图中的承台梁上，原位直接引注总配筋值（附加箍筋的肢数注在括号内）。当多数梁的附加箍筋或（反扣）吊筋相同时，可在桩基承台平法施工图上统一注明，少数与统一注明值不同时，再原位直接引注。

2. 原位注写承台梁外伸部位的变截面高度尺寸

当承台梁外伸部位采用变截面高度时，在该部位原位注写 $b \times h_1/h_2$，h_1 为根部截面高度，h_2 为尽端截面高度。

3. 原位注写修正内容

当在承台梁上集中标注的某项内容（如截面尺寸、箍筋、底部与顶部贯通纵筋或架立筋、梁侧面纵向构造钢筋、梁底面标高等）不适用于某跨或某外伸部位时，将其修正内容原位标注在该跨或该外伸部位，施工时原位标注取值优先。

4.2.6 桩基承台的构造

1. 桩基承台构造基本要求

桩基承台的构造，除了应满足抗冲切、抗剪切、抗弯承载力和上部结构要求，尚应符合下列要求。

① 独立柱下桩基承台的最小宽度不应小于500mm，边桩中心至承台边缘的距离不应小于桩的直径或边长，且桩的外边缘至承台边缘的距离不应小于150mm。对于墙下条形承台梁，桩的外边缘至承台梁边缘的距离不应小于75mm。承台的最小厚度不应小于300mm。

② 高层建筑平板式和梁板式筏形承台的最小厚度不应小于400mm，墙下布桩的剪力墙结构筏形承台的最小厚度不应小于200mm。

2. 承台混凝土材料及其强度等级要求

承台混凝土材料及其强度等级应符合结构混凝土耐久性的要求和抗渗要求。

3. 承台的钢筋配置要求

① 柱下独立桩基承台纵向受力钢筋应通长配置，对四桩以上（含四桩）承台宜按双向均匀布置，如图4-10所示，对三桩的三角形承台应按三向板带均匀布置，如图4-11所示，且最里面的三根钢筋围成的三角形应在柱截面范围内。纵向钢筋锚固长度自边桩内侧（当为圆桩时，应将其直径乘以0.8等效为方桩）算起，不应小于$35d_g$（d_g为钢筋直径）；当不满足时应将纵向钢筋向上弯折，此时水平段的长度不应小于$25d_g$，弯折段长度不应小于$10d_g$。承台纵向受力钢筋的直径不应小于12mm，间距不应大于200mm。柱下独立桩基承台的最小配筋率不应小于0.15%。

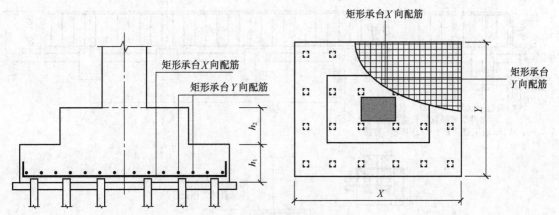

图4-10　矩形承台配筋构造

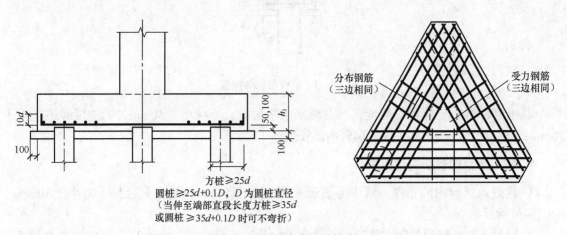

图4-11　三桩承台配筋构造

② 柱下独立两桩承台，应按《混凝土结构设计规范》（GB 50010—2010）中的深受弯构件配置纵向受拉钢筋、水平及竖向分布钢筋。承台纵向受力钢筋端部的锚固长度及构造应与柱下多桩承台的规定相同，如图4-12所示。

③ 条形承台梁的纵向主筋应符合《混凝土结构设计规范》（GB 50010—2010）关于最小配筋率的规定，主筋直径不应小于12mm，架立筋直径不应小于10mm，箍筋直径不应小于6mm。承台梁端部纵向受力钢筋的锚固长度及构造应与柱下多桩承台的规定相同，如图4-13所示。

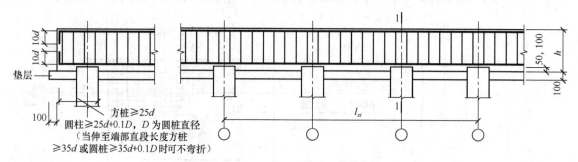

图 4-12 两桩承台配筋构造

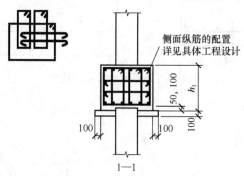

图 4-13 承台梁配筋构造

④ 钢筋的混凝土保护层厚度，当有混凝土垫层时，不应小于 50mm，无垫层时不应小于 70mm；此外尚不应小于桩头嵌入承台内的长度。

4. 桩与承台的连接构造要求

① 桩嵌入承台内的长度，对中等直径桩不宜小于 50mm，对大直径桩不宜小于 100mm，如图 4-14 所示。

② 混凝土桩的桩顶纵向主筋应锚入承台内，其锚入长度不宜小于 35 倍纵向主筋直径和锚固长度 l_a，如图 4-14 所示。对于抗拔桩，桩顶纵向主筋的锚固长度应按《混凝土结构设计规范》（GB 50010—2010）。确定。

③ 对于大直径灌注桩，当采用一柱一桩时可设置承台或将桩与柱直接连接。

5. 柱与承台的连接构造要求

① 对于一柱一桩基础，柱与桩直接连接时，柱纵向主筋锚入桩身内长度不应小于 35 倍纵向主筋直径。

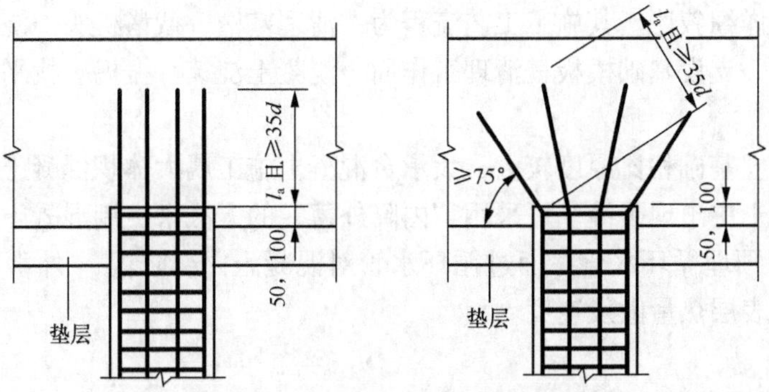

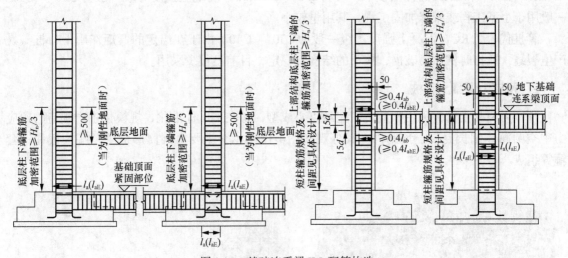

图 4-14　桩与承台的连接构造

② 对于多桩承台，柱纵向主筋锚入承台不应小于35倍纵向主筋直径；当承台高度不满足锚固要求时，竖向锚固长度不应小于20倍纵向主筋直径，并向柱轴线方向呈90°弯折。

③ 当有抗震设防要求时，对于一、二级抗震等级的柱，纵向主筋锚固长度应乘以1.15的系数；对于三级抗震等级的柱，纵向主筋锚固长度应乘以1.05的系数。

6. 承台与承台之间的连接构造要求

① 一柱一桩时，应在桩顶两个主轴方向上设置连系梁，如图4-15所示。当桩与柱的截面直径之比大于2时，可不设连系梁。

图 4-15　基础连系梁JLL配筋构造

② 两桩桩基的承台，应在其短向设置连系梁。

③ 有抗震设防要求的柱下桩基承台，宜沿两个主轴方向设置连系梁。

④ 连系梁顶面宜与承台顶面位于同一标高。连系梁宽度不宜小于250mm，其高度可取承台中心距的1/10～1/15，且不宜小于400mm。

⑤ 连系梁配筋应按计算确定，梁上下部配筋不宜小于2根直径12mm钢筋；位于同一轴线上的连系梁纵筋宜通长配置。

4.2.7　桩基承台的施工

桩基承台施工与单元3基础工程施工相同，主要是钢筋、模板、混凝土工程施工，工艺大同小异,在此不再详细叙述。其施工工艺流程为:清理基槽→截凿桩头→浇筑混凝土垫层→基础放线→绑扎钢筋→支设基础模板→清理工作面→混凝土浇筑、振捣、找平→混凝土养护→拆除模板。

承台基础与独立基础相比厚度较大,大承台混凝土施工属大体积混凝土施工。必须采取温控措施,防止混凝土中出现裂缝。可采用"内降外蓄"的方法来控制混凝土内外温差。"内降"即采用在混凝土中预埋循环水管,通过循环水管对混凝土内部降温;"外蓄"措施为通过覆盖养护,减小混凝土表层热量散发速度。

4.3 钢筋混凝土预制桩施工

4.3.1 钢筋混凝土预制桩简介

1. 无预应力混凝土桩

目前国内使用的(无预应力)钢筋混凝土预制桩主要有方桩和管桩两种截面形式。一般采用振动或离心法成型。

方桩可分为实心方桩(图4-16)和空心方桩(截面内空心部分为圆孔),代号分别为ZH和ZKH。ZH桩和ZKH桩直径较小,常为200～500mm,混凝土强度等级一般为C30～C40。一般用于小型工程或维修加固工程,其用量较小。

管桩代号为RC,混凝土强度等级一般为C30～C40。由于在给定的弯矩作用下,桩身易产生裂缝,捶打时桩顶易破损,接头的结构不稳定,目前已很少采用。

2. 预应力混凝土管桩

预应力混凝土管桩采用预应力工艺经离心成型,是在工厂标准化、规模化生产制造的预应力中空圆筒体细长混凝土预制件。其外观如图4-17所示,主要由圆筒形桩身、端头板和钢套箍等组成。

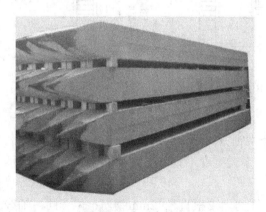

图4-16　实心方桩

图4-17　预应力混凝土管桩

预应力混凝土管桩按桩身混凝土强度等级,可分为预应力混凝土管桩(PC桩)、预应力高强混凝土管桩(PHC桩)和预应力混凝土薄壁管桩(PTC桩)。

PC桩和PHC桩采用离心法成型,前者混凝土强度等级不低于C60,后者混凝土强度等级不低于C80。由于预应力的作用，桩身很少产生裂缝，桩根部用焊接钢板补强，锤击时很少破损，采用焊接接头可成为长桩。这两种桩是当前预制桩的主力桩型，尤其是PHC桩使用量较大。PTC桩应用量较少。

我国的PC桩和PHC桩，按外径可分为：300mm、400mm、500mm、550mm、600mm、800mm、1 000mm、1 200mm、1 300mm、1 400mm等规格，壁厚为70 ~ 150mm，视管径和设计承载力大小而不同，管桩节长一般为7 ~ 15m，对于大直径（≥800mm）管桩节长可达7 ~ 30m。

我国《先张法预应力混凝土管桩》（GB 13476—2009）规定，PC桩和PHC桩按混凝土有效预压力可分为A型、AB型、B型和C型，混凝土有效预压应力值分别为4.0N/mm²、6.0N/mm²、8.0N/mm²、10.0N/mm²。常用地基上的一般建筑工程选用A型或AB型管桩，在打桩时桩身混凝土一般不会出现横向裂缝。

3. 预应力混凝土空心方桩

预应力混凝土空心方桩（图4-18）是专业工厂采用先张法预应力、离心成型和蒸汽养护等工艺制成的一种细长的外方内圆等截面预制混凝土构件，运至工地接长并沉入地下成为建（构）筑物的基础。

预应力混凝土空心方桩按混凝土的强度等级及混凝土承载面的大小，可分为预应力混凝土空心方桩（KFZ）、预应力高强混凝土空心方桩（HKFZ）和薄壁预应力混凝土空心方桩（TKFZ）。其中，TKFZ主要用于以纯摩擦桩为主的地质，而HKFZ主要用于高层建筑上或有高耐腐蚀要求的地质情况，KFZ与TKFZ的混凝土强度等级为C60，HKFZ的混凝土强度等级为C80。空心方桩的外边长主要在300mm × 300mm ~ 1 000mm × 1 000mm之间，每50mm为一增量。单节桩长为6 ~ 60m，每节桩之间通过特制的端头板进行连接，以满足不同的地质基础要求和设计承载力，接桩最长可达150m。

空心方桩不适宜于在孤石和障碍物多、石灰岩地层、有坚硬隔层及从松软突变到特别坚硬的地层中施工，其适用的地层为流塑、软塑状态的软弱地基，持力层宜为黏土层、砂层、深埋基岩，以及强风化岩层或风化残积土层较厚的地层，尤其适用于软弱土层较厚的地基。

图4-18　预应力混凝土空心方桩

4.3.2　打（沉）桩施工

1. 打桩前的准备

桩基础工程在施工前，应根据工程规模的大小和复杂程度，编制整个分部工程施工组织设计或施工方案。

打桩前，宜向城市管理、供水、供电、煤气、电信、房管等有关单位提出要求，认真处理高空、地上和地下的障碍物。然后对现场周围（一般为10m以内）的建筑物、地下管线等作全面检查，必须予以加固或采取隔振措施或拆除，以免打桩中由于振动的影响，可能引起倒塌等。打桩场地必须平整、坚实，必要时宜铺设道路，经压路机碾压密实，场地四周应挖排水沟以利排水。

在打桩现场附近设水准点，其位置应不受打桩影响，数量不得少于两个，用以抄平场地和检查桩的入土深度。要根据建筑物的轴线控制桩定出桩基础的每个桩标记。正式打桩之前，应对桩基的轴线和桩位复查一次，以免因小木桩挪动、丢失而影响施工。桩位放线允许偏差为±20mm。

检查打桩机设备及起重工具，铺设水电管网，进行设备架立组装和试打桩。在桩架上设置标尺或在桩的侧面画上标尺，以便能观测桩身入土深度。施工前应作数量不少于2根桩的打桩工艺试验，用以了解桩的沉入时间、最终沉入度、持力层的强度、桩的承载力，以及施工过程中可能出现的各种问题和反常情况等，以便检验所选的打桩设备和施工工艺是否符合设计要求。

2. 打桩机械设备及选用

打桩所用的机械设备主要由桩锤、桩架及动力装置三部分组成。桩锤是对桩施加冲击力，将桩打入土中的机具；桩架的主要作用是支持桩身和桩锤，并在打入过程中引导桩的方向不偏移；动力装置一般包括启动桩锤用的动力设施，取决于所选桩锤。

常用的桩锤有落锤、柴油桩锤、单动汽锤、双动汽锤、振动桩锤、液压桩锤等。各类桩锤的工作原理、适用范围及特点见表4-3。

表4-3　　　各类桩锤的工作原理、适用范围及特点

桩锤种类	工作原理	适用范围	特点
落锤	用人力或卷扬机提起桩锤，然后自由下落，利用锤的重力夯击桩顶，使桩沉入土中	① 适宜于打木桩及细长尺寸的钢筋混凝土预制桩。② 在一般土层、黏土和含有砾石的土层均可使用	① 装置简单，使用方便，费用低。② 冲击力大，可调整锤重和落距以简便地改变打击能力。③ 锤击速度慢（6～20次/min），桩顶部易打坏，效率低
柴油桩锤	以柴油为燃料，利用冲击部分的冲击力和燃烧压力为驱动力，引起锤头跳动夯击桩顶	① 最适宜于打钢板桩、木桩。② 适宜于一般土层中打桩	① 质量轻，体积小，打击能量大。② 不需外部能量，机动性强，打桩快，桩顶不易打坏，燃料消耗少。③ 振动大，噪声高，润滑油飞散，遇硬土或软土不宜使用
振动桩锤	利用锤高频振动，带动桩身振动，使桩身周围的土体产生液化，减小桩侧与土体间的摩阻力，将桩沉入或拔出土中	① 适于施打一定长度的钢管桩、钢板桩、钢筋混凝土预制桩和灌注桩。② 适用于粉质黏土、松砂、黄土和软土，不适宜用于岩石、砾石和密实的黏性土层	① 施工速度快，使用方便，施工费用低，施工无公害污染。② 结构简单，维修保养方便。③ 不适宜于打斜桩
液压桩锤	单作用液压锤是冲击块通过液压装置提升到预定的高度后快速释放，冲击块以自由落体方式打击桩体。而双作用锤是冲击块通过液压装置提升到预定高度后，再次从液压系统获得加速度能量来提高冲击速度打击桩体	① 适用于各类土层和桩形；具有良好的打斜桩的能力。② 适用于精度要求高的大型桩基础工程	① 施工无公害污染，冲击频率高，桩顶不易损坏，可用于水下打桩。② 结构复杂，保养与维修工作量大，价格高

桩架是将工作平台通过与回转支承连接安装到履带底盘、汽车底盘或步履底盘上的一种专用桩工设备，通过挂装不同的工作装置来实现不同桩基础工法施工。

桩架按底盘分，可分为履带底盘、汽车底盘和步履底盘等；按桅杆导轨分，可分为固定式和转动式；按动力提供的方式分，可分为电动式、电液式、全液压式等；按支腿形式分，可分为伸缩式和摆动式。

图4-19所示为全液压履带式多功能桩架，采用履带式底盘结构，接地尺寸大，接地比压小，前后装有4个液压支腿，并采用大扭矩液压马达及减速机，行走稳定性高，不易发生侧翻，整体运输伸缩式底盘，转场灵活，运输方便。桅杆由三点支撑，结构合理稳定，还可前后左右调垂直度，可前后平移调整，对桩位准确可靠。桩架配置主卷拉力过载报警器和扭矩显示报警器，可以预防机体倾斜，作业更安全。

图4-19 全液压履带式多功能桩架

3. 锤击沉桩法

桩进入施工作业区后，施工顺序为：定位放线→桩机就位→吊桩就位→校正垂直度→打桩→接桩→送桩→打桩结束移位。

（1）定位放线

定出桩基轴线并定出桩位，在不受打桩影响的适当位置设置不少于2个水准点，以便控制桩的入土标高。

（2）桩机就位

打桩机就位后，检查桩机的水平度及导杆的垂直度、桩机须平稳，控制导杆垂直度不大于0.5%的高度，通过基准点或相邻桩位校核桩位。

（3）吊桩就位

打桩机就位后，将桩锤和桩帽吊起，然后吊桩并送至导杆内，垂直对准桩位，在桩的自重和锤重的压力下，缓缓送下插入土中，桩插入时的垂直度偏差不得超0.5%。桩插入土后即可固定桩帽和桩锤，使桩、桩帽、桩锤在同一铅垂线上，确保桩能垂直下沉。在桩锤和桩帽之间应加弹性衬垫，如硬木、麻袋、草垫等；桩帽和桩顶周围四边应有5~10mm的间隙，以防损伤桩顶。

（4）校正垂直度

用两台经纬仪或锤球从两个方向检查桩的垂直度，确保桩垂直度偏差小于0.5%。

（5）打桩

打桩开始时，应选较小的桩锤落距，一般为0.5~0.8m，以保证桩能正常沉入土中。待桩入土一定深度（1~2m），桩尖不易产生偏移时，再按要求的落距锤击。打桩时宜用重锤低击。用落锤或单动汽锤打桩时，最大落距不宜大于1m，用柴油桩锤时，应使锤跳动正常。在整个打桩过程中应做好测量和记录工作，遇有贯入度剧变、桩身突然发生倾斜、移位或有严重回弹、桩顶或桩身出现严重裂缝或破碎等异常情况时，应暂停打桩，及时研究处理。

（6）接桩

钢筋混凝土预制长桩，受运输条件和桩架高度限制，一般分成若干节预制，分节打入，在现场进行接桩。常用接桩的方法有焊接法、法兰接法和硫黄胶泥锚接法等，如图4-20所示。

① 焊接法接桩。焊接法接桩的节点构造如图4-20（a）、（b）所示。接桩时，必须对准下节桩并垂直无误后，用点焊将拼接角钢连接固定，再次检查位置正确无误后，则进行焊接。施焊时，应两人同时对角对称地进行，以防止节点变形不均匀而引起桩身歪斜，焊缝要连续饱满。

② 法兰接桩法。法兰接桩法节点构造如图4-20（d）所示。它是用法兰盘和螺栓连接，其接桩速度快，但耗钢量大，多用于混凝土管桩。

③ 硫黄胶泥锚接法接桩。硫黄胶泥锚接法接桩节点构造如图4-20（e）所示。接桩时，首先将上节桩对准下节桩，使4根锚筋插入锚筋孔（孔径为锚筋直径的2.5倍），下落上节桩身，使其结合紧密。然后将桩上提约200mm（以4根锚筋不脱离锚筋孔为度），安设好施工夹箍（由4块木板内侧用人造革包裹40mm厚的树脂海绵块而成），将熔化的硫黄胶泥注满锚筋孔和接头平面上，然后将上节桩下落。当硫黄胶泥冷却并拆除施工夹箍后，可继续加荷施压。硫黄胶泥锚接法接桩，可节约钢材，操作简便，接桩时间比焊接法要大为缩短，但不宜用于坚硬土层中。

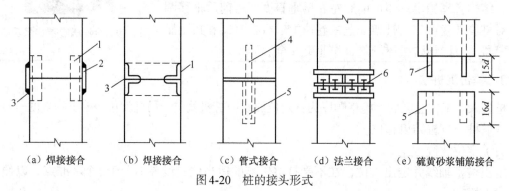

（a）焊接接合　　（b）焊接接合　　（c）管式接合　　（d）法兰接合　　（e）硫黄砂浆铺筋接合

图4-20　桩的接头形式

1—角钢与主筋焊接；2—钢板；3—焊缝；4—预埋钢管；5—浆锚孔；6—预埋法兰；7—预埋锚筋；d—锚栓直径

（7）送桩

如桩顶标高低于地面，则可用送桩管将桩送入土中。桩与送桩管的纵轴线应在同一直线上，锤击送桩将桩送入土中，送桩结束，拔出送桩管后，桩孔应及时回填。

（8）截桩

当打桩完成及验收后，即可开挖基坑进行桩头处理。截桩头前应测量桩顶标高，将桩头多余部分凿去。截桩要求必须用专门的截桩器，严禁用大锤横向敲击、冲撞，截桩时不得把桩身混凝土打裂，并保证桩身主筋伸入承台内。其锚固长度必须符合设计规定。主筋上黏附的混凝土碎块要清除干净。

（9）混凝土管桩填芯

混凝土管桩截桩后要进行填芯施工，管桩内填芯之前应先将桩内情况查明。管桩内清理方法包括活底吸泥筒、吸泥机、射水清洗。管桩内填充的长度和材料，均应按设计要求进行。如填充的桩有破损时，其填充的混凝土标号应与桩的混凝土标号相同。

① 填充透水性土。当设计要求在桩内上面填充一段混凝土时，其下段垫层应先填充透水性土，可直接倒入填充。为避免在管内相互卡住，倒入速度不宜过快，填充料最大粒径不能大于桩内径的1/3。结合实填材料的数量来掌握填充高度，并用吊锤探查核对填充高度，防止超填。如超填可用吸泥机吸出。

② 填充混凝土。当桩内无水，或桩内经过封底处理将桩内水清除干净以后，可用一般灌筑方法填筑混凝土，灌注不宜过快，逐层插捣密实，要掌握预计数量和实际填筑数量基本相

符。每根桩应一次灌完。仅在桩头部分填充混凝土时，在桩内悬吊底模，要求底模强度能承受灌筑混凝土时的荷载。

③ 用水下混凝土填充可参照灌注水下混凝土方法进行。如果管桩壁渗漏不大，应尽量采用水下混凝土封底方法。上面部分在抽水后填筑混凝土。填充混凝土与其他工序的配合：如填充混凝土的强度未达到设计强度的25%时，在6倍桩径长度的范围内，应禁止进行射水和锤击，若桩内无水，可与承台混凝土同时一次连续灌筑。如一次灌筑有困难时，可将桩顶埋入承台部分混凝土留下，待同承台一齐灌筑。

4. 静力压桩法

静力压桩法是用静力压桩机将预制钢筋混凝土桩分节压入地基土层中成桩。该方法施工无噪声、无振动、无污染，不会打碎桩头，桩截面可以减小，混凝土强度等级可降低，配筋比锤击法可省40%，桩定位精确，不易产生偏心，可提高桩基施工质量，施工速度快，自动记录压桩力，可预估和验证单桩承载力，施工安全可靠。但压桩设备较笨重，要求边桩中心到已有建筑物间距较大，压桩力受一定限制，挤土效应仍然存在。适用于软土、填土及一般黏性土层中应用，特别适合于居民稠密及附近环境保护要求严格的地区沉桩；但不宜用于地下有较多孤石、障碍物或有厚度大于2m的中密以上砂夹层的地区沉桩。

静力压桩机目前主要使用的是液压式。液压式静力压桩机由液压吊装机构、液压夹持器、压桩机构、行走及回转机构等组成，如图4-21所示。

压桩时，一般采取分段压入，逐段接长施工。静力压桩施工顺序为：测量定位→压桩机就位→吊桩、插桩→桩身对中调直→静压沉桩→接桩→再静压沉桩→送桩→终止压桩→切割桩头。

施工时，压桩机应根据土质情况配足额定重量，桩帽、桩身和送桩的中心线应重合。压桩应连续进行，如需接桩，可压至桩顶离地面0.5～1.0m，停止静压进行接桩，接桩前下节桩的桩头加上定位板，然后将上节吊放在下节桩端板上，依靠定位板将上下桩接直，其错位偏差控制在2mm以内；如采用焊接方法，上下桩之间

图4-21 液压式静力压桩机

如有空隙，用楔形铁片全部垫实焊接牢固；管桩焊接之前，上下端表面用铁刷清理干净，直至其坡口处刷出金属光泽；焊接时分层焊接，在坡口四周先对称电焊6点，焊接由两个焊工对称施焊，焊接层数不得少于2层，层间焊皮要清理干净，焊缝达到三级焊缝要求；焊接好的桩接头应自然冷却1min后再静压，严禁用水冷却或焊好即打，待自然冷却后，接头处全部涂上油漆，防止腐蚀。

4.3.3 钢筋混凝土预制桩质量检查与验收

1. 静力压桩施工质量验收

检验批的划分：按有关施工质量验收规范及现场实际情况划分。

静力压桩施工质量检验标准及检验方法见表4-4。

表 4-4　　　　　　　　　　静力压桩施工质量检验标准及检验方式

项目	序号	检验项目		允许偏差或允许值		检验方法
				单位	数值	
主控项目	1	桩体质量检验		按基桩检测技术规范		按基桩检测技术规范
	2	桩位偏差		按规范规定要求		用钢尺量
	3	承载力		按基桩检测技术规范		按基桩检测技术规范
一般项目	1	成品桩质量	外观	表面平整，颜色均匀，掉角深度<10mm，蜂窝面积小于总面积0.5%		直观检查
			外形尺寸	按规范规定要求		按规范规定要求
			强度	满足设计要求		查产品合格证书或钻芯试压
	2	硫黄胶泥质量（半成品）		设计要求		查产品合格证书或抽样送检
	3	电焊接桩	焊缝质量	按规范规定要求		按规范规定要求
			电焊结束后停歇时间	min	>1.0	秒表测定
		硫黄胶泥接桩	胶泥浇注时间	min	<2	秒表测定
			浇注后停歇时间	min	>7	秒表测定
	4	电焊条质量		设计要求		查产品合格证书
	5	压桩压力（设计有要求时）		%	±5	查压力表读数
	6	接桩时上下节平面偏差		mm	<10	用钢尺量
		接桩时节点弯曲矢高		mm	<$L/1\,000$	用钢尺量，L为两节桩长
	7	桩顶标高		mm	±50	水准仪

2. 先张法预应力管桩施工质量验收

检验批的划分：按有关施工质量验收规范及现场实际情况划分。

先张法预应力管桩施工质量检验标准及检验方法见表 4-5。

表 4-5　　　　　　　　　先张法预应力管桩施工质量检验标准及检验方法

项目	序号	检验项目		允许偏差或允许值		检验方法
				单位	数值	
主控项目	1	桩体质量检验		按基桩检测技术规范		按基桩检测技术规范
	2	桩位偏差		按规范规定要求		用钢尺量
	3	承载力		按基桩检测技术规范		按基桩检测技术规范
一般项目	1	成品桩质量	外观	无蜂窝、露筋、裂缝。色感均匀，桩顶处无孔隙		直观检查
			桩径	mm	±5	用钢尺量
			管壁厚度	mm	±5	用钢尺量
			桩尖中心线	mm	<2	用钢尺量
			顶面平整度	mm	10	用水平尺量
			桩体弯曲	mm	<$l/1\,000$	用钢尺量，l为桩长

项目	序号	检验项目		允许偏差或允许值		检验方法
				单位	数值	
一般项目	2	接桩	焊缝质量	按规范规定要求		按规范规定要求
			电焊结束后停歇时间	min	>1.0	秒表测定
			上下节平面偏差	mm	<10	用钢尺量
			节点弯曲矢高	mm	<L/1 000	用钢尺量，L为两节桩长
	3	停锤标准		设计要求		现场实测或查沉桩记录
	4	桩顶标高		mm	±50	水准仪

3. 常见质量事故分析及处理

（1）桩身上抬

由于静压桩是挤土桩，在场地桩数量较多、桩距较密的情况下，时常后压的桩会对已压的桩产生挤压上抬，特别对于短桩，易形成所谓的吊脚桩。这种桩在做静载试验时，开始沉降较大，曲线较陡，但当桩尖达到持力层，承载力又有明显增加，沉降曲线又趋于平缓，这是桩身上抬的典型曲线。桩身上抬除了静载沉降偏大外，对桩而言可能会把接头拉断，桩尖脱空，同时大大增加对四周桩的水平挤压力，导致桩倾斜偏位。在处理上施工前合理安排压桩顺序，同一单体建筑物一般要求先压场地中央的桩，后压周边的桩；先压持力层较深的桩，后压较浅的桩。出现桩身上抬后一般采用复压的办法使桩基按正常使用，但对承受水平荷载的基础要慎重。

（2）引孔压桩的问题

为了防止桩间的挤土效应太大，或土质太硬而使桩身较短，施工中往往采用引孔压桩的工艺，即先钻比管桩略小规格的直径钻孔，深度是桩长的（2/3～1）L，然后将管桩沿预钻孔压下去。引孔应随引随压，中间间隔时间不宜太长，否则孔内积水，一是会软化桩端土，待水消散后孔底会留有一定空隙；二是积水往桩外壁冒，削弱了桩的侧摩阻力。

对于较硬土质中引孔压桩，还会有桩尖达不到引孔孔底的现象，施工完成后孔底积水使土体软化，使承载力达不到设计要求。

（3）桩端封口不实

当桩尖有缝隙，地下水水头差的压力可使桩外的水通过缝隙进入桩管内腔，若桩尖附近的土质是泥质土，遇水易软化，从而直接影响桩的承载力。对于桩靴的焊接质量，要求与端板间无间隙、错位，保证焊缝饱满，无气孔。施焊对称进行，焊拉时间控制得当，焊接完成后自然冷却10min左右方可施打，因高温焊缝遇水后变脆，容易开裂。工程上比较有效的补救技术措施是采用"填芯混凝土"法，即在管桩施压完毕后立即灌入高度为1.2m左右的C20细石混凝土封底，桩端不漏水，桩端附近水压平衡，桩端土承受三相压力，承载力能保持稳定。

（4）桩顶（底）开裂

由于目前压桩机越来越大，最重可达6 800kN，对于较硬土质，管桩有可能仍然压不到设计标高，在反复复压情况下，管桩桩身横向产生强烈应力，如果桩还是按常规配箍筋，桩顶混凝土抗拉不足开裂，产生垂直裂缝，为处理带来很大困难。另一种情况就是管桩由软弱土层突然进入硬持力层，没有经过渡层，桩机油压迅速升高，桩身受到瞬间冲击力也容易引起桩顶开裂，如果硬持力层面不平整，桩靴卡不进土引起桩头折断破碎，桩机油压又下降，再压时压力不稳定，吊线测量桩长发现比入土部分短。处理上事前改进桩尖形式（圆锥形桩尖易滑），事后用压力灌浆把桩底破碎混凝土黏结住，适当折减承载力设计值。

（5）地质构造带

由于受构造断裂的影响，地层结构受到改变，破碎带作为地下水通道常软化持力层。压桩时虽满足终压力及桩长要求，而静载时桩又不合格。不合格桩长范围在 8 ~ 30m 都会出现，与规程统计的经验公式完全不符，在某地质断裂带曾有压桩长 80m 仍止不住，可见由于土体的破碎加上水的润滑，土的抗剪强度基本散失，压力不再随桩长的增加而增加，这要特别引起重视。对于有软硬夹层，尤其是硬夹层不厚的情况下，施工时桩尖到达硬夹层，由于超孔压的反向作用，使桩的终压力满足设计要求，而施工完成后随孔压消散，土的抗剪强度还没恢复，静载时桩尖土承受更大的压力，传递到软弱下卧层后引起该层土压缩增大，进而桩顶下沉增加，位移不满足要求。

（6）基坑开挖

由于静压桩逐渐用在高层建筑中，基坑开挖不可避免。应根据开挖深度考虑是否需要先围护开挖再沉桩的方案。边打桩边开挖是不可取的，先打桩后开挖应考虑对称均匀，如在中间开挖把土堆在周围，就会造成四周和中心的土体高差悬殊，同时超孔隙水压及震动会使管桩倾斜或折断，所以合理制定基坑开挖方案是必不可少的。

静压桩的沉桩机理非常复杂，与土质、土层排列、硬土层厚度、桩数、桩距、施工顺序、进度等有关。静压桩施工中出现的问题也各种各样，最常用的处理方法是提高终压力进行复压。往往桩在做完静载试验发现不合格后，还要增加静载试验或大应变检测，以确定更大范围不合格桩数量分布。有时基坑已开挖，桩头已凿定位难确定，压桩机撤出现场，复压或补桩有一定困难，这就要采取其他一些措施处理不合格桩，如灌浆补强、降低桩承载力标准或扩大承台等。

4.3.4　工程案例

1．工程概况

本工程位于××市北海中路东首北侧，底层建设规模 2 447m²，其中桩基工程采用先张法预应力混凝土管桩。其中 A 区采用 HPC—400（90）AB—C80—11，11 型管桩，单桩极限承载力标准值为 1 904kN，特征值为 952kN，总桩数 152 根；B 区采用 PHC—600（110）AB—C80—11，10 型管桩，单桩极限承载力标准值为 3 256kN，特征值为 1 628kN，总桩数 178 根。

现场施工条件：根据施工区域情况，已确定好供电、运桩路线、压桩机生活设施位置等。场地基本平整，具备施工条件。

其主要工作量见表 4-6。

表 4-6　　　　　　　　　　　　　　　　　主要工作量表

子项号	桩型	桩总数
A 区	PHC—400（90）AB—C80—11，11	152
B 区	PHC—600（110）AB—C80—11，10	178
总计		330

2．工程质量要求

依据设计文件的要求，本工程所用的材料、设计、施工必须达到现行中华人民共和国以及省、自治区、直辖市或行业的工程建设标准、规范的要求，该工程施工除达到以上标准外，还要满足表4-7要求。

表 4-7 允许偏差

桩型	项目		允许偏差/mm
1	单排或双排条形桩基	垂直于条形桩基纵轴方向	70
		平行于条形桩基纵轴方向	100
2	桩数为 1 ~ 3 根桩基中的桩		100
3	桩数为 4 ~ 6 根桩基中的桩		1/3桩径或1/3边长
4	桩数大于16根桩基中的桩	最外边的桩	1/3桩位或1/3边长
		中间桩	1/2桩位或1/2边长

① 桩入土定位垂直度允许偏差不得大于0.5%桩长；桩位允许偏差：沿轴线方向不大于100mm，偏轴线方向不大于70mm。

② 本工程桩端以设计标高为主，压力控制为辅，桩顶标高允许偏差为−50 ~ ＋50mm，采用水准仪控制桩顶标高。

3. 施工工艺方案和设备选型配套

（1）施工工艺

本工程采用静压法施工，全液静力压桩是通过压力将桩压入土中的一种沉桩工艺，其全部动作均由液压驱动，具有"自行移位"的全功能，能独立完成"吊桩—压桩"的全过程。移位时，行走机构采用提携式步履，把船体当做铺设的轨道，通过纵、横向油缸的伸缩与回程，实现压桩机的纵横向行走。压桩时，利用压桩机本身的重量及配重作反力，由压桩机本身配备的卷扬机将桩垂直吊入压桩机的桩帽内，油缸伸程利用桩帽和塔架将桩对准桩位，压桩油缸伸程将桩压入地层中，压桩完毕后，压桩油缸回程。重复上述动作，可实现连续压桩操作，直至用送桩器把桩送入预定土层。其工艺流程如图4-22所示。

（2）设备选型配套

根据施工工艺的要求，在本工程施工中，选用相应静力压桩机施工及其成套施工设备，进行压桩施工；施工机械配备见表4-8。

表 4-8 主要施工机械配备清单

序号	设备名称	型号	数量
1	静力压桩机	YZY-600型	1台套
2	静力压桩机	YZY-300型	1台套
3	履带吊	W-1001-15型	2台
4	电焊机	BX-500	4台
5	经纬仪	J6	4套
6	水准仪	DS28	4套
7	送桩管		3

注：其他辅助设备、工具按常规施工配置。

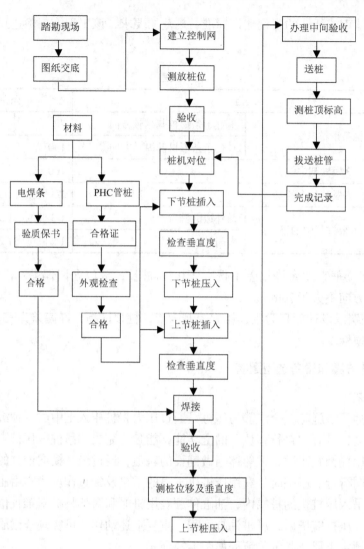

图4-22　静压桩施工流程图

4. 施工管理力量部署及劳动力投入

根据工程量和施工工期的要求，确定满足正常生产需要的施工力量及其分工布置，合理地组织安排劳动力，以确保整个施工过程的连续紧凑。本工程各工种人员配置情况略。

为了加强施工管理，建立健全完善责任制体系，在本项目的施工管理中，拟采用公司总经理和三总师领导下的项目经理负责制。

为了加强施工管理，建立健全施工组织，拟派具有丰富实践经验、很强管理能力的人员组织施工，并成立工程项目部。其现场组织管理机构如图4-23所示。

5. 确保工程质量的技术组织措施

（1）质量管理及质量保证体系

为了确保施工项目的质量达到国家和行业有关规范、规程和标准的要求，满足设计条件，满足顾客的质量期望，在本工程作业过程中，将切实有效运行我公司的质量保证体系，并严格按照我公司质量管理的要求，全过程、全员、全方位地进行质量管理。

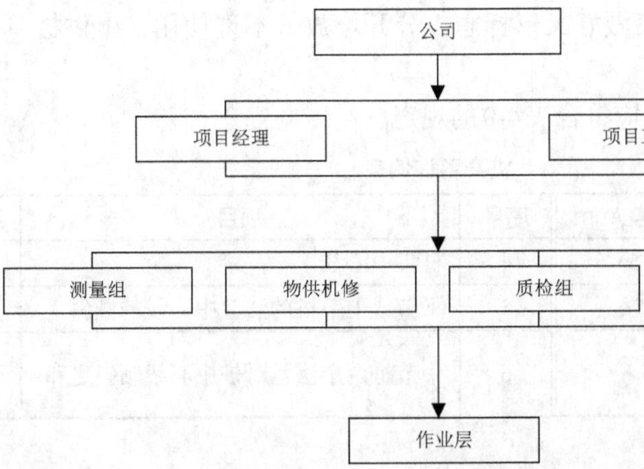

公司
项目经理
项目工程师
测量组
物供机修
质检组
施工组
作业层

图4-23　现场组织管理机构

① 公司有关决策部门严格按要求对此项目进行实施决策，并配置足够的人力、物资。

② 公司管理部门严格按要求进行合同评审、质量策划、采购控制、施工过程以及检验试验等程序，做好相应系统管理和质量监督，并应顾客要求开展相应服务。

③ 进场前，应组织学习施工组织设计及有关规范，以明确本工程的质量要求。

④ 做好有关质量记录，以便追溯。

⑤ 严格控制操作程序，一旦发现过程产品及半成品不合格或可能产生不合格，立即进行处置，并制定有关纠正和预防措施，以防再次发生和可能发生。

⑥ 定期与业主、总包方、监理方进行协调通气，做好质量信息反馈，提供有关服务。同时对反馈进行处置，以便满足要求。

⑦ 施工中建立三级质量管理体系，其保证体系网络图如图4-24所示。

公司层
项目经理
项目工程师
质检员
桩身外观质检
测量定位质检
压桩质检
焊接质检

图4-24　三级质量保证体系网络图

（2）材料质量控制措施

① 在选择商品PHC管桩供应单位时，必须实地考察，调查其生产规模、供货质量、数量、信誉度，并要有相应生产许可证、质保资料。

② PHC钢筋混凝土预制管桩的质量必须符合设计要求和施工规范的要求。

③ 供应商应得到业主及监理工程师的认可。本工程PHC管桩由甲方选择相应资质单位制作供应。

④ 所有使用的物料，应符合设计及有关规范规定，所有工程中使用的原材料必须具有产品合格证。

⑤ PHC管桩进场验收。

a. PHC管桩进场后，由质检员负责查验质保资料，会同总包和监理进行外观验收，根据当地质检站规定进行其他项目验收，经验收合格签字后方可使用。

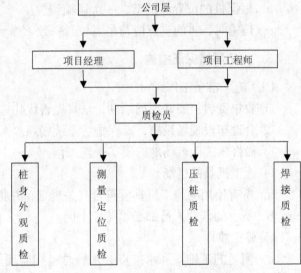

b. 验收不合格的桩用红漆做好叉形标志，分开堆放，不许使用，由供桩单位进行处理，退出场地。

c. PHC管桩桩身容许偏差应符合表4-9的规定。

表4-9　　　　　　　　　　　　　　桩身容许偏差

序号	项目	容许偏差/mm	序号	项目	容许偏差/mm
1	直径	±5	4	桩尖中心线	10
2	管壁厚度	−5	5	下节或上节桩的法兰中心线的倾斜	2
3	抽心圆孔中心线对桩中心线	5	6	中节桩两个法兰对桩中心线倾斜之和	3

⑥ PHC管桩的堆放。

a. 堆放场地应平整、坚实。

b. 垫木与吊点的位置应相同，并保持在同一平面上。各层垫木应上下对齐，最下层的垫木适当加宽。

c. 管桩尽量堆放在桩架附近，原则上按照沉桩顺利堆放，并按不同型号分别堆放。

d. 堆放层数一般不宜超过4层。叠堆2层以上时各级支垫在同一直线上，支垫在1/5处。

⑦ PHC管桩的起吊、运输。

a. 当桩身混凝土强度达到设计强度的70%时方可起吊，达到设计强度的100%时才能运输。桩起吊时，使每个吊点同时受力，使之保持平稳，保护桩身质量。

b. 根据桩的位置和桩型，一次运输到位。

c. 运输时，桩的支点应与吊点位置一致，做到桩身平稳放置，无大的振动。

6. 施工质量保证措施

（1）施工准备工作

① 收集资料，搞好现场踏勘，认真完善优化施工组织设计。

② 合理布设现场设施，确保排污系统畅通。

③ 做好施工区域场地的硬实平整工作。

④ 施工机具的进场。

a. 所有使用的施工机具应符合有关规定，并报监理批准。

b. 所有的作业人员都必须持证上岗。

⑤ 施工放样。

a. 测量的基轴线和水准点必须经总包和监理复核后方可使用，并且每根在压桩前须经监理验收后才可施工，确保桩位偏差在允许范围内。

b. 桩位定位前应检查各轴线交点的距离是否与桩位图相符，无误后用直角坐标法或极坐标法测放样桩。样桩用竹片或钢筋标记，涂刷红漆便于寻找。压桩机就位后应对样桩进行复核，无误后再进行压桩施工。

c. 为了便于控制桩顶标高，应在压桩范围60m外引测两个以上水准控制点，经过监理的复核、验收合格后才能使用，并在施工过程中加以保护。

（2）沉桩流程

根据现场的实际情况及周边环境要求，合理安排施工顺序，尽量减少道路的影响。打桩顺序遵循先压道路管线侧一排桩。这样，可以起隔断的作用，减轻压桩施工对这些保护对象的挤压。条形基础隔桩跳打，由外向内施打，承台独立柱基，桩位在6根以下的可循桩中成对称施打，桩位在8根的承台宜先中间后周边对称施打，柱以减小土体挤压对桩位偏差的影响。

（3）沉桩质量控制

① 桩机设备进场后，进行安装和调试，然后移机至起点桩位处就位桩架，安装就位后应垂直平稳。

② 在打桩前，应用2台经纬仪对压桩机进行垂直度校正，并应在打桩期间经常校核检查。插桩就位位置是保证直桩沉桩精度的关键。正确的插桩方法如下。

a. 按桩位布置地桩，用小木桩、竹桩或圆钢插入桩位中心，就位时将桩尖对准地桩。

b. 以地桩为中心，用石灰画出与桩的外围同形位置，就位时将桩对准同形桩位。

c. 用铁锹挖出与桩同形的浅孔，将桩插入孔内就位。

d. 使用钢或木制导框等固定桩的中心，避免发出偏移。

③ 初沉时对不垂直的桩应及时纠正，控制垂直度小于0.5%。如遇地下障碍物使桩身倾斜时，应先清除障碍物再压入，严禁采用移动钻机的方法来调整桩的垂直度。

④ 压同一根桩时，桩机就位、吊桩、压桩、接桩、送桩等各工序应连续施工，尽量减少接桩焊接时间。

⑤ 压桩时，桩混凝土强度必须达到设计强度100%时方可压入。单点吊桩时，吊点距桩端 $0.29L$（L为桩长）。压桩位偏差控制在允许范围内，压桩时如遇原旧基础未清除而造成桩位严重偏移者，应将桩拔出待处理后再施压，以保证桩位准确。施工时以水准仪控制桩顶高程，确保桩顶高程误差在 $-5 \sim +5$cm 以内。桩的垂直度和高程控制如图4-25所示。

（4）送桩

① 桩接头焊接完成后，焊缝应在自然条件下冷却8min以上方可继续沉桩。

② 送桩时送桩杆的中心线与桩的中心线相重合，送桩杆标志要清晰明确，桩顶标高控制在 $-5 \sim 5$cm内，送桩完毕要及时观察压力表读数，并做好记录。

③ 压桩中发现下列情况之一时，应立即停止压桩，经有关单位协商后处理。

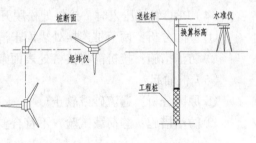

图4-25 桩的垂直度、高程控制示意图

a. 压桩过程中压力剧变。

b. 桩身突然发生倾斜、移位或严重回弹。

c. 桩身或桩顶出现严重裂纹或破碎。

d. 因挤土效应产生报警，总包、监理工程师通知停工。

（5）中间验收与竣工验收

① 按《建筑地基基础工程施工质量验收规范》（GB 50202—2002）要求，施工时对每根桩都应进行中间验收，由甲方或监理方、总包方与我方共同进行。中间验收的内容包括PHC管桩的质量及外观尺寸、插桩的倾斜度、节点处理、桩位移、桩顶标高和终止压力等。

② 做好中间验收的同时，在以下几方面应跟踪检查：对中的桩位复查、送桩完毕检查实际标高。

③ 竣工验收在基坑开挖、垫层浇筑好以后由建设单位组织进行，我方主要实测桩顶标高

及桩位偏差，绘制桩位竣工图，提交竣工资料。

7. 常见质量问题（事故）的预防和处理

（1）预制混凝土桩身断裂，沉桩时突然错位或桩身出现裂缝

① 原因分析：桩身强度达不到设计要求；桩身制作弯曲或桩身长细比过大；遇地下障碍物；上下节桩接桩不在同一轴线上；主钢筋触及桩顶，压入时产生纵向裂缝等。

② 防治措施：清除浅层地下坚硬障碍物；制桩、养护应符合强度、平直度要求；接桩面平整，使上下节在同一轴线上；沉桩倾斜时，不能用移动桩架来校正等。

（2）PHC管桩沉桩达不到设计标高要求

① 原因分析：勘察资料与实际土层情况不符；群桩施工时，后沉的桩因挤土造成沉桩困难等。

② 防治措施：探明地质条件，试沉桩发现异常时应作补勘；合理选择施工方法、施工顺序和机械设备；减少接桩时间，做到沉桩基本连续进行。

压桩过程中，当压力超过单桩极限承载力，但桩顶标高达不到设计要求时，应立即通知设计及现场监理，共同确定处理意见。

（3）PHC管桩桩身倾斜，偏离设计桩位

① 原因分析：场地不平整，桩架不平直；插桩时偏斜，未到位，使已压桩产生位移；桩顶桩帽接触面不平，桩身受偏心荷载作用，压桩后桩身倾斜等。

② 防治措施：应规范作业，做到场地平整，桩架要平直，桩位对中，控制钻孔垂直度，上下节接桩保证在同一轴线上；检查桩顶与桩帽接触面，保证平整，压桩期间不宜同步开挖基坑。

（4）PHC管桩压入时，接桩处松脱开裂

① 原因分析：两节桩连接处表面未清理干净；焊接质量不好。

② 防治措施：接桩前将接桩处表面杂质、油污清洗干净，焊接牢固。

（5）桩涌起

① 原因分析：遇流砂或软土。

② 防治措施：静荷载试验，不符合要求的进行重压。

8. 压桩施工对环境影响及其防治措施

（1）原因分析

在不敏感的饱和软黏土地基中沉桩时，由于土的不排水抗剪强度很低，具有弱渗透性和不排水时压缩性低的特点，桩沉入地基后桩周土体受到强扰动，主要表现为径向位移，桩尖和桩周一定范围内的土体受到不排水剪切以及很大的水平挤压，桩周土体接近于"非压缩性"，并产生较大的剪切变形，此时地基扰动重塑土的体积基本上不会产生变化。土体颗粒间孔隙内的自由水被挤压而形成较大的超静孔隙水压力，从而降低了土不排水抗剪强度，促使桩周邻近土体因不排水剪切而破坏，与桩体积等量的土体在沉桩过程中向桩周发生较大的侧向位移和隆起。由于孔隙水向四周消散及地基土体低压缩性的影响，以及群桩施工中的叠加因素，进一步扩大位移和隆起的影响范围，这也会使已打入的邻桩和邻近建筑物产生侧向位移和上浮。

在敏感黏性土中沉桩时，土体受扰动的特征不同于不敏感的饱和软黏土，因为沉桩时对地基土的扰动会使地下水位以上的桩周敏感黏土液化，液化土被挤到桩周地表上，相应减少了桩周土体的侧向位移，也减少了桩周范围外地表土的隆起，且沉桩将促使敏感黏土产生重新固结，从而减少地基体的隆起，其隆起量也往往小于桩的入土体积。

（2）主要预防措施

① 在施工区周围一定范围内开挖防挤沟，减少挤土效应。

② 在沉桩位置进行预钻孔取土，减少桩的挤土效应。

③ 必要时，在管线及建筑物旁钻孔掏土并回填砂。离轴线外边线2m沿线设置排水砂井及掏土孔，孔深为10m，孔径ϕ300mm，每0.8 ~ 1.6m布置一个孔。

④ 严格控制沉桩速度，开始压边桩时每天沉桩数不宜过多，以减少挤土效应，保护周围建筑物及管线的安全。

施工总平面布置、施工工期及保证措施、安全生产与文明施工措施等略。

4.4　混凝土灌注桩施工

灌注桩是直接在施工现场的桩位上先成孔，然后在孔内安放钢筋笼灌注混凝土而成。灌注桩具有节约材料、施工时无振动、无挤土、噪声小等优点。但灌注桩施工操作要求严格，施工后混凝土需要一定的养护期，不能立即承受荷载，施工工期较长，成孔时有大量土渣或泥浆排出，在软土地基中易出现颈缩、断裂等质量事故。

根据成孔方法的不同，灌注桩可分为干作业成孔的灌注桩、泥浆护壁成孔的灌注桩、套管成孔的灌注桩、人工挖孔灌注桩等。

4.4.1　泥浆护壁成孔灌注桩施工

泥浆护壁成孔灌注桩是利用原土自然造浆或人工造浆浆液进行护壁，通过循环泥浆将被钻头切下的土块挟带出孔外成孔，然后安放绑扎好的钢筋笼，水下灌注混凝土成桩。此法适用于地下水位较高的黏性土、粉土、砂土、填土、碎石土及风化岩层，也适用于地质情况复杂、夹层较多、风化不均、软硬变化较大的岩层，但在岩溶发育地区要慎重使用。

泥浆护壁成孔灌注桩施工工艺流程为：测量放线定好桩位→埋设护筒→钻孔机就位、调平、拌制泥浆→成孔→第一次清孔→质量检测→吊放钢筋笼→放导管→第二次清孔→灌注水下混凝土→成桩。

1. 埋设护筒

护筒的作用是固定桩孔位置，防止地面水流入，保护孔口，增大桩孔内水压力，防止塌方和成孔时引导钻头方向。

护筒是用4 ~ 8mm厚钢板制成的圆筒，其内径应大于钻头直径100mm，其上部宜开设1 ~ 2个溢浆孔。

埋设护筒时，先挖去桩孔处表土，将护筒埋入土中，保证其准确、稳定。护筒中心与桩位中心的偏差不得大于50mm，护筒与坑壁之间用黏土填实，以防漏水。护筒的埋设深度，在黏土中不宜小于1.0m，在砂土中不宜小于1.5m。护筒顶面应高于地面0.4 ~ 0.6m，并应保持孔内泥浆面高出地下水位1m以上。

2. 制备泥浆

在黏性土中成孔时，可在孔中注入清水，钻机旋转时，切削土屑与水搅拌，用原土造浆，泥浆的相对密度应控制在1.1 ~ 1.2；在其他土中成孔时，泥浆制备应选用高塑性黏土或膨润土。在砂土和较厚的夹砂层中成孔时，泥浆的相对密度应控制在1.3～1.5。施工中应经常测定泥浆的相对密度，并定期测定黏度、含砂率和胶体率等指标。对施工中废弃的泥浆应按环境保护的有关规定处理。

3. 成孔

桩架安装就位后，挖泥浆槽、沉淀池，接通水电，安装水电设备，制备要求相对密度的泥浆。一端用第一节钻杆（每节钻杆长约5m，按钻进深度用钢销连接）接好钻机；另一端接上钢丝绳，吊起潜水钻对准埋设的护筒，悬离地面，先空钻然后慢慢钻入土中，注入泥浆，待整个潜水钻入土，观察机架垂直平稳，检查钻杆平直后，再正常钻进。

泥浆护壁成孔灌注桩成孔方法按成孔机械分类，有回转钻机成孔、旋挖钻机成孔、潜水钻机成孔、冲击钻机成孔、冲抓锥成孔等。

（1）回转钻机成孔

回转钻机是由动力装置带动钻机回转装置转动，再由其带动带有钻头的钻杆移动，由钻头切削土层。适用于地下水位较高的软、硬土层，如淤泥、黏性土、砂土、软质岩层。

回转钻机钻孔方式根据泥浆循环方式的不同，分为正循环回转钻机成孔和反循环回转钻机成孔。

正循环回转钻机成孔的工艺原理如图4-26所示。由空心钻杆内部通入泥浆或高压水，从钻杆底部喷出，携带钻下的土渣沿孔壁向上流动，由孔口将土渣带出流入泥浆池。

反循环回转钻机成孔的工艺原理如图4-27所示。泥浆带渣流动的方向与正循环回转钻机成孔的情形相反。反循环工艺的泥浆上流的速度较高，能携带较大的土渣。

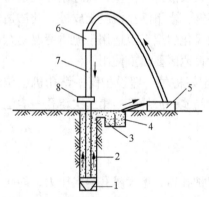

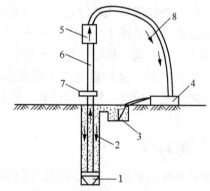

图4-26　正循环回转钻机成孔的工艺原理
1—钻头；2—泥浆循环方向；3—沉淀池；
4—泥浆池；5—循环泵；6—水龙头；
7—钻杆；8—钻杆回转装置

图4-27　反循环回转钻机成孔的工艺原理
1—钻头；2—新泥浆流向；3—沉淀池；4—砂石泵；
5—水龙头；6—钻杆；7—钻杆回转装置；
8—混合液流向

（2）旋挖钻机成孔

旋挖钻机成孔是利用钻杆和钻斗的旋转及重力使土屑进入钻斗，土屑装满钻斗后，提升钻斗出土，这样，通过钻斗的旋转、削土、提升和出土，多次反复而成孔。该钻机的钻头有数十种，常用的有短螺旋钻头、旋挖钻斗、岩石筒钻，此外还有专门用于扩孔的扩底钻头。

旋挖钻斗（图4-28）主要用于含水较高的砂土、淤泥、淤泥质亚黏土、砂砾层、卵石层和风化软基岩等土层中无循环钻进。

短螺旋钻头可分为土层螺旋钻头（图4-29）和岩石螺旋钻头（图4-30）两大类。土层螺旋钻头主要用于地下水位以上的土层、砂土层、含少量黏土的密实砂层以及颗粒不大的砾石层中无循环钻进。

（3）潜水钻机成孔

潜水钻机是将动力机构、变速机构、钻头连在一起加以密封，潜入水中工作的一种体积小而轻的钻机。这种钻机的钻头有多种形

图4-28　双底双开硬质土层旋挖钻斗

式，以适应不同桩径和不同土层的需要。钻头带有合金刀齿，靠电动机带动刀齿旋转切削土层或岩层。钻头靠桩架悬吊吊杆定位，钻孔时钻杆不旋转，仅钻头部分放置切削下来的泥渣通过泥浆循环排出孔外。

图4-29　双头单螺土层短螺旋钻头

图4-30　单头单螺岩石短螺旋钻头

当钻一般黏性土、淤泥、淤泥质土及砂土时，宜用笼式钻头；穿过不厚的砂夹卵石层或在强风化岩上钻进时，可用镶焊硬质合金刀头的笼式钻头；遇孤石或旧基础时，应用带硬质合金齿的筒式钻头。

潜水钻机桩架轻便，移动灵活，钻进速度快，噪声小，钻孔直径为500 ~ 1 500mm，钻孔深度可达50m，甚至更深。

（4）冲击钻机成孔

冲击钻机通过机架、卷扬机把带刃的重钻头（冲击锤）提高到一定高度，靠自由下落的冲击力切削破碎岩层或冲击土层成孔。部分碎渣和泥浆挤压进孔壁，大部分碎渣用掏渣筒掏出。此法设备简单，操作方便，对于有孤石的砂卵石岩、坚质岩、岩层均可成孔。

冲孔前应埋设钢护筒，并准备好护壁材料。若表层为淤泥、细砂等软土，则在筒内加入小块片石、砾石和黏土；若表层为砂砾卵石，则投入小颗粒砂砾石和黏土，以便冲击造浆，并使孔壁挤密实。冲击钻机就位后，校正冲锤中心对准护筒中心，在冲程0.4 ~ 0.8m范围内应低提密冲，并及时加入石块与泥浆护壁，直至护筒下沉3 ~ 4m以后，冲程可以提高到1.5 ~ 2.0m，转入正常冲击，随时测定并控制泥浆相对密度。

施工中，应经常检查钢丝绳损坏情况，卡机松紧程度和转向装置是否灵活，以免掉钻。如

果冲孔发生偏斜，应回填片石（厚300～500mm）后重新冲孔。

冲击钻头形式有十字形、工字形、人字形等，一般常用十字形冲击钻头，如图4-31所示。在钻头锥顶与提升钢丝绳间设有自动转向装置，冲击锤每冲击一次转动一个角度，从而保证桩孔冲成圆孔。

（5）冲抓锥成孔

冲抓锥头如图4-32所示。锥头上有一重铁块和活动抓片，通过机架和卷扬机将冲抓锥提升到一定高度，下落时松开卷筒刹车，抓片张开，锥头便自由下落冲入土中，然后开动卷扬机提升锥头，这时抓片闭合抓土。冲抓锥整体提升至地面上卸去土渣，依次循环成孔。冲抓锥成孔施工过程、护筒安装要求、泥浆护壁循环等与冲击成孔施工相同。冲抓锥成孔直径为450～600mm，孔深可达10m，冲抓高度宜控制在1.0～1.5m。适用于松软土层（砂土、黏土）中冲孔，遇到坚硬土层时宜换用冲击钻施工。

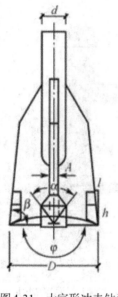

图4-31　十字形冲击钻头

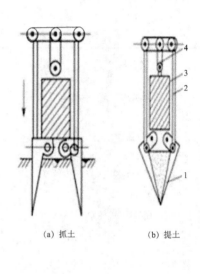

(a) 抓土　　　　　(b) 提土

图4-32　冲抓锥头

1—抓片；2—连杆；3—压重；4—滑轮组

4. 清孔

成孔后，必须保证桩孔进入设计持力层深度。当桩孔达到设计要求后，即进行验孔和清孔。验孔是用探测器检查桩位、直径、深度和孔道情况；清孔即清除孔底沉渣、淤泥浮土，以减少桩基的沉降量，提高承载能力。

泥浆护壁成孔清孔时，对于土质较好不易坍塌的桩孔，可用空气吸泥机清孔，气压为0.5MPa，使管内形成强大高压气流向上涌，同时不断地补足清水，被搅动的泥渣随气流上涌从喷口排出，直至喷出清水为止。对于稳定性较差的孔壁应采用泥浆循环法清孔或抽筒排渣，清孔后的泥浆相对密度应控制在1.15～1.25；原土造浆的孔，清孔后泥浆相对密度应控制在1.1左右。在清孔时，必须及时补充足够的泥浆，并保持浆面稳定。

5. 钢筋笼制作和吊放

桩基础钢筋笼一般都较长，需分节制作，焊接连接。钢筋应进行除锈、除污、调直等工作，主筋连接采用单面搭接焊接，搭接长度≥10d（双面搭接≥5d）。桩身同一截面的钢筋搭接面积不应超过截面总面积的50%，超过1m桩径的钢筋骨架，箍筋应与主筋点焊以防变形。

钢筋笼吊转过程中，要防止高起猛落，须用双吊车起吊，以防止弯曲和扭曲变形（因直径大自重也较大）。吊放钢筋笼入孔时，应注意勿碰孔壁，防止坍壁和将泥土杂物带入孔内。先将下段挂在孔内，吊高第二段进行焊接，逐段焊接逐段放下，吊入后校正位置垂直，勿使相互扭转和变形。各节焊接连接以前。须使上下节笼各主筋位置相对校正，且上下笼保持垂直状态，焊接时两边对称施焊（为加快施工进度，焊接可选用套管接口）。

6. 水下浇筑混凝土

钢筋骨架固定之后，在4h之内必须浇筑混凝土。混凝土选用的粗骨料粒径不宜大于30mm，并不宜大于钢筋间最小净距的1/3，含砂率宜为40%～50%，细骨料宜采用中砂。混凝土灌注常采用导管法。

水下浇筑混凝土的施工要点如下。

① 用直径200mm的导管浇筑水下混凝土。导管每节长度3～4m。导管使用前试拼做封闭水试验（0.3MPa），15min不漏水为宜。仔细检查导管的焊缝。

② 导管安装时底部应高出孔底300～400mm。导管埋入混凝土内深度2～3m，最深不超过4m，最浅不小于1m，导管提升速度要慢。

③ 开管的混凝土数量应满足导管埋入混凝土深度的要求，开管前要备足相应的数量。

④ 混凝土坍落度为18～22cm，以防堵管。

⑤ 混凝土用吊机吊斗倒入导管上端的漏斗，混凝土要连续浇筑，中断时间不超过30min。浇筑的桩顶标高应高出设计标高0.5m以上。

灌注桩的桩顶标高应比设计标高高出0.5～1.0m，以保证桩头混凝土强度。多余部分在上部承台施工时凿除，并保证桩头无松散层。

桩身混凝土必须留置试块，每浇筑50m³必须有一组试块，小于50m³的桩，每根桩必须有一组试块。

4.4.2 沉管灌注桩施工

沉管灌注桩是利用锤击打桩设备或振动沉桩设备，将带有钢筋混凝土的桩尖（或钢板靴）或带有活瓣式桩靴的钢管沉入土中（钢管直径应与桩的设计尺寸一致），造成桩孔，然后放入钢筋骨架并浇筑混凝土，随之拔出套管，利用拔管时的振动将混凝土捣实，便形成所需要的灌注桩。利用锤击沉桩设备沉管、拔管成桩，称为锤击沉管灌注桩，如图4-33所示；利用振动器振动沉管、拔管成桩，称为振动沉管灌注桩，如图4-34所示。

1. 锤击沉管灌注桩

锤击沉管灌注桩适宜于一般黏性土、淤泥质土和人工填土地基。锤击沉管灌注桩施工过程如图4-35所示，施工要点如下。

① 桩尖与桩管接口处应垫麻（或草绳）垫圈，以防地下水渗入管内，该垫圈同时作为缓冲层。沉管时先用低锤锤击，观察无偏移后，才正常施工。

② 拔管前，应先锤击或振动套管，在测得混凝土确已流出套管时方可拔管。

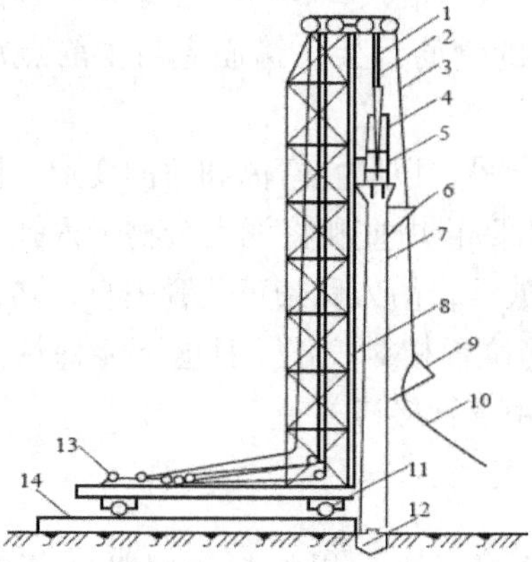

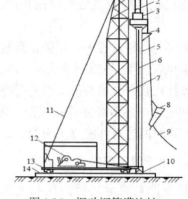

图4-33 锤击沉管灌注桩

1—桩锤钢丝绳；2—桩管滑轮组；3—吊斗钢丝绳；

4—桩锤；5—桩帽；6—混凝土漏斗；7—桩管；

8—桩架；9—混凝土吊斗；10—回绳；

11—行驶用钢管；12—预制桩尖；

13—卷扬机；14—枕木

图4-34 振动沉管灌注桩

1—导向滑轮；2—滑轮组；3—激振器；

4—混凝土漏斗；5—桩管；6—加压钢丝绳；

7—桩架；8—混凝土吊斗；9—回绳；

10—活瓣桩尖；11—缆风绳；12—卷扬机；

13—行驶用钢管；14—枕木

③ 桩管内混凝土尽量填满，拔管时要均匀，保持连续密锤轻击，并控制拔管速度，一般土层以不大于1m/min为宜，软弱土层与软硬交界处，应控制在0.8m/min以内。

④ 在管底未拔到桩顶设计标高前，倒打或轻击不得中断，注意使管内的混凝土保持略高于地面，并保持到全管拔出为止。

⑤ 桩的中心距在5倍桩管外径以内或小于2m时，均应跳打施工；中间空出的桩须待邻桩混凝土达到设计强度的50%以后，方可施打。

2. 振动沉管灌注桩

振动沉管灌注桩采用激振器振动冲击沉管，施工过程如图4-36所示。宜用于一般黏性土、淤泥质土及人工填土地基，更适用于砂土、稍密及中密的碎石土地基。施工要点以下。

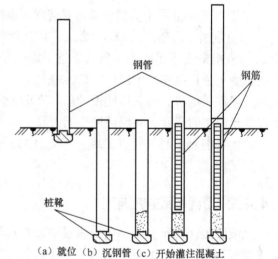

（a）就位（b）沉钢管（c）开始灌注混凝土

（d）下钢筋骨架继续灌注混泥土（e）拔罐成形

图4-35 锤击沉管灌注桩施工过程

（1）施工要点

① 桩机就位。将桩尖活瓣合拢对准桩位中心，利用激振器及桩管自重，把桩尖压入土中。

② 沉管。开动振动箱，桩管即在强迫振动下迅速沉入土中。沉管过程中，应经常探测管内有无水或泥浆，如果发现水、泥浆较多，应拔出桩管，用砂回填桩孔后方可重新沉管。

③ 上料。桩管沉到设计标高后停止振动，放入钢筋笼，再上料斗将混凝土灌入桩管内，一般应灌满桩管或略高于地面。

④ 拔管。开始拔管时，应先启动振动箱8～10min，并用吊铊测得桩尖活瓣确已张开，

混凝土确已从桩管中流出以后，卷扬机方可开始抽拔桩管，边振边拔。拔管速度应控制在1.5m/min以内。拔管方法根据承载力不同要求，可分别采用单打法、复打法和反插法。

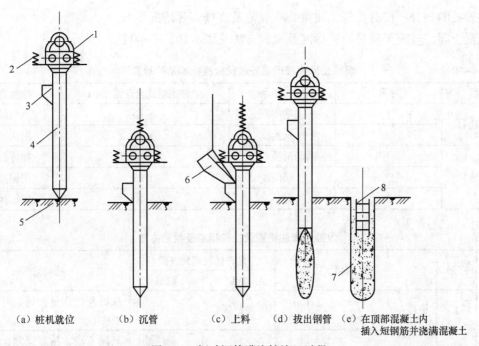

（a）桩机就位　　（b）沉管　　　（c）上料　　（d）拔出钢管　（e）在顶部混凝土内插入短钢筋并浇满混凝土

图4-36　振动沉管灌注桩施工过程

1—振动箱；2—加压减振弹簧；3—加料口；4—桩管；5—活瓣桩尖；6—上料口；

7—混凝土桩；8—短钢筋骨架

（2）施工注意事项

① 在沉管灌注桩施工过程中，对土体有挤密作用和振动影响，施工中应结合现场施工条件，考虑成孔的顺序。应间隔一个或两个桩位成孔，在邻桩混凝土初凝前或终凝后成孔；一个承台下桩数在5根以上者，中间的桩先成孔，外围的桩后成孔。

② 为了提高桩的质量和承载能力，沉管灌注桩常采用单打法、复打法、反插法等工艺。单打法适用于含水量较小的土层，反插法及复打法适用于饱和土层。

a．单打法。即一次拔管法，在管内灌满混凝土后，先振动5～10s，再开始拔管，应边振边拔，每提升0.5m停拔，振5～10s，如此反复进行直至地面。

b．复打法。在同一桩孔内进行两次单打，或根据需要进行局部复打。复打施工必须在第一次浇筑的混凝土初凝之前完成，同时前后两次沉管的轴线必须重合。

c．反插法。在套管内灌满混凝土后，先振动再拔管，每次拔管高度0.5～1.0m，再把钢管下沉0.3～0.5m。在拔管时分段添加混凝土，如此反复进行并始终保持振动，直到钢管全部拔出地面。反插法能使桩的截面增大，从而提高桩的承载力，宜在较差的软土地基上应用。施工时应严格控制拔管速度不得大于0.5m/min。

③ 在施工时，注意及时补充套筒内的混凝土，使管内混凝土面保持一定高度并高于地面。

④ 拔管时管内混凝土高度一般保持在2m以上，以避免断桩及有利于混凝土的密实。

4.4.3 混凝土灌注桩质量检查与验收

1. 混凝土灌注桩施工质量验收

检验批的划分：按有关施工质量验收规范及现场实际情况划分。

混凝土灌注桩施工质量检验标准及检验方法见表4-10、表4-11。

表4-10　　　　　　混凝土灌注桩钢筋笼质量检验标准及检验方法

项目	序号	检验项目	允许偏差或允许值/mm	检验方法
主控项目	1	主筋间距	±10	用钢尺量
	2	长度	±10	用钢尺量
一般项目	1	钢筋材质检验	设计要求	抽样送检
	2	箍筋间距	±20	用钢尺量
	3	直径	±10	用钢尺量

表4-11　　　　　　混凝土灌注桩质量检验标准及检验方法

项目	序号	检验项目		允许偏差或允许值		检验方法
				单位	数值	
主控项目	1	桩位		按规范规定		基坑开挖前量护筒，开挖后量桩中心
	2	孔深		mm	+300	只深不浅，用重锤测，或测钻杆、套管长度，嵌岩桩应确保进入设计要求的嵌岩深度
	3	桩体质量检验		按基桩检测技术规范。如钻芯取样，大直径嵌岩桩应钻至桩尖下50mm		按基桩检测技术规范
	4	混凝土强度		设计要求		试件报告或钻芯取样送检
	5	承载力		按基桩检测技术规范		按基桩检测技术规范
一般项目	1	垂直度		按规范规定		测大管或钻杆，或用超声波探测，干施工时吊垂球
	2	桩径		按规范规定		井径仪或超声波检测，干施工时吊垂球
	3	泥浆相对密度（黏土或砂性土中）		1.15 ~ 1.20		用比重计测，清孔后在距孔底50cm处取样
	4	泥浆面标高（高于地下水位）		m	0.5 ~ 1.0	目测
	5	沉渣厚度	端承桩	mm	≤50	用沉渣仪或重锤测量
			摩擦桩	mm	≤150	
	6	混凝土坍落度	水下灌注	mm	160 ~ 220	坍落度仪
			干施工	mm	70 ~ 100	
	7	钢筋笼安装深度		mm	±100	用钢尺量
	8	混凝土充盈系数		>1		检查每根桩的实际灌注量
	9	桩顶标高		mm	+30 −50	水准仪，需扣除桩顶浮浆层及劣质桩体

2. 钻孔灌注桩质量通病的成因及其预防措施

（1）钢筋笼碰塌桩孔

现象：吊放钢筋笼入孔时，已钻好的孔壁发生坍塌，使施工无法正常进行，严重时埋住钢筋笼。

原因分析：

① 钻孔孔壁倾斜、出现缩孔等孔壁极不规则时，由于钢筋笼入孔撞击而坍孔。

② 吊放钢筋笼时，孔内水位未保持住而坍孔。

③ 吊放钢筋笼不仔细，冲击孔壁产生坍孔。

预防措施：

① 钻孔时，严格掌握孔径、孔垂直度或设计斜桩的斜度，尽量使孔壁较规则。如出现缩孔，必须加以治理和扩孔。

② 在灌注水下混凝土前，要始终维持孔内有足够水头高。

③ 吊放钢筋笼时，应对准孔中心，并竖直插入。

（2）钢筋笼放置的与设计要求不符

现象：钢筋笼吊运中变形，钢筋笼保护层不够，钢筋笼底面标高与设计不符等，使桩基不能正确承载，造成桩基抗弯、抗剪强度降低，桩的耐久性大大削弱等。

原因分析：

① 桩钢筋笼加工后，钢筋笼在堆放、运输、吊入时没有严格按规程办事，支垫数量不够或位置不当，造成变形。

② 钢筋笼上没有绑设足够垫块，吊入孔时也不够垂直，致使保护层过大及过小。

③ 清孔后由于准备时间过长，孔内泥浆所含泥砂、钻渣逐渐又沉落孔底，灌注混凝土前没按规定清理干净，造成实际孔深与设计不符，形成钢筋笼底面标高有误。

预防措施：

① 钢筋笼根据运输吊装能力分段制作运输，吊入钻孔内再焊接成一根。钢筋笼在运输及吊装时，除预制焊接时每隔2.0m设置加强箍筋外，还应在钢筋笼内每隔3.0 ~ 4.0m装一个可拆卸的十字形临时加强架，待钢筋笼吊入钻孔后拆除。

② 钢筋笼周围主筋上，每隔一定间距设混凝土垫块或塑料小轮状垫块，使混凝土垫块厚和小轮半径符合设计保护层厚。最好用导向钢管固定钢筋笼位置，钢筋笼顺导向钢管吊入孔中，这样，不仅可以保证钢筋的保护层厚符合设计要求，还可保证钢筋笼在灌注混凝土时，不会发生偏离。

③ 做好清孔，严格控制孔底沉淀层厚度，清孔后，及早进行混凝土灌注。

（3）导管进水

现象：灌注桩首次灌注混凝土时，孔内泥浆及水从导管下口灌入导管；灌注中，导管接头处进水；灌注中，提升导管过量，孔内水和泥浆从导管下口涌入导管等。导管进水其危害轻者造成桩身混凝土离析，轻度夹泥；重者导致桩身混凝土产生夹层，甚至发生断桩事故。

原因分析：

① 首次灌注混凝土时，由于灌满导管和导管下口至桩孔底部间隙所需的混凝土总量计算不当，使首灌的混凝土不能埋住导管下口，而是全部冲出导管以外，造成导管底口进水事故。

② 灌注混凝土过程中，由于未连续灌注，在导管内产生气囊，当又一次聚集大量混凝土

拌和物猛灌时，导管内气囊产生高压，将两节导管间加入的封水橡皮垫挤出，致使导管接口漏空而进水。

③ 导管拼装后，未进行水密性试验，由于接头不严密，水从接口处漏入导管。

④ 测深时，误测造成导管提升过量，致使导管底口脱离孔内的混凝土液面，使泥水进入。

预防措施：

① 确保首批灌注的混凝土总量，能满足填充导管下口与桩孔底部间隙和使导管下口首灌时被埋没深度≥1m的需要，首灌前，导管下口距孔底一般不超过0.4m。

② 首灌混凝土后，要保持混凝土连续地灌注，尽量缩短间隔时间。当导管内混凝土不饱满时，应徐徐地灌注，防止导管内形成高压气囊。

③ 下导管前，导管应进行试拼，并进行导管的水密性、承压性和接头抗拉强度的试验。试拼的导管，还要检查其轴线是否在一条直线上。试拼合格后，各节导管应从下而上依次编号，并标示累计长度。入孔拼装时，各节导管的编号及编号所在的圆周方位应与试拼时相同，不得错、乱或编号不在一个方位。

④ 在提升导管前，用标准测深锤（锤重不小于4kg，锤呈锥状，吊锤索用质轻、拉力强、浸水不伸缩的尼龙绳）测好混凝土表面的深度，控制导管提升高度，始终将导管底口埋于已灌入混凝土液面下不少于2m。

治理方法：首灌底口进水和灌注中导管提升过量的进水，一旦发生，应停止灌注。利用导管作吸泥管，以空气吸泥法，将已灌注的混凝土拌和物全部吸出。针对发生原因，予以纠正后，重新灌注混凝土。

（4）导管堵管

现象：导管已提升很高，导管底口埋入混凝土接近1m，但是灌注在导管中的混凝土仍不能涌翻上来。其危害是造成灌注中断，易在中断后灌注时形成高压气囊。严重时，易发展为断桩。

原因分析：

① 由于各种原因使混凝土离析，粗骨料集中而造成导管堵塞。

② 由于灌注时间持续过长，最初灌注的混凝土已初凝，增大了管内混凝土下落的阻力，使混凝土堵在管内。

预防措施：

① 灌注混凝土的坍落度宜在18～22cm之间，并保证具有良好的和易性。在运输和灌注过程中不发生显著离析和泌水。

② 保证混凝土的连续灌注，中断灌注不应超过30min。

治理方法：灌注开始不久发生堵管时，可用长杆冲、捣或用振动器振动导管。若无效果，拔出导管，用空气吸泥机或抓斗将已灌入孔底的混凝土清出。换新导管，准备足够储量的混凝土，重新灌注。

（5）提升导管时，导管卡挂钢筋笼

现象：导管接头法兰盘或螺栓挂住钢筋笼，无法提升导管。其危害是使灌注混凝土中断，易诱发导管堵塞，甚至演变成断桩、埋导管事故。

原因分析：

① 导管拼装后，其轴线不顺直，弯折处偏移过大，提升导管时，挂住钢筋笼。

② 钢筋笼搭接时，下节的主筋摆在外侧，上节的主筋在里侧，提升导管时被卡挂住。钢筋笼的加固筋焊在主筋内侧，也易挂在导管上。钢筋笼变形成折线或者弯曲线，使导管与其发生卡挂。

预防措施：

① 导管拼装后轴线顺直，吊装时，导管应位于井孔中央，并在灌注前进行升降是否顺利的试验。法兰盘式接口的导管，在连接处罩以圆锥形白铁罩。白铁罩底部与法兰盘大小一致，白铁罩顶与套管头卡住。

② 钢筋笼分段入孔前，应在其下端主筋端部加焊一道加强箍，入孔后各段相连时，应搭接方向适宜，接头处满焊。

治理方法：发生卡挂钢筋笼时，可转动导管，待其脱开钢筋笼后，将导管移至孔中央继续提升。如转动后仍不能脱开时，只好放弃导管，造成埋管。

（6）钢筋笼在灌注混凝土时上浮

现象：钢筋笼入孔后，虽已加以固定，但在孔内灌注混凝土时，钢筋笼向上浮移。钢筋笼一旦发生上浮，基本无法使其归位，从而改变桩身配筋数量，损害桩身抗弯强度。

原因分析：混凝土由漏斗顺导管向下灌注时，混凝土的位能产生一种顶托力。该种顶托力随灌注时混凝土位能的大小、灌注速度的快慢、首批混凝土的流动度、首批混凝土的表面标高大小而变化。当顶托力大于钢筋笼的重量时，钢筋笼会被浮推上升。

预防措施：

① 摩擦桩应将钢筋骨架的几根主筋延伸至孔底，钢筋骨架上端在孔口处与护筒相接固定。

② 灌注中，当混凝土表面接近钢筋笼底时，应放慢混凝土灌注速度，并应使导管保持较大埋深，使导管底口与钢筋笼底端保持较大距离，以便减小对钢筋笼的冲击。

③ 混凝土进入钢筋笼一定深度后，应适当提升导管，使钢筋笼在导管下口有一定埋深。但注意导管埋入混凝土表面应不小于2m。

（7）灌注混凝土时桩孔坍孔

现象：灌注水下混凝土过程中，发现护筒内泥浆水位忽然上升溢出护筒，随即骤降并冒出气泡，为坍孔征兆。如用测深锤探测混凝土面与原深度相差很多时，可确定为坍孔。其危害是造成桩身扩径，桩身混凝土夹泥；严重时，会引发断桩事故。

原因分析：

① 灌注混凝土过程中，孔内外水头未能保持一定高差。在潮汐地区，没有采取措施来稳定孔内水位。

② 护筒刃脚周围漏水；孔外堆放重物或有机器振动，使孔壁在灌注混凝土时坍孔；导管卡挂钢筋笼及堵管时，均易同时发生坍孔。

预防措施：

① 在灌注水下混凝土前，要始终维持孔内有足够水头高；吊放钢筋笼时，应对准孔中心，并竖直插入。

② 钻孔时，严格掌握孔径、孔垂直度或设计斜桩的斜度，尽量使孔壁较规则。如出现缩孔，必须加以治理和扩孔。

治理方法：如发生坍孔，用吸泥机吸出坍孔内的泥土，同时保持或加大水头高，如不再坍孔，可继续灌注。如用上述方法处治，坍孔仍不停，或坍孔部位较深，宜将导管、钢筋笼拔出，回填黏土，重新钻孔。

（8）埋导管事故

现象：导管从已灌入孔内的混凝土中提升费劲，甚至拔不出，造成埋管事故。埋导管使灌注水下混凝土施工中断，易发展为断桩事故。

原因分析：

① 灌注过程中，由于导管埋入混凝土过深，一般往往大于6m。

② 由于各种原因，导管超过0.5h未提升，部分混凝土初凝，抱住导管。

预防措施：

① 随混凝土的灌入，勤提升导管，使导管埋深不大于6m。

② 导管采用接头形式宜为卡口式，可缩短卸导管引起的导管停留时间，各批混凝土均掺入缓凝剂，并采取措施，加快灌注速度。

治理方法：埋导管时，用链式滑车、千斤顶、卷扬机进行试拔。若拔不出时，可加力拔断导管，然后按断桩处理。

（9）桩头浇筑高度短缺

现象：已浇筑的桩身混凝土，没有达到设计桩顶标高再加上0.5~1.0m的高度。其危害是在有地下水时，造成水下施工。无地下水时，需进行接桩，产生人力、财力和时间的浪费，加大工程成本。

原因分析：

① 混凝土灌注后期，灌注产生的超压力减小，此时导管埋深较小。由于测深时，仪器不精确，或将过稠浆渣、坍落土层误判为混凝土表面，使导管提冒漏水。

② 测锤及吊锤索不标准，手感不明显，未沉至混凝土表面，误判已到要求标高，造成过早拔出导管，中止灌注。

③ 施工人员不知道首灌混凝土中，有一层混凝土从开始灌注到灌注完成，一直与水或泥浆接触，不仅受浸蚀，还难免有泥浆、钻渣等杂物混入，质量较差，必须在灌注后凿去。因此，对灌注桩的桩顶标高计算时，未在桩顶设计标高值上增加0.5~1.0m的预留高度，从而在凿除后，桩顶低于设计标高。

预防措施：

① 尽量采用准确的水下混凝土表面测深仪，并提高混凝土表面判断的精确度。

② 当使用标准测深锤检测时，可在灌注接近结束时，用取样盒等容器直接取样，判定良好混凝土面的位置。

③ 对于水下灌注的桩身混凝土，为防止剔桩头造成桩头短浇事故，必须在设计桩顶标高之上增加0.5~1.0m的高度，低限值用于泥浆相对密度小的、灌注过程正常的桩，高限值用于发生过堵管、坍孔等灌注不顺利的桩。

治理方法：无地下水时，可开挖后做接桩处理。有地下水时，接长护筒，沉至已灌注的混凝土面以下，然后抽水、清渣，按接桩处理。

（10）夹泥、断桩

现象：先后两次灌注的混凝土层之间，夹有泥浆或钻渣层，如存在于部分截面，为夹泥；如属于整个截面有夹泥层或混凝土有一层完全离析，基本无水泥浆黏结时，为断桩。其危害是夹泥、断桩使桩身混凝土不连续，无法承受弯矩和地震引起的水平剪切力，使桩报废。

原因分析：

① 灌注水下混凝土时，混凝土的坍落度过小。集料级配不良，粗骨料颗粒太大，灌注前或灌注中混凝土发生离析。

② 灌注中，导管出现堵塞又未能处理好；或灌注中发生导管卡挂钢筋笼，埋导管，严重坍孔，而处理不良时，都会演变为桩身严重夹泥，混凝土桩身中断的严重事故。

③ 清孔不彻底或灌注时间过长，首批混凝土已初凝，而继续灌入的混凝土冲破顶层与泥浆相混；或导管进水，一般性灌注混凝土中坍孔，均会在两层混凝土中产生部分夹有泥浆渣土的截面。

预防措施：

① 混凝土坍落度严格按设计或规范要求控制，尽量延长混凝土初凝时间（如用初凝慢的水泥，加缓凝剂，尽量用卵石，加大砂率，控制石料最大粒径）。

② 灌注混凝土前，检查导管、混凝土罐车、搅拌机等设备是否正常，并有备用的设备、导管，确保混凝土能连续灌注。采取措施，避免导管卡、挂钢筋笼，避免出现堵导管、埋导管、灌注中坍孔、导管进水等质量通病的发生。

③ 随灌混凝土，随提升导管。做到连灌、勤测、勤拔管，随时掌握导管埋入深度，避免导管埋入过深或过浅。

治理方法：断桩或夹泥发生在桩顶部时，可将其剔除，然后接长护筒，并将护筒压至灌注好的混凝土面以下，抽水、除渣，进行接桩处理。在用地质钻机对桩身钻芯取样（取芯率小于40%时），表明有蜂窝、松散、裹浆等情况，桩身混凝土有局部混松散或夹泥、局部断桩时，应采用压浆补强方法处理。对于严重夹泥、断桩，要进行重钻补桩处理。

4.4.4 工程实例

4.4.4.1 工程概括

天津××中心工程，本工程位于天津市河东区六经路、六纬路、八经路与海河东路所围成的地块内，西侧与海河相望，西南角紧邻保定桥。建筑用途为商场、办公楼、公寓、酒楼。地下3层。占地面积86 164m²。

本场区地貌属海积~冲积平原地貌单元。地形平坦，地势低平。地基土层本次最大勘探深度为70m，勘探深度范围内的土层皆为第四系全新统（Q_4）及上更新统（Q_3）的堆积层等，具体内容略。拟建场地原有的工业与民用建筑大多数已拆除并已铺设临时草坪，局部地段表层附近埋有地下混凝土基础及地下构筑物（地下防空洞），且场区内有天津南站铁路货运线通过。

本场区西南侧临近海河，最小距离30m左右。本次勘察施工时的场地地面高程为2.99 ~ 4.76m，平均地面高程为3.61m。

4.4.4.2 工程桩设计概括

本工程建筑 ± 0.000 = 大沽高程 + 5.200，表4-12中所示标高均为相对标高。

表4-12　　　　　　　　　　　工程桩设计概况

工程桩类型	位置	设计单桩承载力特征值/kN	桩身直径（D）/mm	有效桩长/m	桩顶标高/m	主筋	螺旋筋
工程桩1	D2区	抗压桩7 700	1 000	52.5	−18.9	8∅28（0至36.2m） 4∅28（36.2m至桩底）	12@100（1.2 m至6.2m） 12@150（6.2m至桩底）
工程桩2	B1，B2，B3区	抗压桩8 700	1 000	52.5	−19.9	16∅28（0至36.2m） 8∅28（36.2m至桩底）	12@100（1.2 m至6.2m） 12@150（6.2m至桩底）

工程桩类型	位置	设计单桩承载力特征值/kN	桩身直径（D）/mm	有效桩长/m	桩顶标高/m	主筋	螺旋筋
工程桩3	A1，A2，C1，C2，D1，E区	抗拔桩1 700	800	30	−17.2	16∅28（0至11.3m） 12∅28（11.3m至21.3m） 8∅28（21.3m至桩底）	12@100（1.3m至6.3m） 12@150（6.3m至桩底）
工程桩3A	A1，A2，E区	抗拔桩2 050	800	35	−17.2	18∅28（0至12.9m） 14∅28（12.9m至24.5m） 10∅28（24.5m至桩底）	12@100（1.3m至6.3m） 12@150（6.3m至桩底）
工程桩4	D1，C1，C2，C3区	抗压桩3 600	800	35	−17.4	8∅28（0至24.4m） 4∅28（24.4m至桩底）	12@100（1.2m至6.2m） 12@150（6.2m至桩底）

试桩混凝土设计强度采用C40（水下混凝土提高一级），具体试验桩详图参见相关图纸。根据设计要求，工程桩施工过程中主要包含以下检测内容。

① 对每根工程桩均应进行孔径、孔深、沉渣及垂直度检测。

② 所有工程桩需作低应变动测试验，10%的工程桩需作声波透射法测试，具体位置由监理工程师指定。

③ 工程桩钻芯取样测试，数量暂定10根。

4.4.4.3 工程桩施工流程和施工工艺

1. 工程桩施工流程

工程桩成孔施工工艺流程如图4-37所示。

2. 工程桩施工工艺

拟采用旋挖和正/反循环两种工艺。

（1）旋挖施工工艺

旋挖成孔施工法是利用钻杆和钻斗的旋转及重力使土屑进入钻斗，土屑装满钻斗后，提升钻斗出土，这样通过钻斗的旋转、削土、提升和出土，多次反复而成孔。此法适用于填土层、黏土层、粉土层、淤泥层、砂土层以及含有部分卵石、碎石的地层。

此法的施工程序为：安装钻机→钻斗着地，旋转，开孔，以钻斗自重并加液压作为钻进压力→当钻斗内装满土、砂后，将之提升上来→一面注意地下水位变化情况，一面灌水→旋转钻机，将钻斗中的土倾倒入翻斗车中→关闭钻斗活门，将钻斗转回钻进地点，将旋转体的上部固定，降落钻斗→埋置导向护筒，灌入稳定液→将侧面铰刀安装在钻斗内侧，开始钻进→钻孔完成后，进行孔底沉渣的第一次处理，并测定深度→测定孔壁→插入钢筋笼，插入导管→第二次处理孔底沉渣→水下灌注混凝土，拔出导向护筒，成桩。

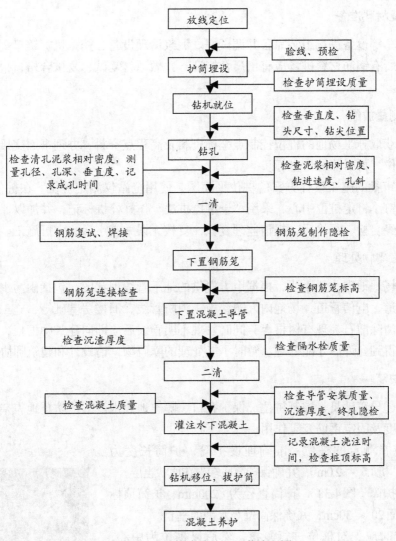

图4-37 工程桩成孔施工工艺流程图

（2）正/反循环施工工艺

正/反循环施工工艺为依靠钻杆自重和钻机的竖向压力，将钻头压入地层中，钻机输出扭矩，通过钻杆带动钻头回转，钻头刀刃做圆周运动，冲击、挤压、切削土层，形成细小钻渣，通过泥浆循环上返携渣而成孔。

此法的施工程序为：安装钻机→设置护筒→钻挖→第一次处理孔底沉渣→移走正/反循环钻机→测定孔壁→插入钢筋笼，插入导管→第二次处理孔底沉渣→水下灌注混凝土，拔出导向护筒，成桩。

4.4.4.4 工程桩施工准备

1. 现场准备

平整施工现场并压实，清理桩位处的各种地下障碍物，满足钻机施工工作面要求。同时设置好泥浆循环系统，接好临电设备，接好临时用水管，搭设钢筋加工平台。

2. 设备及材料准备

钻机、吊车等设备进场组装完备并调试好。泥浆清理设备、挖掘机、铲车等就位，准备清理现场沉渣。所有钢筋材料进场应有出厂合格证，并做原材复试，复试合格，报送监理。现场调配护壁泥浆。

3. 桩位测量放线

从甲方处获取施工场地的桩位控制点坐标资料及高程点资料，办理书面交接手续。根据现场情况排布桩位，再引测桩位坐标。

根据已获审批的施工设计方案的桩位平面图，使用全站仪测定桩位。在桩位点打30cm深的木桩，桩上钉小钉定桩位中心，采用"十字拴桩法"作好栓桩标记，并加以保护。

测量结果经自检、复检后，报请监理复核，复核无误并签字后，方可施工。

4. 地下障碍物处理

由于施工场地地理位置重要，根据甲方提供的地下管线现状图，包括雨污水管道、上下水管道、煤气管道、电信管道、场地内人防楼板、消防管线、旧楼房基础等，施工前在桩位处人工挖探坑，以清除散石、现有树根等，同时发现不明管线后立即向建筑师汇报，请建筑师到现场了解情况，得到允许后才能处理。暂时不能处理的障碍物，请设计和建筑师协调。

5. 埋设护筒

孔口护筒起导正钻具、控制桩位、保护孔口、隔离地表水渗漏、防止地表杂填土坍塌、保持孔内水头高度及固定钢筋笼等作用。

钻孔前应在测定的桩位，准确埋设护筒，护筒长度为1.5m（反循环钻机1.5~2.0m），并确保护筒底端坐在原状土层。

采用钢板护筒（图4-38），护筒直径为1 200mm，护筒顶标高应高于施工面20~30cm，并确保筒壁与水平面垂直。

护筒定位时应先对桩位进行复核，然后以桩位为中心，定出相互垂直的十字控制桩线，并作十字栓点控制，挖护筒孔位，吊放入护筒，护筒周围孔隙填入黏土并分层夯实。用十字线校正护筒中心及桩位中心，使之重合一致，并保证其护筒中心位置与桩位中心偏差小于20mm。

图4-38 钢板护筒

6. 旋挖钻机护壁泥浆

为保证护壁质量，采用现场配置泥浆并用泥浆池储备，储备的泥浆量能够保证每天成孔施工的需求量。旋挖作业时，应保持泥浆液面高度，以形成足够的泥浆柱压力，并随时向孔内补充泥浆；而灌注混凝土时，宜适时做好泥浆回收，以便再利用并防止造成环境污染。

（1）泥浆材料及配合比

泥浆材料选择如下。

水：取用自来水；膨润土：钠基膨润土（图4-39）；纯碱：食用碱；羧甲基纤维素（CMC），易溶高黏（图4-40）。

图 4-39 钠基膨润土

图 4-40 羧甲基纤维素

新鲜泥浆配合比见表 4-13。

表 4-13 新鲜泥浆配合比

膨润土/%	纯碱/%	CMC/%	其他
3 ~ 10	1	0.1	根据实际情况而定

注：① 搅拌新浆时纯碱掺量减半，以保证泥浆的 pH 值为 7 ~ 9。
② CMC 掺量可适当再增加，确保泥浆黏度在 20 ~ 22s（CMC 需要提前浸泡）。
③ 在试成孔完成后，可根据本工程地层情况最终确定泥浆配合比。
④ 泥浆配置完成后，需膨化 24h 后再使用。

（2）泥浆性能指标及测试方法

泥浆性能指标及测试方法见表 4-14。

表 4-14 泥浆性能指标及测试方法

顺序	项目	性能指标	测试方法
1	相对密度	1.05 ~ 1.25	泥浆相对密度计
2	黏度	18 ~ 25s	500/700mL 漏斗法
3	含砂率	< 4%	含砂率计
4	失水量	<10mL/30min	
5	泥皮厚度	<1mm	
6	pH 值	7 ~ 9	试纸

注：① 开始试桩时新浆相对密度不得低于 1.10。
② 前 3 项应经常抽测，后 3 项视现场实际情况抽测。

（3）制备泥浆的技术要求

① 在测定泥浆材料性能的基础上，及时试配确定泥浆的最佳配合比。
② 成孔后取样一次，清孔后测一次。二次清孔后应测孔底泥浆指标，检验清孔效果。
③ 新配制泥浆应测试合格后方可使用。

7. 正/反循环原土造浆

正/反循环钻机开始钻孔前需要挖好泥浆池，尺寸为 10m × 8m × 1.5m，泥浆池底铺一层塑料布防渗漏，并在泥浆池内提前储备清水。泥浆池周围打好围护栏杆，安装好泥浆循环泵。

在钻进过程中适当加入一些膨润土调节泥浆黏度，并使孔内泥浆液面保持稳定，孔内水压力比地下水压力大20kPa左右。在成孔过程中，倘若泥浆漏失量过大，应及时通知建筑师，经建筑师同意后用稠泥浆或投入过量黏土钻进，来封堵孔隙和漏失通道。泥浆池内的沉淀物及时用小型挖土机清理，清除的渣土放在指定地点。

正/反循环泥浆性能技术指标见表4-15、表4-16、表4-17。

表4-15 注入孔口泥浆性能技术指标

项次	项目	技术指标
1	泥浆相对密度	≤1.15
2	黏度	16 ~ 18s
3	pH值	7 ~ 9

表4-16 排出孔口泥浆性能技术指标

项次	项目	技术指标
1	泥浆相对密度	≤1.25
2	黏度	18 ~ 22s
3	pH值	7 ~ 9

表4-17 清孔后泥浆性能技术指标

项次	项目	技术指标
1	泥浆相对密度	≤1.20
2	黏度	16 ~ 18s
3	pH值	8 ~ 10
4	含砂率	≤3%

4.4.4.5 工程桩成孔施工

1. 工程桩施工顺序

工程桩施工顺序根据现场实际情况确定，在混凝土刚灌注完毕的邻桩旁成孔施工，相邻钻机开孔距离（中心距离）不得小于4倍桩径，或施工间隔时间不少于36h。

2. 旋挖钻孔施工

（1）护筒埋设

定位后埋设1.5 ~ 2m长护筒，孔口直径1 200mm。

护筒与周围土体之间空隙用黏土填充并分层夯实。

（2）钻机钻孔

钻机就位，将钻头对准桩位，复核无误后调整钻机垂直度。

开钻前，用水平仪测量孔口护筒顶标高，以便控制钻进深度。钻进开始时，注意钻进速度，调整不同地层的钻速。

钻进过程中，采用工程检测尺随时观测检查，调整和控制钻杆垂直度；边钻进边补充泥浆护壁。旋挖试成孔时，必须严格按照要求记录每斗实际提出的土层情况，除仔细观察土质情况外，必要时需辅以简单的土工实验。

（3）清孔（一清）

钻进孔深比图纸规定深度少0.5m左右时停止钻孔。静置30min后，进行第一次清孔，让钻机再钻进0.5m终孔。第一次清孔后沉渣厚度不得大于100mm，泥浆指标达到规定要求。（常规方法一次钻进到设计孔深后，让钻机空转不进尺，同时射水清孔仅适合于正、反循环工艺。对旋挖工艺若一次钻进到设计孔深后，再用捞砂钻斗的方式进行一清往往事倍功半，很难清干净）清孔时，孔内水位应保持在护筒下0.5m左右，防止水位太低造成塌孔。

（4）成孔检验

钻孔清孔完毕后，在安装钢筋笼之前，请建筑师或监理检查成孔质量，包括孔径（允许偏差：±50mm）、孔深和垂直度（允许偏差：<1%），桩位及泥浆指标测试，孔底沉渣厚度等，作好钻进施工记录和泥浆质量检查记录，采用井径仪测试钻孔在不同深度下的直径。

3. 正/反循环钻孔施工

泵吸反循环钻进控制参数包括钻压、转速和泵的排量。通常钻进参数应根据地层条件、钻头类型以及设备能力和操作人员的技术水平来确定。

（1）钻压

在第四系地层钻进时，由于地层的压入强度很小，钻压要求较小，而且受砂石泵排量决定的排渣能力影响很大。排渣能力强，钻压可大些；排渣能力弱，钻压则要小些，以获得相适应的钻进速度。

根据本项目场地工程地质条件，初步确定钻压为9～12kN（钻头为三翼合金钻头）。实际钻进时，根据不同土层情况进行实时调整。

（2）转速

在正/反循环钻进过程中，当钻头线速度到达一定值时，增加转速，钻进速度并不增加或增加很少。在钻机回转轴功率一定时，增加转速，则会减小回转扭矩，这对钻头切削地层不利。因此，应控制转速，对于不同的地层应有不同的转速。

根据本项目场地工程地质条件，初步确定转速为1.5～2.0m/s。实际钻进时，根据不同土层情况进行实时调整。

钻头转速可由下式计算：

$$n = \frac{60v_{线}}{\pi D}$$

式中，n——钻头转速，r/min；

$v_{线}$——钻头边缘线速度，m/s；

D——钻头直径，m。

（3）泵量

从理论上讲，砂石泵流量大，排渣能力强，工效高；但是，由于流量过大，循环液上返速度大，压力损失大。在深孔时，常常由于压力损失过大，降低了排渣能力，降低了工效。因此，应控制砂石泵排量，在浅孔钻进时，循环液上返速度不大于3.0m/s；在孔深时，循环液上返速度为2.0m/s左右。可以根据下式计算排量：

$$Q = \frac{\pi}{4}d^2 \cdot v_{a} \cdot 3600$$

式中，Q——砂石泵排量，m³/h；

d——钻杆内经，m；

v_a——循环液上返速度，m/s。

（4）第一次清孔

泵吸反循环钻进成孔，其桩孔质量好，清孔容易，操作简便。其方法是利用泵吸反循环，在终孔时，停止钻具回转，将钻头提离孔底50～80cm，维持循环液的循环，并向孔中注入含砂率小于4%的新泥浆。维持反循环的时间，则应根据孔底沉渣厚度、桩孔容积大小而定，一般为20～40min。清孔过程中，应经常测量孔底沉渣厚度和泥浆的含砂率，满足要求后立即停止清孔，以防吸坍孔壁。

4.4.4.6 钢筋笼加工及吊装

1. 钢筋笼加工

① 进场钢筋要有出厂合格证和试验合格单，现场见证取样进行原材复试。

② 平整钢筋笼加工场地。钢筋进场后保留标牌，按规格分别堆放整齐，防止污染和锈蚀。用红油漆等做好钢筋定位标志。

③ 太长的钢筋笼分成2～3节加工，钢筋在同一节内接头采用直螺纹连接，接头错开35d，d为钢筋直径。螺旋筋与主筋采用绑扎，加劲筋与主筋采用点焊，加劲筋接头采用单面焊10d。

图4-41 钢筋笼对接

④ 两节钢筋笼在孔口采用冷挤压机械连接（图4-41）。

⑤ 根据现场实际情况，钢筋笼一次成型，根据规范要求进行自检、隐检和交接检，内容包括钢筋外观、品种、型号、规格，焊缝的长度、宽度、厚度、咬口、表面平整等，钢筋笼的主筋间距（±10mm）、加劲筋间距（±20mm）、钢筋笼直径（±10mm）和长度（±10mm）等，并做好记录。结合钢筋连接取样试验和钢筋原材复试结果，有关内容报请监理工程师检验，合格后方可吊装。

⑥ 钢筋笼保护层厚度70mm，采用混凝土垫块做保护层，沿钢筋笼周围水平均布4个，纵向间距4m，导向钢筋保护层焊在主筋上。

⑦ 检验合格后的钢筋笼应按规格编号分层平放。

⑧ 三根超声波管（桩径800mm的两根）等分排布在钢筋笼周边，排在螺旋箍筋内侧并与箍筋绑扎牢固。

2. 吊装钢筋笼

① 钢筋笼吊装采用50t履带吊和25t汽车吊配合，水平起吊、空中回转立直。钢筋笼下放前，应先焊上钢筋保护层定位筋，以确保混凝土保护层厚度。

② 吊点加强焊接，确保吊装稳固。吊放时，吊直、扶稳，保证不弯曲、扭转。对准孔位后，缓慢下沉，避免碰撞孔壁。

③ 下节钢筋笼下放至护筒口时，再吊起上节。钢筋笼孔口连接时应将上下节笼各主筋位置校正，且上下节笼处于垂直状态方可连接，连接时宜两边对称连接。两节笼子连接完毕后，补上连接部位的螺旋筋。钢筋笼全部入孔后检查安装位置，符合要求后，钢筋笼用吊筋固定定位。

④ 用水平仪测量护筒顶高程，确保钢筋笼顶端到达设计标高，随后立即固定。

⑤ 安装钢筋笼完毕到灌注混凝土时间间隔不应大于4h。

4.4.4.7　水下混凝土灌注施工

1. 导管和漏斗

选择合适的导管（直径太小，灌注混凝土时间长，且首灌冲击力不足；直径太大，正循环或气举法清除孔底沉渣困难）。底管长度一般为4～6m，标准节一般为2～3m，接头宜用法兰或双螺纹方扣快速接头。

导管组装时接头必须密合不漏水（要求加密封圈，黄油封口）。

在第一次使用前应进行闭水打压试验，试水压力0.6～1.0MPa，不漏水为合格。

导管底部至孔底的距离为300～500mm。漏斗安装在导管顶端。

2. 浇筑水下混凝土

图4-42、图4-43、图4-44为3张施工现场图。

图4-42　混凝土浇筑导管

图4-44　下混凝土导管

（1）对混凝土的技术要求

桩设计要求混凝土强度为C40，水灰比不得大于0.50；水泥用量不得少于380kg/m³；粗骨料（碎石）最大粒径不得大于25mm，坍落度为180～220mm，扩散度为34～45cm，最大容许含盐量0.5%。采用普通硅酸盐水泥，可适当掺加高效减水剂，掺量根据试验确定，并需经建筑师的认可。不允许任何含有氯化钙的外加剂用在混凝土配合比中。配制的混凝土应该密实，具有良好的流动性。为满足水下混凝土灌注并为保证设计要求，本工程拟采用C40混凝土进行水下浇注。

图4-44　混凝土导管浇筑

（2）混凝土试验

混凝土必须有配比单，混凝土配合比设计应在灌注混凝土施工前14d提交，以供审批。所有出厂商的物料质量证明书存放工地备查，包括原材（水泥、砂、石、外加剂）出厂合格证、原材试验报告。在混凝土浇筑前，委托有资质的试验室在具有专业资格的工程师监管下进行指定的有关试验。

（3）混凝土骨料测试

骨料来源及供应批准后，对骨料进行以下试验：颗粒分析，黏土、粉土及灰尘的含量，有机物的测试分析，含盐量，质量比，吸水量，有效直径。这些测试结果提交建筑师和有关单位审批审阅。

（4）注意事项

① 混凝土浇注前必须重新检查成孔深度并填写混凝土浇注申请，合格后方可浇注。

② 混凝土浇注前必须检查混凝土坍落度、和易性并记录。混凝土运到灌注点不能产生离析现象。

③ 导管内使用的隔水塞球胆大小要合适，安装要正，一般位于水面以上。灌注混凝土前孔口要盖严，防止混凝土落入孔中污染泥浆。

④ 混凝土首灌量应灌至导管下口2m以上，本工程混凝土首灌量控制在1m³左右。混凝土浇筑时，导管下口埋入混凝土的深度不小于1.5m，不大于6m，设专人及时测定，以便掌握导管提升高度。每次拆卸导管，必须经过测量计算导管埋深，然后确定卸管长度，使混凝土处于流动状态，并做好浇筑施工记录。混凝土灌注必须连续进行，中间不得间断。拆除后的导管放入架子中并及时清洗干净。

⑤ 混凝土灌注过程中，应始终保持导管位置居中，提升导管时应有专人指挥掌握，不使钢筋骨架倾斜、位移。如发现骨架上升时，应立即停止提升导管，使导管降落，并轻轻摇动使之与骨架脱开。

⑥ 混凝土灌注到距桩顶标高5m以内时，可不再提升导管，直到灌注至设计标高后一次拔出。灌注至桩顶后必须多灌1m，以保证凿去浮浆后桩顶混凝土的强度。混凝土灌注完成后及时拔出护筒，工程桩灌注完桩顶混凝土面低于自然地面高度，应及时回填土加以覆盖，不能及时回填土覆盖的，要做好防护措施，防止塌孔及保护人员和设备的安全。

⑦ 在灌注水下混凝土过程中，应设污水泵及时排水防止泥浆漫出，确保文明施工。

⑧ 混凝土浇注应做混凝土强度试块，每浇筑50m³必须有一组试块，每根桩不少于1组。试块应养护好，达到一定强度后立即拆模送往标养室养护。

⑨ 混凝土施工完毕后，应收集混凝土出厂合格证、混凝土强度报告，做混凝土强度评定。

⑩ 收集整理好各种施工原始记录、质量检查记录等原始资料，并做好施工日志。

3. 首灌量的确定

开始灌注时，为保证灌入的第一批混凝土拌和物能达到要求的埋管高度，以便实现导管底部的隔水，需计算首灌量：

$$V = \frac{\pi}{4}D^2(h_e + h) + \frac{\pi}{4}d^2 h_1 = \frac{3.14}{4} \times [1^2 \times (0.5 + 2) + 0.25^2 \times 36.9] = 3.77(\text{m}^3)$$

式中，V——首灌量，m³；

$\qquad D$——实际桩孔直径，m；

$\qquad h$——导管埋深，m；

$\qquad h_e$——导管底口至孔底高度，m；

$\qquad d$——导管内径，m；

$\qquad h_1$——桩孔内混凝土达到埋管高度时，导管内混凝土柱与导管外泥浆柱压力平衡所需高度，m。

4. 允许偏差

桩位误差不得大于100mm，垂直度偏差不大于1/100。

5. 承台和环梁施工

待桩头混凝土强度达到设计要求后，现场绑扎钢筋，按承台详图施工，支设模板，浇筑C45混凝土。

6. 水下混凝土灌注事故预防及处理

灌注水下混凝土是成桩的关键工序，灌注过程中要明确分工，密切配合，统一指挥，做到快速、连续施工，确保灌注质量，防止发生质量事故。

（1）事故预防

① 导管进水的预防。保证混凝土的首灌量，确保首批混凝土能将导管埋住；定期地通过水密试验检查导管的密封性能，发现问题及时处理；浇注过程中，认真测量导管埋深，杜绝测深错误（定期用50m钢尺校核测绳上的标志，当误差较大时，及时更新测绳）。

② 埋管、堵管和钢筋笼上浮的预防。首先，要加强混凝土施工的组织工作，保证混凝土施工的连续性，严格控制导管埋深，一般情况下不宜超过6m。

③ 断桩的预防。防止导管进水，避免埋管、堵管，提高清孔质量，加强对混凝土质量的控制，这些措施可以减少或避免断桩事故的发生。

④ 桩身有夹渣、夹泥、蜂窝的预防。浇注过程中，须不断测定混凝土面上升高度，并根据混凝土供应情况来确定拆卸导管的时间、长度，以免发生桩身夹渣、夹泥、蜂窝事故。使混凝土面处于垂直顶升状，不使浮浆、泥浆卷入混凝土是防治夹渣、夹泥、蜂窝的关键。

（2）事故处理

① 导管进水的处理。由于首灌混凝土储量不足引起的导管进水，可以将孔内散落的混凝土拌和物用空气吸泥机（气举升液除渣法）清除；或当混凝土量较大时，需将钢筋笼提出钻孔后用钻斗清除出来；然后重新按照首灌要求灌注水下混凝土。（由于导管接头不严或导管超拔引起的导管进水，可以将原导管或更换的导管重新插入混凝土中，用潜水泵或吸泥机将导管内的水和泥浆吸出，然后继续灌注。此种措施在一定程度上已经基本形成断桩，所以施工过程中应严禁出现。）

② 堵管的处理。若是由于混凝土的坍落度过小，流动性差，夹有大卵石、碎石，拌和不均匀，冬期施工中有砂冻块，运输途中产生离析，导管接缝处漏水，使混凝土中的水泥浆被冲，粗骨料集中而造成导管堵塞，可用长杆冲捣导管内混凝土，用吊绳抖动导管。或在有一定埋深、导管不致拔漏情况下提升导管，加灌注混凝土，加大压力，由重力冲开堵管混凝土。或通过事先在浇注漏斗上安装的附着式振动器将混疑土振下去，用吊机吊着导管，在不将导管超拔的情况下，上下提动导管，使管内的混凝土下去。如果以上方法混凝土仍下不去，只有将导管拔出来，按导管进水的处理方法进行处理。

③ 埋管的处理。开始时，可用导链滑车、千斤顶试拔。如果仍拔不出，当孔径较大时，已浇的表层混凝土尚未初凝，可以采用二次导管插入法处理，否则只能补桩、接桩。

④ 钢筋笼上浮的处理。当灌注到钢筋笼底部时，应缓慢放料，尽量减小埋深。

⑤ 断桩的处理。

a. 原位复桩：对在施工过程中及时发现和超声波检测出的断桩，采用彻底清理后，在原位重新浇筑一根工程桩，做到较为彻底处理。此种方法效果好、难度大、周期长、费用高，可根据工程的重要性、地质条件、缺陷数量等因素选择采用。

b. 接桩：确定接桩方案，首先对桩进行声测确定断桩部位；其次，根据设计提供的地质资料判断出断桩所在土层；最后，挖至合格混凝土处利用人工凿毛，按人工挖孔混凝土施工方法进行混凝土的浇注。

　　c．桩芯凿井法：即边降水边采用风镐在缺陷桩中心凿一直径为80cm的井，深度至少超过缺陷部位，然后封闭清洗泥沙，放置钢筋笼，用人工挖孔混凝土施工方法浇筑膨胀混凝土。

　　d．高压注浆法：若断桩位置较低，上述方法不便实施，可采用地质钻机在桩位上对称取芯钻进至断桩位置以下，先用高压清水反复清洗断桩位置，后用高强度等级水泥浆对断桩位置高压灌浆。

　　⑥ 桩身有夹渣、夹泥、蜂窝的处理。对已发生或估计可能有夹渣、夹泥、蜂窝的桩，应判明情况，确定需要补强还是按断桩处理。

　　后压浆设计及施工工艺、质量保证措施、文明施工及周边协调措施、安全消防措施等内容省略。

思考与练习

　　1．独立承台的集中标注有哪些内容，如何标注？

　　2．独立承台的原位标注有哪些内容，如何标注？

　　3．四桩以上（含四桩）承台和三桩承台配筋构造是怎样的？

　　4．桩与承台的连接构造应符合哪些规定？

　　5．承台梁的集中标注有哪些内容，如何标注？

　　6．承台梁的原位标注有哪些内容，如何标注？

　　7．锤击沉桩法和静力压桩的施工顺序是什么？

　　8．静力压桩施工质量，主控项目和一般项目有哪些验收内容？

　　9．泥浆护壁钻孔灌注桩施工工艺流程是什么？

　　10．泥浆护壁成孔灌注桩成孔方法的正循环和反循环的工作原理是什么？

　　11．泥浆护壁成孔灌注桩水下浇筑混凝土的方法和施工要点是什么？

单元实训

　　1．实训名称：桩基础施工质量通病与防治专题讨论。

　　2．实训目的：本实训内容为"静力压桩、泥浆护壁灌注桩施工质量通病与防治"，需要学生正确全面掌握静力压桩、泥浆护壁灌注桩施工工艺和施工检查验收等内容。

　　3．参考资料：教材、《混凝土结构施工图平面整体表示方法制图规则和构造详图（独立基础、条形基础、筏形基础及桩基承台）》（11G101-3）、《建筑地基基础工程施工质量验收规范》（GB 50202—2002）、《混凝土结构工程施工质量验收规范》（GB 50204—2002）、《建筑桩基技术规范》（JGJ 94—2008）、《建筑基桩检测技术规范》（JGJ 106—2014）、《建筑地基处理技术规范》（JGJ 79—2012）。

　　4．实训任务：选择有代表性的静力压桩、泥浆护壁灌注桩施工的案例进行分组学习，每6～8人为一组共同完成。具体组织方案如下。

　　（1）指导教师应于课内讨论前1～2周公布讨论题目，布置讨论要求。

　　（2）每组学生在讨论前做好充分准备，查阅相关技术资料。

　　（3）每组学生经讨论后将整理出的答案关键词写在答题板上，并派1位同学解释所写答案，其他同学负责补充。

　　（4）教师应考虑到学生准备不充分的可能性，准备好启发方案，引导学生逐步做出正确回答，避免讨论过程中冷场。

5. 实训要求：

（1）完成实训任务时，小组成员要团结合作、协作工作，培养团队精神。

（2）完成实训任务时，要会运用图书馆教学资源和网上资源进行知识的扩充，积累素材，提高专业技能。

（3）结合讨论过程，结束后，每个小组提交一份总结。

（4）提交的总结涉及的施工方案技术措施、工艺方法正确合理，满足实用性要求。

（5）语言文字简洁，技术术语引用规范、标准。

单元 5

地基处理

引言：在工程中常会遇到软弱土和特殊土，特别是沿海地区。施工时考虑施工技术以及经济性要求，需要进行地基处理。地基处理是指通过物理、化学或生物等处理方法，改善软弱地基及特殊土的工程性质，提高地基承载力，改善变形特性或渗透性质，达到满足建筑物上部结构对地基稳定和变形的要求。

学习目标：了解各种地基处理技术的施工工艺方法、施工要点、质量检验标准和检验方法，区分各种地基处理方法。使学生初步掌握各类地基处理方法，能根据工程地质条件、施工条件、资金情况等因素因地制宜地选择合适的地基处理方案。

5.1　换填垫层法

浅层地基处理最常用的是换填垫层法。换填垫层法可就地取材，施工简便，不需特殊的机械设备，既能缩短工期，又能降低造价，因此得到普遍应用。工程实践表明，采用换填垫层法能有效解决中小型工程引起的低强度荷载地基处理问题。

5.1.1　换填垫层法的原理及适用范围

换填垫层法即将基础下一定范围内的土层挖去，然后换填密度大、强度高的砂、碎石、灰土、素土，以及粉煤灰、矿渣等性能稳定、无侵蚀性的材料，并分层夯（振、压）实至设计要求的密度。换填法的处理深度通常控制在3m以内时较为经济合理。

换填法适用于淤泥、淤泥质土、湿陷性土、膨胀土、冻胀土、素填土、杂填土以及暗沟、暗塘、古井、古墓或拆除旧基础后的坑穴等浅层处理。对于承受振动荷载的地基，不应该选择换填垫层法进行处理。根据换填材料的不同，可将垫层分为砂石（砂砾、碎卵石）垫层、土垫层（素土、灰土）、粉煤灰垫层、矿渣垫层等，其适用范围见表5-1。本节介绍灰土垫层和砂石垫层。

表5-1　　　　　　　　　　　　　　　　垫层的适用范围

垫层种类	适用范围
砂石（砂砾、碎卵石）垫层	多用于中小型建筑工程的浜、塘、沟等的局部处理；适用于一般饱和、非饱和的软弱土和水下黄土地基；不宜用于湿陷性黄土地基，也不适用于大面积堆载、密集基础和动力基础的软土地基；可有条件地用于膨胀土地基；砂垫层不适用于有地下水且流速快、流量大的地基处理；不宜采用粉细砂做垫层

垫层种类		适用范围
土垫层	素土垫层	适用于中小型工程及大面积回填、湿陷性黄土地基的处理
	灰土垫层	适用于中小型工程，尤其适用于湿陷性黄土地基的处理
粉煤灰垫层		用于厂房、机场、港区路域和堆场等大、中、小型工程的大面积填筑，粉煤灰垫层在地下水位以下时，其强度降低幅度在30%左右
矿渣垫层		用于中小型建筑工程，尤其适用于地坪、堆场等工程大面积的地基处理和场地平整，铁路、道路地基等；但不得用于受酸性或碱性废水影响的地基处理

5.1.2 换填垫层的作用

1. 提高地基承载力

由于挖出原来的软弱土，填换了强度高、压缩性低的砂层，提高了地基承载力。

2. 减小地基沉降量

软弱地基土的压缩性高、沉降量大，换填压缩性低的砂石后，通过垫层的应力扩散作用，减小了垫层下天然软弱土层所受附加压力，因而减小了基础的沉降量。湿陷性黄土换成灰土垫层，也可减小地基沉降量。

3. 加速软土的固结

砂垫层透水性大，软弱土层受压后，砂垫层作为良好的排水面，使孔隙水压力迅速消散，从而加速了软土固结过程。

4. 防止冻胀

因为粗粒垫层材料空隙大，切断了毛细管，因此可以防止冬季结冰造成基础冻胀。

5. 消除膨胀土的膨胀作用

在膨胀土地基中换填非膨胀性材料，可消除膨胀作用。

5.1.3 灰土垫层施工

1. 材料要求

灰土垫层的灰料宜用新鲜的消石灰，用前充分熟化，不得夹有未熟化的生石灰块，也不得含有过量的水。灰料应过筛，粒径不得大于5mm。灰土垫层的土料宜优先利用基槽挖出的土，但不得含有有机杂质。应尽可能使用块状黏土、砂质粉土、淤泥、耕土、冻土、膨胀土及有机质含量超过5%的土。土料应过筛，粒径不得大于15mm。

2. 施工要点

灰土体积配合比例宜按2∶8或3∶7配置，必须用斗量并拌和均匀后在当日铺填压实。含水率宜控制在最优含水率 $\omega_{op} \pm 2\%$ 的范围内。如水分过多或不足时，应晾干或洒水湿润，一一般可按经验在现场直接判断，判断方法为：手握成团，落地开花。

灰土垫层施工应选用平碾、振动碾或羊足碾，也可采用轻型夯实机或压路机等。垫层施工时分层铺填厚度、每层压实遍数等宜按所使用的夯实机具及设计的压实系数通过现场试验确定。当无实测资料时，除接触下卧软土层的垫层底部应根据施工机械设备及下卧层土质条件确定厚度外，一般情况下，垫层的分层铺填厚度可取200～300mm，可参考表5-2选取。

垫层分段施工时，不得在墙角、柱基及承重窗间墙下接缝，上下层的接缝距离小于500mm，接缝处应夯压密实，并做成直槎。

表5-2　　　　　　　　　　　　　　　　灰土最大虚铺厚度

夯实机具种类	夯具质量/t	虚铺厚度/mm	备注
石夯、木夯	0.04～0.08	200～250	人力送夯，落高400～500mm
轻型夯实机械		200～250	蛙式打夯机
压路机	6～10	200～300	双轮

3. 施工质量检查与验收

① 灰土土料、石灰或水泥（当水泥替代灰土中的石灰时）等材料及配合比应符合设计要求，灰土应搅拌均匀。

② 施工过程中应检查分层铺设的厚度、分段施工时上下两层的搭接长度、夯实时加水量、夯实遍数、压实系数。

③ 垫层的施工质量检验必须分层进行，应该在每层的压实系数（通常可取压实系数为0.95）符合设计要求后铺填上层土。垫层的施工质量检验可采用环刀法、贯入仪、静力触探、轻型动力触探或标准贯入试验检验，并均应通过现场试验以设计压实系数所对应的贯入度为标准。压实系数也可采用环刀法、灌砂法、灌水法或其他方法检验。

④ 当采用环刀法检验垫层的施工质量时，取样点应位于每层厚度的2/3深度处。检验点数量：对大基坑每50～100m² 不应少于1个点；对基槽每10～20m不应少于1个点；每个独立柱基不应少于1个点。采用贯入仪或动力触探检验垫层的施工质量时，每层检验点的间距应小于4m。

⑤ 垫层施工完成后，还应对地基强度或承载力进行检验。检验方法和标准按设计要求。检验数量：每单位工程不应少于3点；1 000 m² 至少应有1点；基槽每20m应有1点。

⑥ 竣工验收采用荷载试验检验垫层承载力时，每个单位工程不宜少于3点，对于大型工程则应按单体工程的面积确定检验点数。

⑦ 灰土地基质量验收标准见表5-3。

表5-3　　　　　　　　　　　　　　　　灰土地基质量验收标准

项目	序号	检验项目	允许偏差或允许值		检验方法
			单位	数值	
主控项目	1	地基承载力	设计要求		按规定方法
	2	配合比	设计要求		按拌和时的体积比
	3	压实系数	设计要求		现场实测

续表

项目	序号	检验项目	允许偏差或允许值		检验方法
			单位	数值	
一般项目	1	石灰粒径	mm	≤5	筛分法
	2	土料有机质含量	%	≤5	试验室焙烧法
	3	土颗粒粒径	mm	≤15	筛分法
	4	含水率（与要求的最优含水率比较）	%	±2	烘干法
	5	分层厚度偏差（与设计要求比较）	mm	±50	水准仪

5.1.4 砂石垫层施工

1. 材料要求

砂石垫层宜采用级配良好、质地坚硬的石屑、中砂、粗砂、砾砂、圆砾、角砾、卵石、碎石等材料，其颗粒的不均匀系数 $d_{60}/d_{10} \geq 5$（最好为 $d_{60}/d_{10} \geq 10$），不含植物残体、垃圾等杂质，且含泥量不应超过3%。

若用粉细砂或石粉作为换填材料时，不容易压实，而且强度也不高，使用时宜掺入一定量的碎石或卵石，最大粒径不超过5cm或垫层厚度的2/3，并拌和均匀，使其颗粒的不均匀系数 $d_{60}/d_{10} \geq 5$。石屑的性质接近于砂，作换填材料时应控制含泥量及含粉量，才能保证垫层质量。

2. 施工要点

级配砂石原材料应现场取样，进行技术鉴定，符合规范及设计要求，并进行室内击实试验，确定最大干密度和最优含水率，然后再根据设计要求的压实系数确定设计要求的干密度，以此为检验砂石垫层质量的技术指标。无击实试验数据时，砂石垫层的中密状态可作为设计要求的干密度：中砂1.6t/m³，粗砂1.7t/m³，碎石或卵石2.0～2.2t/m³。

砂石垫层采用的施工机具和方法对垫层的施工质量至关重要。下卧层是高灵敏度的软土时，在铺设第一层时要注意不能采用振动能量大的机具扰动下卧层。一般情况下首选振动法，使砂石有效密实，常用的机具有振捣器、振动压实机、平板式振动器、蛙式打夯机、压路机等。

砂石垫层的压实效果、分层铺筑厚度、最优含水率等应根据施工方法及施工机械现场试验确定，无试验资料时可参考表5-4选取。分层厚度可用样桩控制。施工时，下层的密实度应经检验合格后，方可进行上层施工。

表5-4　　　　　　　　　　砂石垫层每层铺筑厚度及最优含水率

振捣方法	每层铺筑厚度/mm	最优含水率/%	施工说明	备注
平振法	200～250	15～20	用平板式振动器往复振捣	不宜用于细砂或含泥量较大的砂所铺筑的砂垫层
插振法	振捣器插入深度	饱和	① 用插入式振捣器；② 插入间距根据机械振幅大小决定；③ 不应插入下卧层黏性土层；④ 插入式振捣器所留的孔洞，应用砂填实	

单元5

243

续表

振捣方法	每层铺筑厚度/mm	最优含水率/%	施工说明	备注
水撼法	250	饱和	① 注水高度应超过每次铺筑面； ② 钢叉摇撼捣实，插入点间距为100mm	湿陷性黄土、膨胀土地区不得使用
夯实法	150 ~ 200	8 ~ 12	① 用木夯或机械夯； ② 木夯重400kN，落距400 ~ 500mm； ③ 一夯压半夯	
碾压法	250 ~ 350	8 ~ 12	60 ~ 100KN压路机往复碾压	① 适用于大面积砂垫层； ② 不宜用于地下水位以下砂垫层

砂石垫层施工，在卵石或碎石垫层底部应铺设150 ~ 300mm厚的砂层，并用木夯夯实（不得使用振捣器）或铺一层土工织物，以防止下卧的淤泥土层表面的局部破坏。如下卧的软弱土层不厚，在碾压荷载下抛石能挤入该土层底部时，可堆填块石、片石等，将其压入以置换或挤出软土。

振（碾）前应根据干湿程度、气候条件适当洒水，以保持砂石最佳含水率。碾压遍数由现场试验确定。通常用机夯或平板振捣器时碾压不少于3遍，一夯压半夯全面夯实；用压路机往复碾压不少于4遍，轮迹搭接不小于50cm；边缘和转角处用人工补夯密实。

水撼法施工时，应在基槽两侧设置样桩控制铺砂厚度，每层25cm，铺砂后灌水与砂面齐平，然后用钢叉插入砂中摇撼十几次。如砂已沉实，将钢叉拔出，在相距10cm处重新插入摇撼，直到这一层全部结束，经检验合格后再铺设第二层。

3. 施工质量检查与验收

① 砂、石等原材料质量、配合比应符合设计要求，砂、石应搅拌均匀。

② 施工过程中必须检查分层厚度、分段施工时搭接部分的压实情况、加水量、压实遍数、压实系数。

③ 垫层的施工质量检验必须分层进行，应在每层的压实系数符合设计要求后铺填上一层。各种垫层的压实标准可参考表5-5。

表5-5　　　　　　　　　　各种垫层的压实标准

施工方法	换填材料类别		压实系数	承载力特征值/kPa
碾压、振密或夯实	碎石、卵石		0.94 ~ 0.97	200 ~ 300
	砂夹石（其中碎石、卵石占全重的30% ~ 50%）			200 ~ 250
	土夹石（其中碎石、卵石占全重的30% ~ 50%）			150 ~ 200
	中砂、粗砂、砾砂、角砾、圆砾			150 ~ 200
	石屑			120 ~ 150

④ 垫层的施工质量检验主要有环刀法和贯入法（检验点数量同灰土垫层）。在粗粒土（如碎石、卵石）垫层中也可设置检验点，在相同的试验条件下，用环刀测其干密度，或用灌砂法、灌水法进行检验。灌砂法、灌水法的试坑尺寸见表5-6。

表5-6   试坑尺寸

试样最大粒径/mm	试坑尺寸	
	直径/mm	深度/mm
5 ~ 20	150	200
40	200	250
60	250	300

⑤ 垫层施工完成后，还应对地基强度或承载力进行检验，检验方法和标准按设计要求，检验数量同灰土垫层。

⑥ 砂石地基的质量验收标准见表5-7。

表5-7   砂石地基质量验收标准

项目	序号	检验项目	允许偏差或允许值		检验方法
			单位	数值	
主控项目	1	地基承载力	设计要求		按规定方法
	2	配合比	设计要求		按拌和时的体积比或质量比
	3	压实系数	设计要求		现场实测
一般项目	1	砂石料有机质含量	%	≤ 5	焙烧法
	2	砂石料含泥量	%	≤ 5	水洗法
	3	石料粒径	mm	≤ 100	筛分法
	4	含水率（与要求的最优含水率比较）	%	± 2	烘干法
	5	分层厚度（与设计要求比较）	mm	± 50	水准仪

5.2 强 夯 法

强夯法适用于碎石土、砂土、低饱和度的粉土、黏性土、杂填土、素填土、湿陷性黄土等各类地基的处理，是改善地基抗振动液化能力、消除湿陷性黄土湿陷性的一种有效加固方法。

强夯法是利用起重设备将重锤（一般为 8 ~ 40t）提升到较大高度（一般为 10 ~ 40m）后，自由落下，将产生的巨大冲击能量和振动能量作用于地基，从而在一定范围内提高地基的强度，降低压缩性。

强夯法加固机理比较复杂，很难建立适用于各类土的加固理论，但其基本原理可描述为：土层在巨大的冲击能作用下，产生了很大的应力和冲击波，致使土中孔隙压缩，土体局部液化，夯击点周围产生裂隙，形成良好的排水通道，使土中的孔隙水和气体顺利溢出，土体迅速固结，从而降低此深度范围内土的压缩性，提高地基承载力。

5.2.1 强夯法施工机具

强夯法施工的机具设备主要有起重设备、夯锤、脱钩装置等。

1. 起重设备

起重设备多采用自行式、全回转履带式起重机，起重能力多为10～40t，一般采用滑轮组和脱钩装置来起落夯锤。近年来普遍采用在起重机臂杆端部设置辅助门架的措施，既可防止落锤时机架倾斜，又能提高起重能力。

2. 夯锤

① 夯锤质量应根据加固土层的厚度、土质条件及落距等因素确定。

② 夯锤材料可用铸钢（铁）或在钢板壳内填筑混凝土。

③ 夯锤形状有圆形（锥底圆柱形、平底圆柱形、球底圆台形等）和方形（平底方形），由于圆形不易旋转、定位方便、重合性好，采用较多。锤形选择一般根据夯实要求确定，如加固深层土体可选用锥底或球底锤；加固浅层或表层土体时，多选用平底锤。

④ 锤底面积一般根据锤重、土质和加固深度来确定。

⑤ 夯锤中应设置若干个对称均匀布置的排气孔，孔径可取25～30cm，避免吸着作用使起锤困难。

3. 脱钩装置

目前多采用自动脱钩装置。

5.2.2 强夯法施工要点

① 正式施工前应做强夯试验（试夯）。根据勘察资料、建筑场地的复杂程度、建筑规模和建筑类型，在拟建场地选取一个或几个有代表性的区段作为试夯区。试夯结束待孔隙水压力消散后进行测试，对比分析夯前、夯后试验结果，确定强夯施工参数，并以此指导施工。

② 强夯施工应按设计和试夯的夯击次数及控制标准进行。落锤应保持平稳、夯位准确，若发现因坑底倾斜而造成夯锤歪斜时，应及时将坑底平整。

③ 每夯击一遍后，用推土机将夯坑填平，并测量场地平均下沉量，停歇规定的间歇时间，待土中超静孔隙水压力消散后，进行下一遍夯击。完成全部夯击遍数后，再用低能量满夯，将场地表层松土夯实，并测量夯实后场地高程。场地平均下沉量必须符合要求。

④ 强夯施工过程中应有专人负责监测工作，并做好各项参数和施工情况的详细记录。

5.2.3 强夯法施工质量检查与验收

① 强夯施工前应检查夯锤质量、尺寸、落距控制手段、排水设施及被夯地基的土质。施工中应检查落距、夯击遍数、夯点位置、夯击范围以及施工过程中的各项测试数据和施工记录。

② 施工结束后应检查被夯地基的强度并进行承载力检验。承载力检验应在施工结束后间隔一定时间方能进行，对于碎石土和砂土地基，间隔时间可取7～14d；粉土和黏性土地基可取14～28d；强夯置换地基可取28d。承载力检验的方法应采用原位测试和室内土工试验，其数量应根据场地复杂程度和建筑物的重要性确定。对于简单场地上的一般建筑物，每个建筑地基不应少于3点。

③ 强夯地基质量检验标准应符合《建筑地基基础工程施工质量验收规范》的规定。

5.3 预 压 法

5.3.1 预压法的特点及适用范围

预压法可分为堆载预压法、真空预压法、降水预压法和电渗排水预压法（后两种预压法在工程上应用甚少，本书不予以讨论）。堆载预压法又可分为天然地基堆载预压法和竖井排水堆载预压法，其中竖井排水堆载预压法根据竖井选用材料不同，分为砂井堆载预压法、袋装砂井预压法和塑料排水板堆载预压法。

堆载预压法是在堆载压力作用下使地基固结的地基处理方法。真空预压法是通过对覆盖于竖井地基表面的不透气薄膜内抽真空，而使地基固结的地基处理方法。

预压法适用于处理淤泥、淤泥质土和冲填土等饱和黏性土地基。当软土层厚度小于4.0m或软土层含较多薄粉砂夹层（俗称"千层糕"状土层），可采用天然地基堆载预压法处理，当软土层厚度超过4.0m，为加速预压过程，应采用塑料排水板、袋装砂井等竖井排水预压法处理地基。对真空预压工程，必须在地基内设置排水竖井。

竖井排水预压法对处理泥炭土、有机质土和其他次固结变形占很大比例的土效果较差，只有当主固结变形与次固结变形相比所占比例较大时才有明显效果。

5.3.2 堆载预压法

以塑料排水板堆载预压法为例，讲述堆载预压法。

塑料排水板堆载预压法就是用插板机将带状塑料排水板插入软弱土层中，组成垂直和水平排水体系，然后在地基表面堆载预压（或真空预压），土中的孔隙水沿塑料板的沟槽上升逸出地面，从而加速了软土地基的沉降过程，使地基得到压密加固，如图5-1所示。

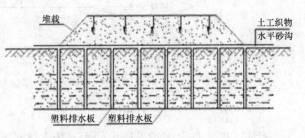

图 5-1 塑料排水板堆载预压法

1. 材料准备

主要所需材料是塑料排水板、中粗砂、土工织物等。

塑料排水板由芯板和滤膜组成。芯板是由聚丙烯或聚乙烯塑料加工而成两面有间隔沟槽的板体，土层中的固结渗流水通过滤膜渗入到沟槽内，并通过沟槽从排水垫层中排出。根据塑料排水板的结构，要求滤膜渗透性好，与黏土接触后，其渗透系数不低于中粗砂，排水沟槽输水畅通，不因受土压力作用而减小。

滤膜材料一般用耐腐蚀的涤纶衬布，涤纶布不低于60号，含胶量不小于35%，既保证涤纶布泡水后的强度满足要求，又有较好的透水性。塑料排水板的纵向通水量不小于15cm³/s；滤膜的渗透系数不小于 5×10^{-3}mm/s；芯板的抗拉强度$\geq$10N/mm；滤膜的抗拉强度，干态时不小于1.5N/mm，湿态时不小于1.0N/mm；整个排水板反复对折5次不断裂为合格。

2. 主要机具

主要施工机具就是插板机。与袋装砂井打设机械共用，只需将圆形导管改为矩形导管。也可用国内常用打设机械，其振动打设工艺、锤击振动力大小，可根据每次打设根数、导管截面大小、入土长度及地基均匀程度确定。

3. 施工工艺

塑料排水板堆载预压法施工工艺流程如图5-2所示，施工工艺要点如下。

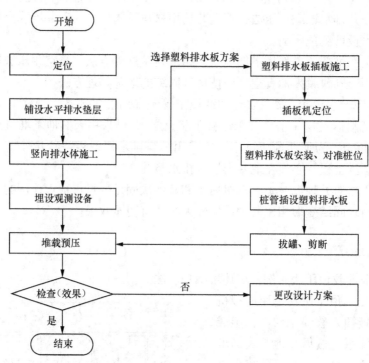

图 5-2　塑料排水板堆载预压法施工工艺流程

（1）定位

对施工区中排水固结设计中的水平排水体系和竖向排水体系（塑料排水板）进行定位。

（2）铺设水平排水垫层（或砂沟）

水平排水垫尾的作用是在堆载预压过程中，将从土体进入垫层的渗流水迅速地排出。水平排水垫层材料采用中粗砂，要求含泥量小于5%，砂垫层干容重应大于15kN/m³，其厚度宜大于400mm。通常采用砂沟代替砂垫层。

（3）施工塑料排水板

插板时，插板机就位后通过振动锤驱动套管对准插孔位下沉，排水板从套管内穿过与端头的锚靴相连，套管顶住锚靴将排水板插到设计入土深度，拔起套管后，锚靴连同排水板一起留在土中，然后剪断连续的排水板，即完成一个排水孔插板操作。插板机可移位到下一个排水孔继续施打。

在剪断排水板时，要留有露出原地面15～30cm的板头；其后在板头旁边挖起20cm深砂土，成碗状的凹位，再将露出的板头切去，填平，插板施工即告完成。

（4）堆载预压

竖向排水体施工结束后，在水平排水体上铺设一层土工织物，再进行堆载。堆载材料一般以散料为主,如石料、黄沙、砖等。

堆载面积要足够。堆载的顶面积不小于建筑物底面积,堆载底面积也应适当扩大,以保证建筑物范围内的地基得到均匀加固。

堆载要严格控制加荷速率,以保证在各级荷载下地基的稳定性,同时还要避免部分堆载过高而引起地基的局部破坏。

对主要以变形控制的建筑,当塑料排水板处理深度范围和竖井底面以下受土层经预压所完成的变形量和平均固结度符合设计要求时,方可卸载;对主要以地基承载力或抗滑稳定性控制的建筑,当地基土经预压而增长的强度满足建筑物地基承载力或稳定性要求时,方可卸载。

(5)预压效果检查

不能满足设计要求时,应更改原设计方案,进行补救施工。

4. 工程案例

(1)工程概况

某体育中心总占地面积34万m²,场地地基处理总面积约3万m²。本工法用于体育中心的热身训练场、室外停车场、市民广场、道路及绿地等工程,场地土层主要为素填土、淤泥、粉质黏土(局部)和中粗砂(局部),其中素填土厚度为3.8~4.5m,淤泥层厚度为4.50~12.60m;中粗砂分布不均,位于淤泥或粉质黏土层下,中粗砂的地下水属孔隙型承压水。竖向塑料排水板埋设采用梅花形布置,板间距1.2~1.8m,总处理长度约133万m。

(2)施工情况、应用效果

本工程于2006年1月开工,2008年6月2日竣工。施工中采用B型塑料排水板、液压式插板机,打设深度为10~19m,打设根数92 000根。插板机套管选用扁形,宽度为130mm,管靴采用钢筋。打设过程中严格控制回带长度,回带长度为30~80mm,回带根数占总打设根数的0.8%。施工过程中严格按照规范的要求组织实施,及时进行现场测试工作。根据试验结果,场地内未处理的淤泥层原状土抗剪强度为25.4kPa,地基处理后的原状土抗剪强度为29.9kPa,预压后淤泥层的地基抗剪强度增长18%;地面沉降561.9mm,平均固结度达85.3%,平均施工后沉降120.5mm。通过对地基处理监测数据的分析整理,本工程的地基处理效果满足设计和规范的要求。

5.3.3 真空预压法

真空预压法是以大气压力作为预压载荷,通过先在需加固的软土地基表面铺设一层透水砂垫层或砂砾层,再在其上覆盖一层不透气的塑料薄膜或橡胶布,四周密封与大气隔绝,在砂垫层内埋设渗水管道,然后与真空泵连通进行抽气,使透水材料保持较高的真空度,在土的孔隙水中产生负的孔隙水压力,将土中的孔隙水和空气逐渐吸出,从而使土体固结的一种软土地基加固方法,如图5-3所示。

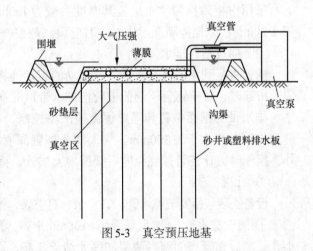

图5-3 真空预压地基

1. 真空预压法的加固机理和适用范围

真空预压的整个加固过程是：土体抽真空后，真空压力直接作用在土砂垫层中的水气流体上，先提高排水边界砂垫层中的真空度，形成下部土体与砂垫层之间的压差，使得表层土体内的水和气在压差作用下，通过塑料排水板或砂井流到砂垫层中，再通过与真空泵相连的排水管道被抽出；随着时间的延续，真空度沿着塑料排水板向深度传递，并通过排水板向周围土体扩散传递，使得深部土体中的水和气被抽出，由于土体本身渗透系数很小，水源补给速度不可能大于或等于地下水被抽出的速度，因此同时伴随着地下水位的逐渐下降。

真空预压法适用于处理饱和匀质黏性土及含薄层砂夹层的黏性土，特别适用于新淤填土、超软土地基的加固。

2. 真空预压施工工艺流程

真空预压施工工艺流程如图5-4所示。

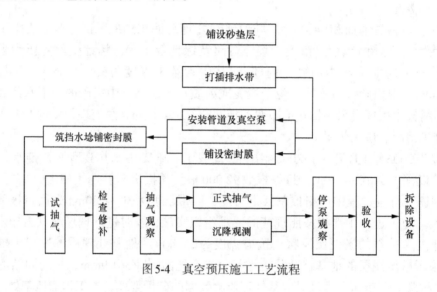

图5-4 真空预压施工工艺流程

3. 真空预压的操作要点

（1）铺设砂垫层

采用中粗砂作为滤水层，其厚度一般为400mm，要求表面平整，厚度均匀，其误差不大于±20mm，原地势高低起伏太大时应设法调整。

（2）插打塑料排水带

插板机是利用沿竖直轨道上下运动的震动锤将穿有塑料排水带的钢套管插入地下，当套管向上拔起时，位于钢管下端的桩靴把排水带留滞在地下，在土体内形成竖向排水通道。

排水带的平面位置和埋置深度应严格控制，水平间距允许误差不大于±100mm，埋置深度允许误差不大于±300mm。为了防止埋置深度不够，除了要根据土质条件选择合适的桩靴外，操作时应让桩管插够深度后缓缓向上拔管，待确认排水带下端锚固好后再加快拔管速度。

（3）设备安装

设备安装包括安装滤水管、真空泵、真空表，挖压膜沟，铺塑料密封膜及填筑挡水埝等工序。

① 铺设滤水管。滤水管采用ø100mm PVC管材制作，在管壁上按每60mm钻一圈ø10mm小孔，然后在管表面缠裹两层加厚无纺土工布，并用16号铅丝按每100mm一道绑扎牢，管接

头可用配套的塑管接头，也可用胶管接头。安装和绑扎时都应注意把绑扎铅丝一顺向下，以防朝上时扎破密封膜。滤水管应埋在滤水层的中间，上下厚度要均匀。滤水管的应间距应不大于8m，外侧管距膜沟中心线距离应不大于4m。

② 真空泵。射流式真空泵性能必须完全满足使用要求。

③ 加固单元划分和工艺系统设计。

在一张完整的密封膜覆盖下的加固地块为一个单元。一般情况下，加固单元的面积不大于10 000 m²，不小于2 000 m²，过大会增加施工难度，过小则会增加工程成本。此外，还应根据地形和地势条件灵活掌握。划分加固单元的技术条件有：地块的长边和短边之比不大于3∶2；地块的地势要平坦，相对高差不大于0.3m。

工艺设计包括管网平面布置、泵及电器线路布置、真空度探头位置确定、沉降观测点布置以及设计有特殊要求的其他设施的布置和配备。

④ 密封膜铺设。根据所需真空度，一般密封膜应铺设3～4层，铺膜前应先将压膜沟挖好。铺膜应选择无风的好天气，铺膜工作应在白天一次完成，铺膜要集中人力，并要准备足够数量的氯丁胶和一台高频热合机及部分备用的整卷塑料膜。施工人员必须穿无钉软底鞋，在统一组织指挥下进行铺膜作业。铺膜沿着长边的一侧开始，认真检查塑料膜有无开焊、破孔，并及时修补。

相邻两层密封膜的接缝必须错开500mm以上，严禁接缝重叠。大片撕裂处要用热合机缝合。铺膜后应立即填压膜沟，以防遇大风将密封膜掀坏。

压膜前保持压膜沟里有200～300mm深的水，先把膜浸入水底，再在膜上压一层黏土，当泥浸透后要求由人工将黏泥踩成泥浆，然后再在沟里填黏土，并分层轻轻夯实。膜沟填实后再做挡水墙，墙高600～800mm，同一地块的墙顶要在同一平面上，高差不大于100mm。

抽气管需穿过密封膜，膜和钢管的接口处需采取特殊的密封措施，其目的既要把接口处压密实，又要防止抽气时将密封膜拉裂。

（4）真空预压

试抽气阶段：抽气开始时，将所有抽气泵同时开启，认真观察真空度的变化。正常情况下，开泵后2～4h，泵口处的真空度就能达到20kPa，此阶段要多安排人员在地块内和膜沟附近认真查找漏气部位，发现一批停泵修理一批，反复寻找，反复修理，直至无漏气点为止。当膜内真空度达到40kPa时应停泵，进行一次全面检修，检修内容包括挡水墙和膜内外侧的地面有无裂焊、塌陷，并查明原因进行加固处理；预压区内有无过大的不均匀沉降，如沉降呈塌陷形时；要剪开密封膜用砂填平；电器、机械是否完好，真空表灵敏度是否正常。

抽真空：经过检查、修理，再抽气时真空度会提高很快，此时更应注意观察整个预压区内有无异常，因为随着真空度的提高，一旦发生故障情况比较突然，会造成较大的损坏，而且不易修复。经过24h抽气，如情况正常，便可向墙内灌水。

覆水有两个作用，一是覆水后可以在三层膜间形成很薄的夹水层，增加膜的密封性能；二是防止直接暴晒塑料膜，减缓膜的老化。

（5）监测项目及频率

监测仪器应在打设塑料排水板后，铺设密封膜前布设，其数量及布设应满足设计要求。施工过程中应对地表沉降、膜下真空压力、孔隙水压力、侧向位移、深层分层沉降、地下水位等项目进行监测，由于检测设备与技术限制，施工单位一般只进行地表沉降监测，其余项目均由第三方专业检测单位实施。各监控项目的观测频率应满足下列要求：膜下真空压力每2～4h观测1次；孔隙水压力、地表沉降和塑料排水板内部真空压力在加载初期1d观测1次，中后期2～4d观测1次；其余监控项目在加载初期每1～2d观测1次，中后期3～5d观测1次；加固区周围有建筑物和地下管线或采用真空联合堆载预压时，对侧向位移加密观测。

（6）验收

真空预压抽真空持续时间应符合设计要求，设计无要求时应持续2～5个月。真空压力每4h观测一次，要求膜内真空度的最低值不小于80kPa，并且保持稳定。地基表面沉降量控制采用双控，即累计沉降量达到设计要求；且在确保真空度不低于80kPa时，连续5d的日平均沉降量不大于0.5mm。地基固结度已经达到设计要求的80%时，经有关各方验收，即可终止抽真空。

施工结束后，应钻探取土进行土工试验，以及现场检查地基土十字板剪切强度、静力触探值及要求达到的其他物理力学性能。

（7）设备拆除与清理

所有的设备、管网都应进行保护性拆除，滤水管网起出后，应将管内的泥土用水冲洗干净，晾干后集中堆放以备再用。射流泵和清水泵都应检修保养，真空表应进行校验。塑料薄膜也应清理干净，挡水埝应就地平整。

4. 工程案例

（1）工程概括

某沿海城市市政道路工程一标段工程，其中软基处理主要工程数量为真空预压15 000 m²，水泥搅拌桩25.23万米，塑料排水板93.08万米。

（2）施工情况

标段地层全部为软土地基，地层自上而下依次为第四系人工杂填土、淤泥及风化变质岩，软土含水量大，强度低，不适宜直接填筑路基。其中真空预压处理部分抽真空加载时间持续85d，累计沉降量达到设计要求，且在规定真空度下连续5d的日平均沉降量不大于0.5mm，同时经对加固后地基进行检测，承载力满足设计要求。

（3）工程结果评价

软土处理效果良好，地基承载力得到了明显提高，达到了设计要求和预期目的。采用真空预压软基处理法，1台真空设备的加固面积一般为1 000～1 500m²，加固后达到相当于80kPa堆载预压的加固效果，与同等堆载预压相比，一般可降低造价1/3，缩短工期1/3。

5.3.4 预压法施工质量检查与验收

① 施工前应检查施工监测措施，沉降、孔隙水压力等原始数据，排水设施，砂井（包括袋装砂井）、塑料排水板等位置。

② 堆载施工应检查堆载高度、沉降速率，真空预压施工应检查密封膜的密封性能、真空表读数等。

③ 施工结束后，应检查地基土的强度及要求达到的其他物理力学指标，重要建筑物地基应做承载力检验。

④ 预压地基和塑料排水带质量检验标准见表5-8。

表5-8   **预压地基和塑料排水带质量检验标准**

项目	序号	检验项目	允许偏差或允许值		检验方法
			单位	数值	
主控项目	1	预压载荷	%	≤2	水准仪
	2	固结度（与设计要求比）	%	≤2	根据设计要求采用不同的方法
	3	承载力或其他性能指标	设计要求		按规定方法
一般项目	1	沉降速率（与控制值比）	%	±10	水准仪
	2	砂井或塑料排水带位置	mm	±100	用钢尺量
	3	砂井或塑料排水带插入深度	mm	±200	插入时用经纬仪检查
	4	插入塑料排水带时的回带长度	mm	≤500	用钢尺量
	5	塑料排水带或砂井高出砂垫层距离	mm	≥200	用钢尺量
	6	插入塑料排水带的回带根数	%	<5	目测

注：如真空预压，主控项目中预压载荷的检查为真空降低值≤2%。

5.4 振冲碎石桩施工

振冲碎石桩以起重机吊起振冲器，启动潜水电动机带动偏心块，使振冲器产生高频振动，同时开动水泵通过喷嘴喷射高压水流。在振动和高压水流的联合作用下，振冲器沉到土中的预定深度，然后从地面向孔中逐渐添加填料（碎石或其他硬质粗粒料），每段填料均在振动作用下被振动密实，达到所要求的密实度后提升振动器，再进行第二段填料振冲。重复上述操作，直至地面，从而在地基中形成一根大直径的密实桩体。振冲碎石桩适用于处理砂土、粉土、粉质黏土、素填土和杂填土等地基。

5.4.1 桩身材料

碎石或卵石可选用自然级配，含泥量不宜超过5%。常用的填料粒径为：30kW振冲器20～80mm；55kW振冲器30～100mm；75kW振冲器40～150mm。

作为桩体材料，碎石比卵石好，碎石之间咬合力比卵石大，形成的碎石桩强度高，而卵石作填料下料容易。

5.4.2 振冲碎石桩施工机械

振冲法施工的主要机具有振冲器、起吊机械、水泵、泥浆泵、填料机械、电控系统等。

1. 振冲器

振冲器（见图5-5）是一种利用自激振动、配合水力冲击进行作业的机具。

2. 起吊机械

起吊机械一般采用履带吊、汽车吊、自行井架

图5-5 振冲器

式专用吊机或抗扭胶管式专用汽车。在实际工程中也可采用扒杆、打桩机等。自行井架式专用吊机的特点是移动方便、施工安全、效率高，最大加固深度可达15m；抗扭胶管式专用汽车可在较低矮的场地施工，机动性强，最大加固深度视胶管长度而定，一般不小于12m。起吊机械的起吊能力，30kW振冲器应大于5t，75kW振冲器应大于10t。起吊高度应满足施工要求。

3. 水泵

在加固施工过程中，水泵提供一定压力的水通过橡皮管引入振冲器的中心水管。

4. 泥浆泵

泥浆泵的选择根据排浆量和排浆距离而定。

5. 填料机械

填料机械可用装载机或手推车。30kW振冲器应配0.5 m³以上装载机，75kW振冲器应配1.0m³以上装载机。如采用手推车，应根据填料情况确定手推车数量。

6. 电控系统

应设置三相电源和单相电源的线路和配电箱。三相电源主要是供振冲器使用，其电压需保证380V，变化范围在 ±20V之间。

5.4.3 振冲碎石桩施工工艺要点

一般可采用"由里向外"或"由一边向另一边"的顺序进行施工，因为这些方式有利于挤走部分软土。如果"由外向里"制桩，中心区的桩很难做好。对抗剪强度很低的软黏土地基，为减少制桩时对原土的扰动，宜用间隔跳打的方式施工。当加固区附近有其他建筑物时，为减少对建筑物的影响，必须先从邻近建筑物一边的桩开始施工，然后逐步向外推移。必要时可用振力较小的振冲器（如ZCQ13）制邻近建筑物一边的桩。振冲法的具体施工操作可根据"振冲置换"和"振冲挤密"的不同要求来确定。

1. 振冲置换法施工

在黏性土层中制桩，孔中的泥浆水太稠时，碎石料在孔内下降的速度将减慢，且影响施工速度，所以要在成孔后留有一定时间清孔，用回水把稠泥浆带出地面，降低泥浆的密度。若土层中夹有硬层时，应适当进行扩孔，把振冲器往复上下几次，使得此孔径扩大，以便于加碎石料。每次往孔内倒入的填料数量，在孔内堆积约为1m高，然后用振冲器振密，再继续加料。振冲器密实电流应超过振冲器空载电流35 ~ 45A。振冲置换法一般施工顺序如图5-6所示。

① 将振冲器对准桩位，开水通电。检查水压和振冲器空载电流值是否正常。

② 启动施工车或吊机的卷扬机，使振冲器以1 ~ 2m/min的速度在土层中徐徐下沉。注意振冲器在下沉过程中的电流值不得超过电动机的额定值。否则，必须减速下沉，或暂停下沉，或向上提升一段距离，借助高压水冲松土层后再继续下沉。在开孔过程中，要记录振冲器经各深度的电流值和时间。电流值的变化定性地反映出土的强度变化。

③ 当振冲器到达设计加固深度以上30 ~ 50cm时，开始将振冲器往上提，直至孔口。提升速度可增至5 ~ 6m/min。

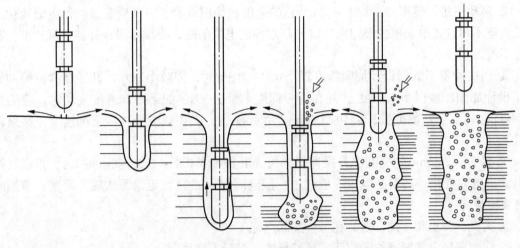

(a) 定位　　　(b) 振冲下沉　　(c) 振冲设计标高　(d) 下料振捣　(e) 边振边下料、提升　(f) 成桩

图 5-6　振冲置换法施工顺序

重复步骤①、②一至两次。如果孔口有泥块堵住，应把它挖去。最后，将振冲器停留在设计加固深度以上 30 ～ 50cm 处，借循环水使孔内泥浆变稀，这一步骤叫作清孔。清孔时间为 1 ～ 2min，然后将振冲器提出孔口，准备加填料。

④ 往孔内倒 0.15 ～ 0.5m 填料，将振冲器沉至填料中进行振实。这时，振冲器不仅使填料振密，而且使填料挤入孔壁的土中，从而使桩径扩大。由于填料的不断挤入，孔壁土的约束力逐渐增大，一旦约束力与振冲器产生的振力相等，桩径不再扩大，这时振冲器电动机的电流值迅速增大。当电流达到规定值时，可认为该深度的桩体已经振密。如果电流达不到规定值，则需要提起振冲器继续往孔内倒一批填料，然后再下降振冲器继续进行振密。如此重复操作，直至该深度的电流达到规定值为止。每倒一批填料进行振密，都必须记录深度、填料量、振密时间和电流值。电流的规定值称为密实电流，密实电流由现场制桩试验确定或根据经验选定。将振冲器提出孔口，准备做上一深度的桩体。

⑤ 重复上一步骤，自下而上地制作桩体，直至孔口，这样一根桩就做成了。

⑥ 关振冲器，关水，移位。

2. 振冲挤密法施工

振冲挤密法一般在中粗砂地基中使用时可不另外加料，而利用振冲器的振动力，把原地基的松散砂土振挤密实。在粉细砂、黏质粉土中制桩，最好是边振边填料，以防振冲器提出地面孔壁坍塌。施工操作时，其关键是水量大小和"留振时间"的长短。"留振时间"是指振冲器在地基中某一深度处停留振动的时间；水量的大小要保证地基中的砂土充分饱和，砂土只有在饱和状态下并受到了振动才会产生液化，足够的留振时间是让地基中的砂完全液化和保证有足够的液化区。砂土经过液化，在高频振动下颗粒会重新排列，这时的孔隙比将比原来的孔隙比小，密实度相应增加，这样就可达到加固的目的。

整个加固区施工完后，桩体顶部向下 1m 左右这一土层，由于上覆压力小，桩的密实度难以保证，应予以挖除另做垫层，也可另用振动或碾压等密实方法处理。振冲挤密法一般施工顺序如下。

① 振冲器对准加固点。打开水源和电源，检查水压、电压和振冲器空载电流是否正常。

② 启动吊机，使振冲器以 1 ~ 2m/min 的速度徐徐沉入砂基，并观察振冲器电流变化，电流最大值不得超过电动机的额定电流，当超过额定电流值时，必须减慢振冲器下沉速度，甚至停止下沉。

③ 当振冲器下沉到设计加固深度以上 0.3 ~ 0.5m 时，需减小冲水，其后继续使振冲器下沉至设计加固深度以下 0.5m 处，并在这一深度上留振 30s。如果中部遇硬夹层时，应适当扩孔，每深入 1m 应停留扩张 5 ~ 10s，达到设计孔深后，必须减慢振冲器下沉速度，甚至停止下沉。

④ 以 1 ~ 2m/min 的速度提升振冲器，每提升振冲器 0.3 ~ 0.5m 就留振 30s，并观察振冲器电动机电流变化，其密实电流一般超过空振电流 25 ~ 30A。记录每次提升高度、留振时间和密实电流。

⑤ 关机、关水和移位，然后在另一加固点施工。

⑥ 施工现场全部振密加固完后，平整场地，进行表层处理。

5.4.4 振冲碎石桩施工质量检查与验收

振冲法施工质量控制就是要掌握好填料量、密实电流和留振时间这三个施工质量要素，要使每段桩体在这三方面都达到规定值。这三者实际上是相互联系的，只有在一定的填料量情况下，才可能保证达到一定的密实电流，而这时也必须要有一定的留振时间才能把料挤紧振密。在土质较硬或砂性较大的地基中，振冲电流有时会超过密实电流规定值。如果随着留振的过程电流慢慢降下来，那么此电流仅表示由于振冲下沉时较快放入骨料而产生的瞬时电流高峰，决不能以此电流来控制桩的质量，密实电流必须是在振冲器留振过程中稳定下来的电流值。在黏性土地基中施工，由于土层中常常夹有软土层，这会影响填料量的变化，有时在填料量达到标准的情况下，密实电流还不一定能够达到规定值，这时就不能单纯用填料量来检验施工质量，而要更多地注意密实电流是否达到规定值。

振冲碎石桩施工结束后，应间隔一段时间进行质量检验。对黏性土地基，间隔时间可取 3 ~ 4 周；对粉土地基，可取 2 ~ 3 周；对砂土地区可取 1 ~ 2 周。检验碎石桩承载力可用单桩荷载试验。试验用圆形压板的直径与桩的直径相等。检验数量为桩数的 0.5%，但总数不得少于 3 根。

对砂土或粉土地基中的碎石桩，还可用标贯试验、静力触探等对桩间土进行处理前后的对比试验。

复合地基载荷试验数量不应少于总桩数的 0.5%，且每个单体工程不应少于 3 点。

振冲地基质量检验标准应符合《建筑地基基础工程施工质量验收规范》的规定。

5.5 CFG桩地基处理

5.5.1 概述

CFG 桩地基也是复合地基的一种，但是由于其应用中的优越性和近年来的广泛采用，本节将对其进行重点介绍。本节介绍振动沉管灌注桩施工 CFG 桩复合地基，其他类型桩体和施工工艺可以参阅相关专业书籍。

水泥粉煤灰碎石桩（cement fly-ash gravel pile）简称CFG桩。它是在碎石桩的基础上掺入适量石屑、粉煤灰和少量水泥，加水拌和后制成的一种具有一定强度的桩体。其桩体强度一般为C5～C25，具有节约大量水泥、钢材，利用工业废料，消耗大量粉煤灰，降低工程费用的特点。

CFG桩是在碎石桩基础上发展起来的，但碎石桩是散体材料桩，桩本身没有黏结强度，主要靠周围土的约束形成桩体强度。土越软对桩的约束作用越差，桩体强度越小，传递垂直荷载的能力就越差。CFG桩则具有一定的黏结强度，可全桩长发挥侧摩阻力，桩落在硬土层上具有明显端承力。荷载通过桩周的摩阻力和桩端阻力传到深层地基中，其复合地基承载力可大幅度提高。由于CFG桩体刚度大，常在桩顶和基础之间铺设一层150～300mm厚的中砂、粗砂、级配砂石或碎石褥垫层，以利于桩间土发挥承载力，与桩组成复合地基，如图5-7所示。

CFG桩复合地基法适用于处理黏性土、粉土、砂土和已自重固结（在自重应力作用下已完成沉降）的素垫层等地基，对淤泥质土应按地区经验或通过现场试验确定其适用性。对条形基础、独立基础、筏形基础和箱形基础都适用。

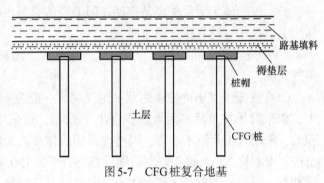

路基填料
褥垫层
桩帽
土层
CFG桩

图5-7　CFG桩复合地基

5.5.2　CFG桩复合地基施工

1. 施工材料要求

水泥一般采用42.5级普通硅酸盐水泥，碎石的粒径一般采用20～50mm，石屑的粒径一般采用2.5～10mm。粉煤灰是燃煤电厂排出的工业废料，使用时需控制化学成分，一般利用Ⅲ级粉煤灰。褥垫层材料宜用中砂、粗砂、级配砂石或碎石等，最大粒径不宜大于30mm。混合料的配合比按设计要求由试验室进行配合比试验选定。

2. 施工机具选择

施工机械应根据现场条件选用长螺旋钻或沉管机等设备。长螺旋钻钻孔灌注成桩，适用于地下水位以上的黏性土、粉土、素填土、中等密实以上的砂土；长螺旋钻钻孔、管内泵压混合料灌注成桩，适用于黏性土、粉土、砂土，以及对噪声或泥浆污染要求严格的场地。振动沉管灌注成桩适用于黏性土、粉土、素填土。

CFG桩沉桩机具一般采用振动式沉管机或锤击式沉管机设备，配以DZJ90型变距式振动锤，也可根据现场土质情况和设计要求的桩长、桩径选用其他类型的振动锤。所用桩管的外径一般为325mm和377mm两种。

3. 施工工艺

以振动沉管灌注桩施工工艺为例加以说明。

① 桩机就位。桩机就位须水平、稳固，调整沉管与地面垂直，确保垂直度偏差不大于1%。若带预制钢筋混凝土桩尖，须埋入地表以下300mm左右。

② 沉管。启动电动机，开始沉管直至设计深度。沉管过程中须做好记录，对土层变化处

应特别说明。

③ 停振投料。沉管至设计标高后须尽快投料，投料量直到管内料面与钢管投料口平齐。如果上料量不多，须在拔管过程中进行孔中投料，以保证成桩桩顶标高满足设计要求。

④ 留振拔管。当混合料加至钢管投料口平齐后，开动振动电动机，使沉管原地留振10s左右，然后边振边拔管。每上拔1m，停拔，原位振动5～10s。如此反复，直至全部拔出桩管。拔管速度应均匀，一般控制在1.2～1.5m。若遇淤泥质土，拔管速率要适当放慢。

如果需要扩大桩径，增强挤密程度，在拔出沉管后，在原桩孔位上第二次振动沉管，将未凝固的混合料向四周挤压，达到要求深度后，二次灌注混合料，再次振动拔管成桩。成桩时应留置保护桩长，保护桩长是指成桩时预先设定加长的一段桩长，基础施工时将其剔掉。保护桩长越长，桩的施工质量越容易控制，但浪费的材料也越多。保护桩长一般可取0.5～1.0m，上部用土或粒状材料封顶直到地面。

⑤ 单桩完成。经留振拔管及二次振动沉管、灌料、振动拔管，并留置规定的保护桩长后，单桩完成。

CFG桩施工完毕待桩体达到一定强度（一般为7d左右），方可进行基槽开挖。在基槽开挖中，如果设计桩顶标高距地面深度小于1.5m，宜采用人工开挖；如果基槽开挖较深，开挖面积大，采用人工开挖不经济，可考虑采用机械和人工联合开挖。另外，桩头要凿平，并适当高出桩间土1～2cm。桩头处理后铺设褥垫，厚度150～300mm，褥垫材料多为粗砂、中砂或级配砂石，限制最大粒径不超过3cm。虚铺后多采用静力压实，当桩间土含水率不大时也可采用夯实。桩间土含水率较高，特别是高灵敏度土，要注意施工扰动对桩间土的影响，以避免产生"橡皮土"。

5.5.3　CFG桩复合地基施工质量检查与验收

① 施工质量检验主要应检查施工记录、混合料坍落度、桩数、桩位偏差、褥垫层厚度、夯填度和桩体试块抗压强度。质量标准应符合《建筑地基基础工程施工质量验收规范》的规定。

② CFG桩地基竣工验收时，承载力检验应采用复合地基荷载试验。

③ CFG桩地基检验应在桩身强度满足试验荷载条件时，并宜在施工结束28d后进行。试验数量宜为总桩数的0.5%～1%，且每个单体工程的试验数量不应少于3点。

④ 应抽取不少于总桩数10%的桩进行低应变动力试验，检测桩身完整性。

思考与练习

1. 换填垫层法的适用范围和灰土垫层、砂石垫层施工要点是什么？
2. 强夯法的适用范围和强夯法施工要点是什么？
3. 预压法的特点及适用范围是什么？
4. 塑料排水板堆载预压法的施工工艺要点是什么？
5. 真空预压法的施工工艺流程是什么？
6. 振冲置换法的施工顺序是什么？
7. CFG桩复合地基施工要点是什么？

参 考 文 献

［1］建筑地基基础设计规范（GB 50007—2011）．北京：中国建筑工业出版社，2012．

［2］建筑地基基础工程施工质量验收规范（GB 50202—2002）．北京：中国计划出版社，2002．

［3］混凝土结构工程施工质量验收规范（2010年版）（GB 50204—2002）．北京：中国建筑工业出版社，2011．

［4］岩土工程勘察规范（2009年版）（GB 50021—2001）．北京：中国建筑工业出版社，2009．

［5］建筑桩基技术规范（JGJ 94—2008）．北京：中国建筑工业出版社，2008．

［6］混凝土结构施工图平面整体表示方法制图规则和构造详图（独立基础、条形基础、筏形基础及桩基承台）（11G101-3）．北京：中国计划出版社，2011．

［7］混凝土结构施工钢筋排布规则与构造详图（独立基础、条形基础、筏形基础及桩基承台）（12G901-3）．北京：中国计划出版社，2012．

［8］中国建筑工程总公司．建筑工程施工工艺标准汇编(缩印本)．北京：中国建筑工业出版社，2005．

［9］王玮．基础工程施工．北京：中国建筑工业出版社，2010．

［10］郑惠虹．建筑工程施工质量控制与验收．北京：机械工业出版社，2010．

［11］裴利剑．地基基础工程施工．北京：科学出版社，2010．

［12］王宗昌．建筑工程质量通病预防控制实用技术．北京：中国建材工业出版社，2007．

［13］北京土木建筑学会．地基与基础工程施工技术措施．北京：经济科学出版社，2005．